学术研究专著·电子科学与技术

微处理器系统级片上温度感知技术

李　鑫　周　巍　段哲民　著

西北工業大學出版社

西　安

【内容简介】 本书全面介绍了微处理器系统级片上温度感知的基本原理和最新研究成果，旨在帮助读者获得全面深刻的理解和认识，从而更好地把握片上温度感知的设计方法和研究重点，为读者以后进一步的研究和开发打下坚实的基础。全书共6章。第1章综述了片上温度感知的研究背景、研究现状以及存在的关键问题。第2章给出了微处理器热特性建模的两种代表性设计方法。第3～5章分别针对热分布重构，热传感器分配、布局以及温度校正等片上温度感知中的关键问题展开研究，并介绍了国内外一些相关的代表性工作。第6章进行了全书总结，并对今后的研究工作进行了展望。

本书内容丰富，涉及的专业知识面广，适合于热设计、热管理领域的从业人员，以及电子工程师、集成电路设计工程师和高等院校相关专业师生阅读参考。

图书在版编目(CIP)数据

微处理器系统级片上温度感知技术/李鑫，周巍，段哲民著. —西安：西北工业大学出版社，2019.3

ISBN 978-7-5612-6470-6

Ⅰ.①微… Ⅱ.①李… ②周… ③段… Ⅲ.①微处理器-系统设计-温度控制-技术研究 Ⅳ.①TP332

中国版本图书馆CIP数据核字(2019)第057900号

WEI CHULIQI XITONGJI PIANSHANG WENDU GANZHI JISHU

微处理器系统级片上温度感知技术

责任编辑：张 友　　**策划编辑：**雷 军

责任校对：朱辰浩　　**装帧设计：**李 飞

出版发行：西北工业大学出版社

通信地址：西安市友谊西路127号　　邮编：710072

电　　话：(029)88491757，88493844

网　　址：www.nwpup.com

印 刷 者：陕西向阳印务有限公司

开　　本：710 mm×1 000 mm　　1/16

印　　张：13.625

字　　数：252千字

版　　次：2019年3月第1版　　2019年3月第1次印刷

定　　价：58.00元

前　言

随着集成电路工艺的发展，功率密度迅速增长，芯片温度不断升高，出现了所谓的暗硅问题。暗硅时代高性能处理器普遍集成热传感器，采用动态热管理对芯片实施连续温度监控。动态热管理的有效实施需要通过片上温度感知技术在芯片运行阶段准确估计出各核心工作模块的温度信息。因此，片上温度感知的研究具有重要的理论意义和应用前景，是动态热管理实施得以有效保障的关键技术，已经引起了国内外学者的广泛关注。

本书以微处理器系统级片上温度感知中的关键问题研究为主线，系统介绍笔者针对这些问题所取得的最新研究成果及相关的解决方案。本书探讨的主题包括：集成电路和系统的热问题以及片上温度感知的研究现状；芯片热特性建模的基本方法，着重介绍热特性仿真技术和红外热测量技术；多传感器联合温度监控的设计方法，重点介绍基于频谱技术、插值技术和卷积神经网络的全局温度感知方法，以及基于热梯度分析、双重聚类、主成分分析和过热检测的局部温度感知方法；片上热传感器的结构原理、噪声特性以及温度校正，着重介绍基于统计学方法和卡尔曼滤波的热传感器温度校正技术。

本书由西北工业大学电子信息学院李鑫讲师、周巍教授以及国家级教学名师段哲民教授共同完成。在撰写本书的过程中，参阅了国内外相关的论著和文献资料，在此，对其作者表示诚挚的谢意。本书汇集了笔者近年来在集成电路片上温度感知及热管理等相关领域的最新研究成果，这些成果的取得得到了众多科研机构和相关项目的支持。在此，特别感谢国家自然科学基金项目“基于热特性分析的多核微处理器温度监控方法的研究”（编号：61501377）、国家自然科学基金项目“片上系统的互连问题与高端 IP 核研究”（编号：60821062）、国家重点基础研究发展计划项目“系统协同设计与可测性研究”

(编号:2009CB320206)的资助。笔者长期以来得到学界前辈与同行的大力帮助与支持,在此不能一一列举,特向他们表示衷心的感谢和致敬。

由于片上温度感知技术的不断发展与完善以及笔者水平有限,本书研究工作难免存在不足之处,还有许多问题值得进一步深入探讨。希望本书能为同行间的交流提供一些借鉴与参考。书中不妥之处,恳请广大读者批评指正。

著　者

2018年12月

于西北工业大学电子信息学院

目 录

第1章 绪 论

1.1 引 言

集成电路技术的进步以及电子元件微小型化的发展,为电子产品性能的提高、功能的完善与成本的降低创造了条件。当前不仅是军用或航天器材需要小型化,工业产品甚至消费类产品,尤其是便携式产品也同样要求微小型化[1],这也造成了系统级封装(System-in-Package, SiP)的迅速发展[2]。系统级封装已经不再是一门比较专门化的技术,它的应用范围正在从曾经狭窄的市场向更广阔的市场延伸,其发展广泛影响着整个电子产品市场[3]。如今,系统级封装已经成为电子制造产业链条中的一个重要环节,它不再是到产品上市前的最后阶段才去考虑的问题,而必须在产品研发阶段就应加以重视,纳入整体产品研究开发规划,与产品的研发协同进行[4]。系统级封装可以减少芯片所受外界环境的影响,并为之建立一个相对良好的工作环境,使其具有正常和稳定的功能[5]。然而,由于芯片集成度的提高,功能的丰富与完善,其功耗密度迅速上升,成为芯片温度不断提高的主要原因[6-8]。

登纳德缩放定律(Dennard Scaling)指出,晶体管尺寸的缩小使其所消耗的电压及电流会以差不多相同的比例缩小,而芯片的总功耗在空间上近似保持不变[9]。该定律意味着,遵从于摩尔定律的晶体管集成度的上升并不会带来更严重的高功耗密度问题。于是,芯片设计者可以通过提高时钟频率来提升处理器性能。然而,由于量子隧穿效应愈发明显,登纳德缩放定律已于2006年左右开始失效。漏电流产生的静态功耗随着芯片工艺的进步不减反增,同时也带来很大的热能转换,进而引发散热问题。因此,单纯增加时钟频率来提升处理器性能变得不再现实。由此,处理器的发展从之前的高频单核芯片逐渐转变到低频多核架构。究其原因,主要来自于高速处理器的功耗和散热问题已经达到不可忽视的地步。令人遗憾的是,芯片的多核化虽然使功耗问题得到了缓解,但其并没有从根本上消除登纳德缩放定律失效产生的影响。

近年来,随着芯片核心数量逐渐增多,功耗密度迅速上升,并再次突破功耗墙(Power Wall)。由于受到功耗限制,芯片所有模块不能同时处于全频率工作状态,而总是部分模块开启,其他模块处于关闭状态,此类被彻底关闭的芯片部件或核心称之为暗硅(Dark Silicon)[10-11]。例如,从 65 nm 工艺到 32 nm工艺的转变过程中,在维持芯片功耗大体不变的约束条件下,芯片架构设计师可以将处理器的核心数目增加 2 倍,但工作频率保持不变(见图 1.1 中白色部分),或者维持核心数目不变,将工作频率提高 2 倍(见图 1.1 中网纹部分)。还有一些基于这两者之间的权衡,但是不管采用哪种方式,芯片上的大部分资源都是无法有效利用的,这些资源就成为了暗硅(见图 1.1 中黑色部分)。

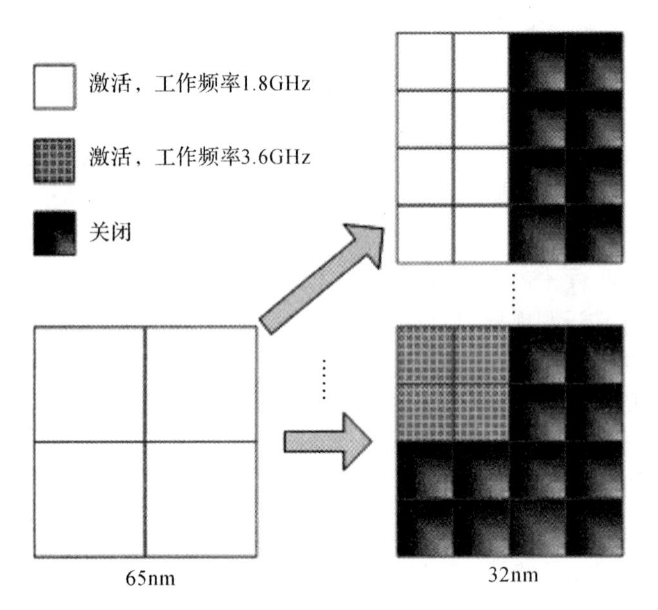

图 1.1 暗硅现象

根据 ARM 公司首席技术官 Mike Muller 预测,当工艺尺寸达到 11 nm 时,芯片上可能仅有 10%的资源能够在同一时间被激活,如图 1.2 所示。暗硅现象的出现使多核处理器的实际性能远低于登纳德缩放定律持续有效情况下的预测性能,而且这种性能上的差距还在不断扩大。因此,暗硅将是当前技术模式下集成电路工艺发展所必须面临的问题。如何对芯片温度分布信息进行有效获取,并通过准确的功耗预算估计,合理选择工作模块的开启和关闭,对提升多核处理器的性能至关重要。

与此同时，随着新型应用层出不穷，特别是在安全和多媒体领域，多目标视频跟踪和检测、智能传感器网络等应用都对多核处理器中的元件如内存存储器、高速缓冲存储器和特殊运算单元有特定的要求，在芯片上也会不断产生新的高温点。并且，芯片温度与漏电功耗(静态功耗)之间也存在相互影响的关系。一方面，漏电功耗会随芯片温度的上升呈指数级增加；另一方面，增加的漏电功耗反过来又会进一步提高芯片温度，导致恶性循环，进而出现热失控(Thermal Runaway)[12-15]。此外，金属互连线的焦耳自热效应以及封装的散热问题使得不断增长的芯片温度对系统性能及稳定性造成了不可忽视的影响，也对电子封装和电路结构设计提出了严峻挑战[16]。

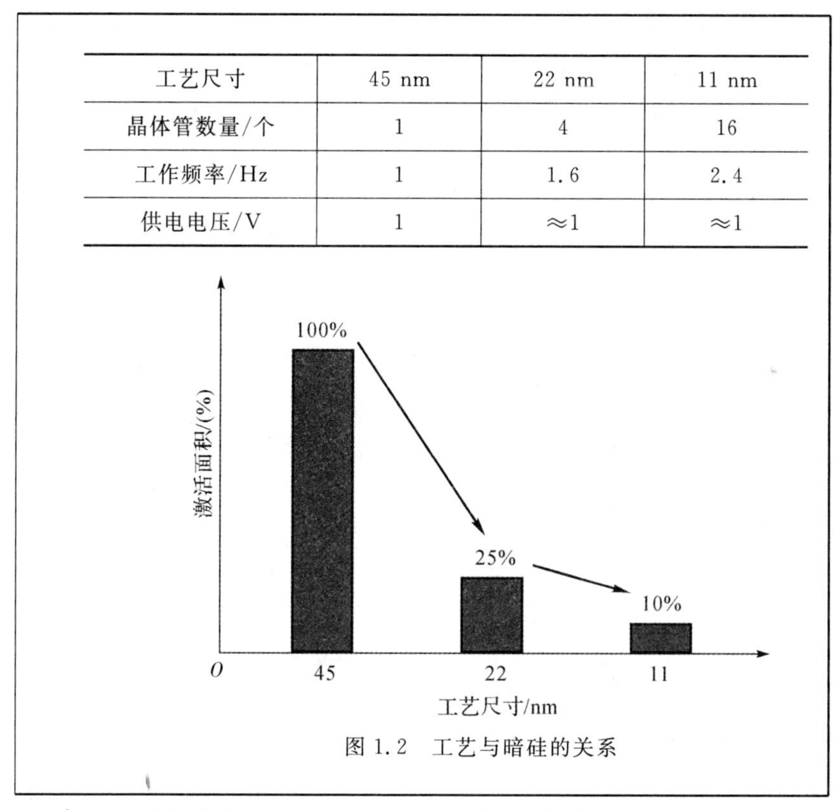

工艺尺寸	45 nm	22 nm	11 nm
晶体管数量/个	1	4	16
工作频率/Hz	1	1.6	2.4
供电电压/V	1	≈1	≈1

图1.2 工艺与暗硅的关系

过高的芯片温度会造成很多的危害。第一，温度的上升降低了晶体管的转换速率，增加了漏电功耗且增大了互连电阻[17-18]。第二，温度的上升降低了载流子迁移率，潜在地增加了线延迟，导致处理器频率的下降，进而降低了处理器的性能。第三，温度的上升可能导致热膨胀系数不同的各种材料在器件内部产生不同程度的应力性变化(如翘曲、破裂等),同时也可能造成器件焊接点的脱离,严重影响芯片的工作[19-20]。第四,温度的上升会降低芯片的使用寿命。研究显示,处理器操作温度每提升10℃,其使用寿命就会缩短一半[21]。第五,温度的上升导致器件失效率呈指数趋势增长,并且影响信号的传输特性[22-23]。第六,温度的上升可能引起硬件的软错误,导致物理器件不能正常工作[24-25]。第七,温度的上升增加了芯片的降温成本[26]。目前,高性能处理器的降温成本已经超过1美元/瓦[27],这给其广泛应用带来了很大的不便性。基于以上7种危害,处理器的温度问题现已成为芯片设计阶段必须考虑的一个关键因素,亟待相应的温度管理机制来予以控制。

在此背景下,动态热管理(Dynamic Thermal Management, DTM)[28-31]被广泛应用于处理器功耗和温度的在线控制,当芯片温度超过预期温度上限时,通过采取全局时钟门控(Globle Clock Gating, GCG)[32]、时钟降频(Clock - Throttling)、动态电压频率调节(Dynamic Voltage and Frequency Scaling, DVFS)[33-34]等技术来减少功耗,以最小的性能损失使过高的芯片温度降低到安全范围以内。动态热管理的系统硬件结构包括热传感器网络和实现电压与频率调节的控制接口。在过去的10年中,动态热管理已经成为工业创新和学术研究的一个重要领域。作为动态热管理是否执行的依据,芯片温度分布估计信息至关重要,这一信息主要利用片上温度感知技术对热传感器的采样温度数据进行热分布重构得到。芯片温度估计精度在很大程度上会影响动态热管理的效率[35]。一方面,过高的温度估计会引起错误的预警和触发不必要的热控制机制(如DVFS),给系统性能带来不必要的损失[36],另一方面,过低的温度估计将极大降低处理器的可靠性,甚至导致芯片的损坏。然而,实际片上热传感器不可避免地伴随有多种噪声,例如制造随机性噪声、电源电压噪声、温度与电路参数交叉耦合和非线性关系引起的噪声等[37-43]。由于这些噪声源理论上不能被完全消除,即使不断提高半导体的制造工艺,努力提供稳定的运行环境,也只能减少噪声的产生,这就给实现精确的片上温度感知带来了困难,为动态热管理的运行埋下了隐患。因此,如何提高片上热传感器精度进而获得准确的细粒度芯片温度分布信息,成为有效实现动态热管理的关键所在。在芯片设计早期和验证阶段,通过准确的动态温度响应估计,预测出局部热点可能带来的散热问题和潜在风险,对降低封装成本以及完善整个芯片级的实时温度管理有着十分显著的意义。

综上所述,系统级片上温度感知技术对芯片的性能、寿命、可靠性等影响至关重要,已成为暗硅时代一个新兴且极其重要的研究方向,也是一个迫切需要解决的问题，具有重大的理论意义和实用价值。

1.2 片上温度感知概述

关于微处理器热分析的研究主要存在实验测试和数值分析两种方法。实验测试方法需要设计人员在特定制作的测试样品以及高精度测试设备的基础上，运用激光全息、应变计和云纹干涉等技术对微处理器系统级封装的热应力进行测量。但是由于微处理器系统级封装结构非常复杂，所以，这种方法实现起来存在一定的难度而且只能获得封装表面或断面的测量结果。此外，为了实现微处理器系统级封装的优化，设计人员必须先对样品进行一定程度的热循环测试，并根据测试结果对原先的设计进行修正，然后重新制造样品再次进行热循环测试，不断地执行上述步骤(热循环测试、设计修正和重新制造样品)直到获得满意的测试结果为止。这样一来会造成大量时间和经费的浪费。数值分析方法主要包括有限单元法和有限差分法两种，其中以有限单元法为主。有限单元法是对微处理器系统级封装进行理论研究的有效方法，并可以对封装的可靠性进行评估。通过使用有限单元法，可以在样品制造之前获得封装设计的可靠性评估结果，避免实际制造样品后再进行可靠性实验所造成的过高的开发成本以及过长的开发周期。

然而，上述的实验测试和数值分析方法存在以下两个缺点：第一，无法实时跟踪封装内部热场情况；第二，实现复杂，计算量大且自动化程度低。一般来说，设计人员只有在处理器的真正使用过程中才能够获得其具体的功耗和温度数据，而在使用之前很难掌握。如果在使用过程中发现问题，再对处理器的设计进行修改，所产生的制造成本和时间成本是企业所不能够承受的。因此，设计人员需要在处理器设计早期就考虑热量的情况，并提供一个能够在设计阶段就对处理器的功耗和温度特性进行整体评估的方案，这样不但会显著提高处理器设计的效率，而且可以减少设计成本和时间成本[44]。于是，研究人员提出了第三种设计方法，即在热特性建模的基础上，运用数值分析及信号处理等技术对处理器进行系统的热特性分析。先通过热特性建模获得处理器在不同标准性能评估基准程序下的高分辨率温度分布图像，再利用片上热传感器采样到的温度数据分析处理器整体的平均温度、热点温度及热点分布情况，并将结果反馈到处理器的布局和设计中，以便提供具体的改进方案，从而形成一种设计—分析—再设计—再分析的设计流程。

1.2.1 热特性建模的研究现状

近年来，芯片设计人员通过热特性建模对处理器性能及功耗进行预先评估和正确性验证，在此基础上，模拟芯片热分布状况并获得详细的静态和动态温度信息，作为系统级片上温度感知技术的重要验证手段[45]。目前国内外研究中所普遍采用的热特性建模方法主要是仿真技术，其主要包含性能模拟、功耗建模和热量计算三方面，如图1.3所示。

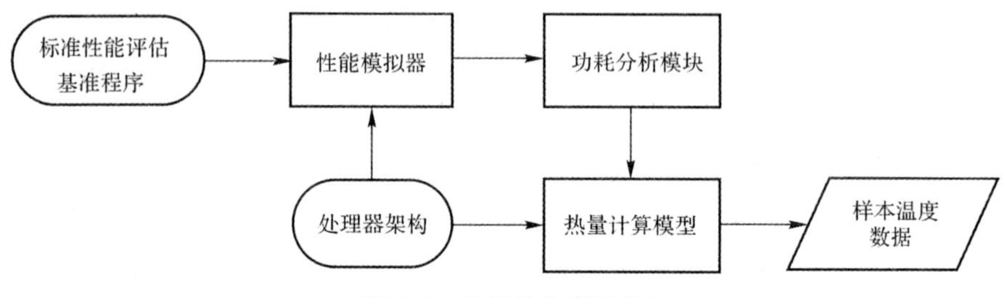

图1.3 热特性仿真流程

对于性能模拟，以威斯康星大学麦迪逊分校发布的SimpleScalar[46-47]性能模拟器最为流行。SimpleScalar提供了一个包括指令集仿真器、交叉编译器以及二进制工具等专门用于体系结构研究的指令集仿真环境。SimpleScalar因其优秀的可扩展性、可配置性以及可移植性，能够满足各种不同层次设计人员的需求，已被越来越多的设计者所采用。此外，针对多核微处理器的流行趋势，国内外一些相关研究机构也设计出了多种适用于同构和异构多核微处理器的性能模拟器。在同构多核微处理器性能模拟器的研究成果中，Boyer等[48]使用SystemC为系统级调试建立了一套软硬件协同进行的多核微处理器仿真平台，并实现了多个SimpleScalar性能模拟器之间的相互通信。在这种仿真平台中，每个SimpleScalar性能模拟器具有独立缓存和存储器，核间通信采用存储区映射的输入/输出机制予以实现。加拿大皇后大学的Manjikian[49]在SimpleScalar性能模拟器工具集的基础上，提出了一种多核微处理器性能模拟的实现方法。通过对SimpleScalar性能模拟器的核心代码进行修改以达到支持多个进程的目的，同时还在线程的建立和同步中引入了动态运行库。此外，这种方法还实现了一个理想的多核缓存模拟器，并提供了一个查看缓存一致性的动态可视工具，缓存一致性方法采用的是基本零等待写无效。在异构多核微处理器性能模拟器的研究成果中，Zhong等[50]在考虑共享存储与总线扩展的前提下，基于SimpleScalar设计了一种异构多核性能模拟器。

这种异构多核性能模拟器采用共享存储区的方式实现处理器内核之间的数据共享和通信，并使用 SystemC 实现对多个具有不同指令集的 SimpleScalar 模块的同步和控制。模拟器在性能测试过程中，需要在处理器架构设计（如 Alpha 21264[51]）的基础上，使用标准性能评估基准程序（如 SPEC－X 系列[52-54]）进行测试。然而，由于体系结构性能模拟器一般使用软件来模拟指令的运行，虽然可以获得较高的灵活性，但是运行效率相对较低。使用大型程序进行性能测试时，一般需要运行十几小时甚至更长的时间。因此，如何提高性能模拟器的运行效率显得非常重要。对于正在开发中的性能模拟器，可以采用检查点保护和多种并行措施等方法提高其执行速度和可靠性，但是对于已经使用的性能模拟器，如何提高其运行效率，这方面的研究工作不是很多。

集成电路的功耗分析已经被研究过多年，在电路级和门级的功耗模型已经相对成熟，主要采用概率的方法和模拟的方法。同时，在 RTL（Register Transfer Level，寄存器转换级）功耗模拟方面也有过一些较成功的功耗模型。在这些功耗模型的基础上，已经出现了诸如电路级的 SPICE 以及可适用于 RTL 或门级的Power Compiler等一些商业化工具。然而，这些工具都是在电路完整性硬件描述的基础上进行功耗模拟，虽然其可以在不同程度上获得比较准确的模拟结果，但是一般都需要有完整的门级、RTL 甚至更深层次的电路设计。此外，这些工具所使用的功耗模型较为复杂，导致功耗模拟的运行时间过长及内存消耗过大。体系结构级的功耗分析方法则完全摆脱了已有的传统设计思想，其在使用不同流行工艺的功能单元的功耗特性基础上，通过对更高层功耗模型的建立，分析在不同输入向量集的情况下各功能单元的功耗行为，并对系统功耗按照时钟周期进行模拟。体系结构级的功耗分析方法在各功耗模块配置参数文件的基础上，通过使用参数化功耗模拟器和性能模拟器，对不同硬件配置的系统进行特定应用下的功耗估计和性能评估。其中，功耗模拟器的主要系统参数由基于事件或基于周期的各类硬件性能模拟器提供。美国普林斯顿大学的 David Brooks 等最早提出了体系结构级的功耗分析方法，并开发了计算机系统体系结构级性能和功耗分析工具 Wattch[55-56]。Wattch 利用 SimpleScalar 性能模拟器中的乱序执行（out－of－order）模拟环境评估系统级硬件性能，并统计每周期硬件访问的次数，在此基础上，根据统计次数的汇总信息使用 Cacti[57] 工具进行功耗评估。Wattch 因其所拥有的开放源代码，具有良好的可复用和可配置能力。美国加州大学的 Liao 等在此基础上，将 Wattch 集成到 SimpleScalar 性能模拟器中，开发出了一个完整的功耗、热能架构仿真器 PTScalar[58]。

在获得实时功耗的基础上，对处理器封装模型中的热特性仿真参数等一些物理信息进行相应设置，便能通过热量计算模型得到处理器各功能单元的实际温度。热量计算模型的基本原理是将热量传导系统近似等价为一个电路系统。其中，热量传导系统中的传热导体可以等价为电路系统中的热电阻，流过传热导体中的热量类似于通过热电阻中的电流，而传热导体两端的温度差近似于热电阻两端的电压。热量传导系统中不同特性的材料称为热电容，等价为电路系统中的电容，热电容吸收热量的过程类似于电容储存电荷的过程。美国弗吉尼亚大学的 Huang 等提出的 HotSpot[59] 就是在热量传导系统和电路系统的等价关系基础上，针对目前流行的大规模集成电路系统类型和栈层次封装模型，所建立的一种可配置参数化的紧凑热量计算模型。这种紧凑热量计算模型可以很好地应用于传输级设计和综合之前的热量分析，能够获得详细的静态和动态温度信息。HotSpot 除了对处理器单元及系统级封装介质的热量建模之外，还对材料之间的互连部分进行了热量建模，进一步提高了热量计算的精确性。此外，HotSpot 还具有很好的兼容性，能够与多种性能模拟器或功耗分析工具联合使用，并且提供了一组简单的调用接口，方便其集成到一些性能模拟器或功耗分析工具中，比如 HotSpot 经常与 Wattch 集成到一起。总之，HotSpot 对于计算机系统体系结构级的热量仿真而言是一个比较精确的热量计算模型。然而，由于 HotSpot 使用有限元分析进行热量计算，因而存在计算量较大、仿真时间较长的缺点。

总体而言，由于热特性仿真技术的局限性，因而使得使用红外热测量技术对真实芯片系统进行热成像从而获得更加实时、可靠的温度数据，已成为一个新的研究方向。

1.2.2 片上温度感知的研究现状

随着半导体工艺的发展和集成电路技术的进步，增加高性能处理器和片上系统中热传感器的数量来应对日趋严重的芯片温度问题已成为一种趋势[60-71]，如图 1.4 所示。在此趋势下，系统级片上温度感知技术逐渐成为一个新的研究热点，其利用热传感器对芯片温度信息进行估计，对于动态热管理有着极其重要的作用。目前国际上的研究机构和学者对于片上温度感知的研究工作主要集中在两大方面，一方面是基于热传感器采样温度数据进行芯片热点温度估计——局部感知，另一方面是基于热传感器采样温度数据进行芯片全局热分布重构——全局感知，如图 1.5 所示。

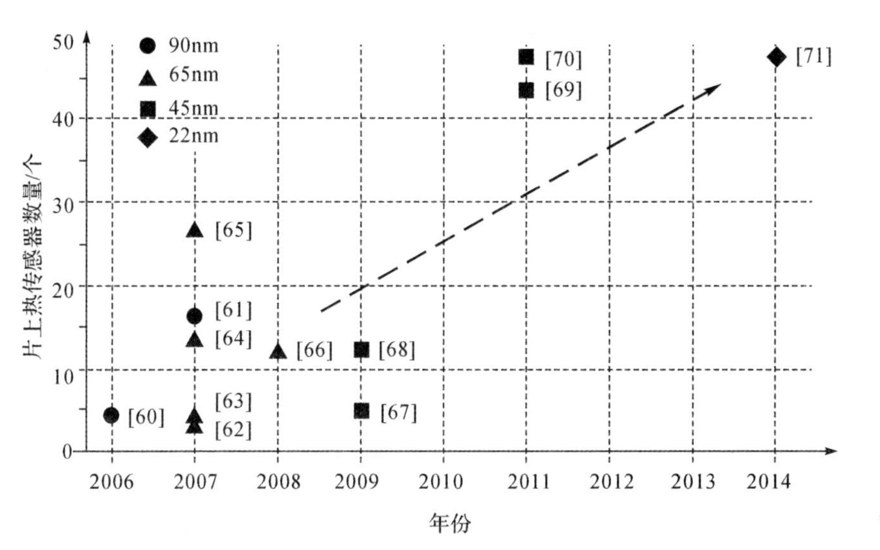

图 1.4 高性能处理器和片上系统中热传感器数量趋势

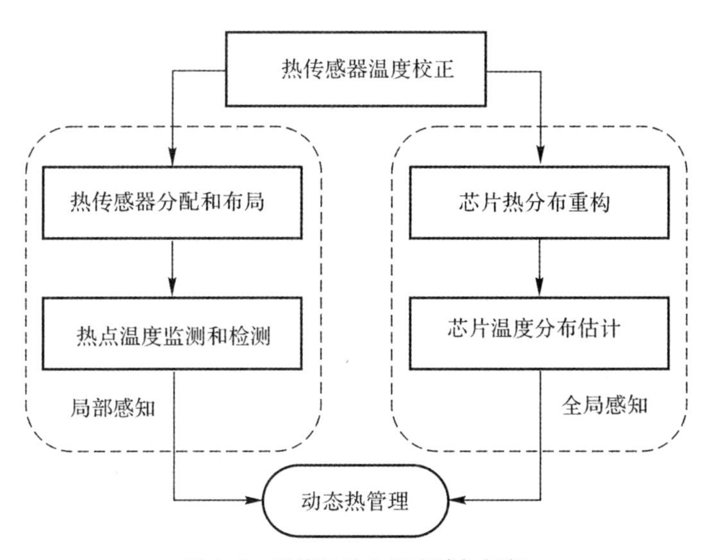

图 1.5 系统级片上温度感知框架

片上温度感知这一课题已吸引了众多院校、研究机构及公司投入到该领域中来，如著名的普林斯顿大学、布朗大学、西北大学（美国）、加州大学、马里兰大学和弗吉尼亚大学等。此外，一些顶级学术期刊和专业国际会议也已经陆续出现该领域的相关专题，学术期刊如《IEEE Transactions on Industrial

Electronics》《IEEE Journal of Solid-State Circuits》《IEEE Transactions on Electron Devices》《IEEE Transactions on Very Large Scale Integration (VLSI) Systems》《IEEE Transactions on Computer-Aided Design of Integrated Circuits and Systems》和《ACM Transactions on Architecture and Code Optimization》等，国际会议如 IEEE International Solid-State Circuits Conference, IEEE International Symposium on Circuits and Systems, ACM Design Automation Conference, International Workshop on Thermal Investigations of ICs and Systems 以及 International Symposium on Computer Architecture 等。这些都昭示着该课题的重要性和前沿性。

局部感知主要是针对芯片局部区域发生温度过高的情形，代表的研究成果例如，美国西北大学的 Long 等[72]提出了一种基于网格的插值技术，用于确定最优的热传感器位置。Memik 等[73]提出了一种优化的热传感器位置分布算法，可以在热点温度误差估计方面获得较高的精度。对于均匀间隔放置的热传感器，采用虚拟插值方法确定最优的传感器位置；对于非均匀间隔放置的热传感器，在二维 k -均值聚类(k - means clustering)算法的基础上，加入热点的温度信息构造出二维"距离"，并进一步引入感知因子，使得优化的传感器位置向温度高的方向移动。该方法的目的是最大化热点温度误差估计精度，并不考虑全局感知的问题，因而根据该方法获得热传感器的位置分布后，进行热分布重构得到的整体平均温度误差较大。美国布朗大学的 Nowroz 等[74]引入频域能量的概念，提出了两种热传感器位置分布策略：能量中心和能量分簇。其基本思路是频域能量越高的地方所分配的传感器数目越多。首先将整个芯片面积逐步进行二分，并计算每一部分的频域能量，根据比例分配传感器数目。对于能量中心策略，每一部分最多只能分配一个传感器，并将其放置在几何中心；对于能量分簇策略，传感器放置在每一部分的质心，质心位置由二维 k -均值聚类算法计算得到。如果该部分没有热点，则只在其几何中心处放置一个传感器。能量中心策略的特点是所获得的热分布重构误差精度高，全局感知效果好，但热点温度误差估计精度很差，不适合进行局部感知。能量分簇策略的特点是兼顾了热分布重构和热点温度误差估计，在全局感知和局部感知中达到了一种折中。Reda 等[75]使用启发式迭代方法将热传感器数量分配问题近似为一个非确定性多项式(Non - deterministic Polynomial, NP)困难问题，并提出了一种新颖的软测量技术结合实际热传感器温度读数对没有放置传感器的位置温度进行估计，进一步提高了热点温度误差精度。Li 等[76]针对热传感器位置分布优化问题，将热梯度计算方法和 k -均值聚类算法相结合，提出了三种简单、有效的热传感器位置分布策略；针对热传感器数量分配问题，提出了一种基于双重聚类的静态热传感器数量分配技术，能够保证在给定的最大热点温度误差范围内，使用最少数量的热传感器监控所有热点的温度值。

实际中考虑到制造成本、设计复杂度等原因，芯片中的热传感器数量受到了限制。对于没有放置热传感器的区域一旦出现热点，全局感知就可以起到关键性作用，可以避免由于缺少该区域的温度信息而导致的功能单元损坏。全局感知一般使用热分布重构技术来实现，代表性研究成果例如，Cochran 等[77]提出利用频谱技术实现微处理器热分布重构，其基本出发点是将空间可变的芯片温度信号看成时间可变的温度信号，对于均匀间隔放置的热传感器，运用奈奎斯特-香农（Nyquist - Shannon）采样理论和二维离散信号处理技术实现热分布重构；对于非均匀间隔放置的热传感器，需要构造 Voronoi 图，将其转化为均匀间隔采样。在频域中，由于离散余弦变换（Discrete Cosine Transform, DCT）具有更好的能量集中性，Nowroz 等[74]研究了采用离散余弦变换代替离散傅里叶变换（Discrete Fourier Transform, DFT）实现热分布重构。由于芯片温度信号不是带宽有限的，上述方法存在一定的边缘效应，尤其在热点温度误差估计方面存在一定的不足。Ranieri 等[78]基于统计信号处理中的 K - L 变换（Karhunen - Loeve Transform），提出了一种特征图方法实现多核微处理器热分布重构，但该方法需要事先获取所有可能负载的温度信息，对于未知应用负载的热重构无能为力。Li 等[79-80]针对非均匀间隔采样重构热分布信号的情况，在经典插值算法的基础上，提出了一种基于动态 Voronoi 图的距离倒数加权算法，但其运算时间相对较长，实时感知性能较差。

值得注意的是，片上温度感知效果不但与热传感器的数量、放置位置相关，还高度依赖传感器读数精度。然而，实际芯片中的模拟型或数字型热传感器不可避免地伴随有多种噪声[81]，例如制造随机性噪声、电源电压噪声、温度与电路参数交叉耦合和非线性关系引起的噪声等。这些噪声大部分是由于生产制造的不完美性和环境的不确定性造成的。具体来说，因为当前半导体工艺技术的客观限制，不可避免地存在生产制造的随机性，即在实际制造中各个器件不可能和设计的参数毫无出入。同时，在芯片上还存在电网噪声和交叉耦合效应。此外，热传感器的温度参数和芯片参数之间还存在一些非线性的限制关系问题[82]。由于这些噪声源理论上不能被完全消除，即使不断提高半导体的制造工艺，努力提供稳定的运行环境，也只能减小噪声的产生，这就给实现精确的片上温度感知带来了困难,给动态热管理的运行埋下了隐患。如果不对片上热传感器温度读数进行校正处理,热点误警率会显著增加,在一定程度上会加剧错误的预警和不必要的响应,使动态热管理的可靠性受到严重影响。因此,热传感器温度校正技术成为片上温度感知领域中另一个极其重要的研究方向。这方面的代表性研究成果,例如美国马萨诸塞大学安姆斯特分校的 Lu 等[39]提出了一种多传感器协同校准算法,其主要原理是使用贝叶斯技术进行热传感器温度读数校正。该算法的主要特点是温度估计精度随着热传感器数量的增加而提高,但实际中考虑到制造成本、设计复杂度等原因,片上热传感器的数量受到了限制,因此该算法存在很大的局限性。美国马里兰大学的 Zhang 等[42]在分析片上热传感器噪声特性的基础上,运用统计学方法分别对单个和多个热传感器进行了较为精确的温度读数估计。其不足之处在于该方法首先需要模拟出芯片的先验功率密度信息,缺乏实时预测能力,实用性不强。

综上所述,系统级片上温度感知的研究具有重要的理论意义和实用价值,其成功实施有望解决动态热管理前端的关键技术问题,并为暗硅时代多核系统的资源管理和性能优化奠定理论和技术基础。根据国内外研究现状来看,相关研究还有许多探索性和创新性的基础工作要做,开展这些工作构成了本书的主要研究内容。

1.3 本书的组织结构

本书共分为 6 章,各章的主要内容如下。

第 1 章(绪论)。本章介绍集成电路热问题的研究背景和意义,阐述系统级片上温度感知的基本概念,分析国内外在该领域的研究现状,主要包括热特性建模,热分布重构,热传感器分配、布局以及温度校正的基本设计方法,最后给出本书的组织结构安排。

第 2 章(微处理器热特性建模)。本章介绍微处理器热特性建模的两种代表性设计方法。首先,介绍微处理器体系结构研究工具 SimpleScaler 性能模拟器、Wattch 功耗模型和 HotSpot 热量模型。在此基础上,给出热特性仿真的总体设计思路、工具链的建立和仿真结果。其次,介绍红外热成像技术和可透红外光谱的油冷散热系统设计方法,在此基础上,给出红外热测量技术的实验平台搭建和结果,为后续进行系统级片上温度感知的验证提供可靠的原始温度数据。

第 3 章(热分布重构技术)。本章首先介绍均匀采样热分布重构的一些常用方法,在此基础上,重点介绍几种典型的非均匀采样热分布重构方法,主要包括基于频谱技术、动态 Voronoi 图以及曲面样条的热分布重构方法,并对各种方法的性能进行比较和分析。然后提出一种基于卷积神经网络的全局温度感知方法,介绍整体框架搭建、网络结构设计以及实验结果和分析。

第 4 章(热传感器分配和布局技术)。本章首先介绍热传感器均匀放置的插值算法和非均匀放置的 k-均值聚类算法。其次,针对热传感器位置分布优化问题,提出三种位置分布策略,即梯度最大化策略、梯度中心策略和梯度分簇策略;针对热传感器数量分配问题,提出一种基于双重聚类的热传感器数量分配方法;针对热分布重构的噪声稳定性问题,提出一种基于主成分分析的热传感器放置方法;针对过热检测问题,提出一种基于遗传算法的热传感器放置方法。最后,给出实验结果和分析。

第 5 章(热传感器温度校正技术)。本章首先对热传感器的结构原理和噪声特性进行阐述。其次,在噪声呈现高斯分布和非高斯分布的情形下,运用统计学方法分别对单个和具有相关性的多个热传感器进行温度校正。在此基础上,结合热传感器分配和布局技术,分别在无噪声、有噪声以及使用多传感器温度校正三种情况下分析其对热点误警率的影响。最后,提出一种基于卡尔曼滤波的实时热传感器温度校正技术,介绍基本原理、算法设计以及实验结果和分析。

第 6 章(结论和展望)。本章对全书进行总结,并对今后的研究工作进行展望。

参 考 文 献

[1] 毛小红，崔西会，高能武．高密度集成技术与电子装备小型化[J]．电子信息对抗技术，2009，4(24):68－71.

[2] 李振亚，赵钰．SIP 封装技术现状与发展前景[J]．电子与封装，2009，9(2):5－10.

[3] 胡杨，蔡坚，曹立强，等．系统级封装(SIP)技术研究现状与发展趋势[J]．电子工业专用设备，2012，41(11):1－6.

[4] 陈一杲，张江华，李宗怿，等．系统级封装技术及其应用[J]．中国集成电路，2009，18(12):56－62.

[5] 方园，符永高，王玲，等．微电子封装无铅焊点的可靠性研究进展及评

述[J]. 电子工艺技术，2010，31(2):72-76.

[6] 吕洪涛. 电子设备散热技术探讨[J]. 电子机械工程，2011，27(5):8-11.

[7] Huang W, Stan M R, Sankaranarayanan K, et al. Many-core design from a thermal perspective[C]// Proceedings of the 45th Design Automation Conference (DAC'08). New York: AMC, 2008:746-749.

[8] Hamann H F, Weger A, Lacey J A, et al. Hotspot-limited microprocessors: direct temperature and power distribution measurements [J]. IEEE Journal of Solid-State Circuits, 2007, 42(1):56-65.

[9] Dennard R H, Gaensslen F H, Rideout V L, et al. Design of ion-implanted MOSFET's with very small physical dimensions[J]. IEEE Journal of Solid-State Circuits, 1974, 9(5):256-268.

[10] Gnad D, Shafique M, Kriebel F, et al. Hayat: harnessing dark silicon and variability for aging deceleration and balancing[C]// Proceedings of the 52nd Design Automation Conference (DAC'15). New York: AMC, 2015:1-6.

[11] Khdr H, Pagani S, Sousa E, et al. Power density-aware resource management for heterogeneous tiled multicores[J]. IEEE Transactions on Computers, 2017, 66(3):488-501.

[12] Lin S C, Banerjee K. Cool chips: opportunities and implications for power and thermal management[J]. IEEE Transactions on Electron Devices, 2008, 55(1):245-255.

[13] Vassighi A, Sachdev M. Thermal and power management of integrated circuits[M]. Boston: Springer Publishing Company, 2010.

[14] Vassighi A, Sachdev M. Thermal runaway in integrated circuits[J]. IEEE Transactions on Device and Materials Reliability. 2006, 6(2):300-305.

[15] Pedram M, Nazarian S. Thermal modeling, analysis and management in VLSI circuits: principles and methods[J]. Proceedings of the IEEE, 2006, 94(8):1487-1501.

[16] Shi B, Zhang Y, Srivastava A. Dynamic thermal management under soft thermal constraints[J]. IEEE Transactions on Very Large Scale Integration (VLSI) Systems, 2013, 21(11):2045-2054.

[17] Brooks D, Dick R, Joseph R, et al. Power, thermal, and reliability modeling in nanometer - scale microprocessors[J]. IEEE Micro, 2007, 27(3):49 - 62.

[18] Lin S C, Chrysler G, Mahajan R, et al. A self - consistent substrate thermal profile estimation technique for nanoscale ICs - Part Ⅱ: implementation and implications for power estimation and thermal management[J]. IEEE Transactions on Electron Devices, 2007, 54(12): 3351 - 3360.

[19] 李睿，王庆东. 工艺导致的机械应力对深亚微米 CMOS 器件的影响[J]. 物理学报，2008，57(7):4497 - 4507.

[20] 黄柯衡，张正鸿，王海，等. 基于混合优化的多核处理器动态热管理方法[J]. 电子工艺技术，2018，39(2):71 - 75.

[21] 查那日苏，何立强，魏凤歧. 基于热扩散模型的测试程序分类[J]. 计算机工程，2010，36(11):256 - 261.

[22] 冷鹏，董刚，柴常春，等. 考虑热电耦合效应的全芯片温度特性优化方法[J]. 西安电子科技大学学报，2009，36(6):1053 - 1058.

[23] 任远，白广忱. 基于近似模型的电子封装散热结构优化设计[J]. 半导体技术，2008，33(5):417 - 421.

[24] Chandra V, Aitken R. Impact of technology and voltage scaling on the soft error susceptibility in nanoscale CMOS[C]// IEEE International Symposium on Defect and Fault Tolerance of VLSI Systems (DFTVS'08). Piscataway:IEEE, 2008:114 - 122.

[25] Borkar S. Designing reliable systems from unreliable components:the challenges of transistor variability and degradation[J]. IEEE Micro, 2005, 25(6):10 - 16.

[26] Moura M, Teodori E, Moita A S, et al. 2 phase microprocessor cooling system with controlled pool boiling of dielectrics over micro - and - nano structured integrated heat spreaders[C]// IEEE Intersociety Conference on Thermal and Thermomechanical Phenomena in Electronic Systems (ITHERM). Piscataway:IEEE, 2016:378 - 387.

[27] Skadron K, Stan M R, Sankaranarayanan K, et al. Temperature - aware microarchitecture:modeling and implementation[J]. ACM Transactions on Architecture and Code Optimization, 2004, 1(1):94 - 125.

[28] Mahfuzul Islam A K M, Shiomi J, Ishihara T, et al. Wide - supply - range all - digital leakage variation sensor for on - chip process and temperature monitoring[J]. IEEE Journal of Solid - State Circuits, 2015, 50(11):2475 - 2490.

[29] Park S, Han S, Chang N. Control - theoretic dynamic thermal management of automotive electronics control units[J]. IEEE Journal on Emerging and Selected Topics in Circuits and Systems, 2011, 1(2): 102 - 108.

[30] Yan G, Wu N, Ge F, et al. Collaborative fuzzy - based partially - throttling dynamic thermal management scheme for three - dimensional networks- on - chip[J]. IET Computers & Digital Techniques, 2017, 11(1):24 - 32.

[31] Sharifi S, Krishnaswamy D, Rosing T S. PROMETHEUS:a proactive method for thermal management of heterogeneous MPSoCs[J]. IEEE Transactions on Computer - Aided Design of Integrated Circuits and Systems, 2013, 32(7):1110 - 1123.

[32] Cochran R, Reda S. Consistent runtime thermal prediction and control through workload phase detection[C]// Proceedings of the 47th Design Automation Conference (DAC'10). New York:ACM, 2010: 62 - 67.

[33] Mirtar A, Dey S, Raghunathan A. Joint work and voltage/frequency scaling for quality - optimized dynamic thermal management[J]. IEEE Transactions on Very Large Scale Integration (VLSI) Systems, 2015, 23(6):1017 - 1030.

[34] Kang K, Kim J, Yoo S, et al. Temperature - aware integrated DVFS and power gating for executing tasks with runtime distribution[J]. IEEE Transactions on Computer - Aided Design of Integrated Circuits and Systems, 2010, 29(9):1381 - 1394.

[35] Sharifi S, Rosing T S. Accurate direct and indirect on - chip temperature sensing for efficient dynamic thermal management[J]. IEEE Transactions on Computer - Aided Design of Integrated Circuits and Systems, 2010, 29(10):1586 - 1599.

[36] Li X, Li X, Jiang W, et al. Optimising thermal sensor placement and

thermal maps reconstruction for microprocessors using simulated annealing algorithm based on PCA[J]. IET Circuits, Devices & Systems, 2016, 10(6):463 - 472.

[37] Li X, Wei X. Fast thermal sensor allocation algorithms for overheating detection of real microprocessors[C]// 43th Annual Conference of the IEEE Industrial Electronics Society (IECON 2017). Piscataway:IEEE, 2017:3550 - 3555.

[38] Li X, Wei X, Zhou W. Heuristic thermal sensor allocation methods for overheating detection of real microprocessors[J]. IET Circuits, Devices & Systems, 2017, 11(6):559 - 567.

[39] Lu S, Tessier R, Burleson W. Dynamic on - chip thermal sensor calibration using performance counters[J]. IEEE Transactions on Computer - Aided Design of Integrated Circuits and Systems, 2014, 33(6):853 - 866.

[40] Li X, Ou X, Wei H, et al. Synergistic calibration of noisy thermal sensors using smoothing filter - based Kalman predictor[C]// IEEE International Symposium on Circuits and Systems (ISCAS). Piscataway:IEEE, 2018:1 - 5.

[41] Li X, Ou X, Li Z, et al. On - line temperature estimation for noisy thermal sensors using a smoothing filter - based Kalman predictor [J]. Sensors, 2018, 18(2):1 - 20.

[42] Zhang Y, Srivastava A. Accurate temperature estimation using noisy thermal sensors for Gaussian and Non - Gaussian cases[J]. IEEE Transactions on Very Large Scale Integration (VLSI) Systems, 2011, 19(9):1617 - 1626.

[43] Fu Y, Li L, Wang K, et al. Kalman predictor - based proactive dynamic thermal management for 3D NoC systems with noisy thermal sensors[J]. IEEE Transactions on Computer - Aided Design of Integrated Circuits and Systems, 2017, 36(11):1869 - 1882.

[44] Fanton P, Lakcher A, Le - Gratiet B, et al. Advanced in - production hotspot prediction and monitoring with micro - topography[C]// Advanced Semiconductor Manufacturing Conference (ASMC). Piscataway:IEEE, 2017:399 - 404.

[45] Ardestani E K, Mesa - Martinez F J, Southern G, et al. Sampling in thermal simulation of processors: measurement, characterization, and evaluation[J]. IEEE Transactions on Computer - Aided Design of Integrated Circuits and Systems, 2013, 32(8):1187 - 1200.

[46] Austin T, Larson E, Ernst D. Simplescalar: an infrastructure for computer system modeling[J]. Computer, 2002, 35(2):59 - 67.

[47] Lu Y, Liu Y, Wang H. A study of perceptron based branch prediction on simplescalar platform[C]// IEEE International Conference on Computer Science and Automation Engineering (CSAE). Piscataway: IEEE, 2011:591 - 595.

[48] Boyer F R, Yang L, Aboulhamid E M, et al. Multiple SimpleScalar processors, with introspection, under SystemC[C]// Proceedings of the 46th IEEE International Midwest Symposium on Circuits and Systems. Piscataway: IEEE, 2003:1400 - 1404.

[49] Manjikian N. Multiprocessor enhancements of the SimpleScalar tool set[J]. ACM SIGARCH Computer Architecture News, 2001, 29(1):8 - 15.

[50] Zhong R, Zhu Y, Chen W, et al. An inter - core communication enabled multi - core simulator based on SimpleScalar[C]// 21st International Conference on Advanced Information Networking and Applications Workshops (AINAW'07). Washington: IEEE, 2007:758 - 763.

[51] Kessler R E. The alpha 21264 microprocessor[J]. IEEE Micro, 1999, 19(2):24 - 36.

[52] Henning J L. SPEC CPU2000: measuring CPU performance in the new millennium[J]. IEEE Computer, 2000, 33(7):28 - 35.

[53] Henning J L. SPEC CPU2006 benchmark descriptions[J]. ACM SIGARCH Computer Architecture News, 2006, 34(4):1 - 17.

[54] Yang C, Mao M, Cao Y, et al. Cost - effective design solutions for enhancing PRAM reliability and performance[J]. IEEE Transactions on Multi - Scale Computing Systems, 2017, 3(1):1 - 11.

[55] Brooks D, Tiwari V, Martonosi M. Wattch: a framework for architectural - level power analysis and optimizations[C]// Proceedings of the 27th International Symposium on Computer Architecture (ISCA'00).

Los Alamitos:IEEE, 2000:83 - 94.

[56] Kedar G, Mendelson A, Cidon I. SPACE:semi - partitioned Cache for energy efficient, hard real - time systems[J]. IEEE Transactions on Computers, 2017, 66(4):717 - 730.

[57] Jouppi N P, Kahng A B, Muralimanohar N, et al. CACTI - IO: CACTI with off - chip power - area - timing models[J]. IEEE Transactions on Very Large Scale Integration (VLSI) Systems, 2015, 23 (7):1254 - 1267.

[58] Liao W, He L, Lepak K M. Temperature and supply voltage aware performance and power modeling at microarchitecture level[J]. IEEE Transactions on Computer - Aided Design of Integrated Circuits and Systems, 2005, 24(7):1042 - 1053.

[59] Huang W, Ghosh S, Velusamy S, et al. HotSpot:a compact thermal modeling methodology for early - stage VLSI design[J]. IEEE Transactions on Very Large Scale Integration (VLSI) Systems, 2006, 14(5):501 - 513.

[60] McGowen R, Poirier C A, Bostak C, et al. Power and temperature control on a 90 - nm itanium family processor[J]. IEEE Journal of Solid - State Circuits, 2006, 41(1):229 - 237.

[61] Nakajima M, Kondo H, Okumura N, et al. Design of a multi - core SoC with configurable heterogeneous 9 CPUs and 2 matrix processors [C]// IEEE Symposium on VLSI Circuits. Piscataway:IEEE, 2007: 14 - 15.

[62] Duarte D E, Geannopoulos G, Mughal U, et al. Temperature sensor design in a high volume manufacturing 65nm CMOS digital process [C]// IEEE Custom Integrated Circuits Conference (CICC'07). Piscataway:IEEE, 2007:221 - 224.

[63] Sakran N, Yuffe M, Mehalel M, et al. The implementation of the 65nm dual - core 64b merom processor[C]// IEEE International Solid - State Circuits Conference (ISSCC 2007) Digest of Technical Papers. Piscataway:IEEE, 2007:106 - 107.

[64] Dorsey J, Searles S, Ciraula M, et al. An integrated quad - core opteron processor[C]// IEEE International Solid - State Circuits

Conference (ISSCC 2007) Digest of Technical Papers. Piscataway: IEEE, 2007:102 - 103.

[65] Floyd M S, Ghiasi S, Keller T W, et al. System power management support in the IBM POWER6 microprocessor[J]. IBM Journal of Research and Development, 2007, 51(6):733 - 746.

[66] Saneyoshi E, Nose K, Kajita M, et al. A 1.1V 35μm × 35μm thermal sensor with supply voltage sensitivity of 2℃/10% - supply for thermal management on the SX - 9 supercomputer[C]// IEEE Symposium on VLSI Circuits. Piscataway:IEEE, 2008:152 - 153.

[67] Kumar R, Hinton G. A family of 45nm IA processors[C]// IEEE International Solid - State Circuits Conference (ISSCC 2009) Digest of Technical Papers. Piscataway:IEEE, 2009:58 - 59.

[68] Kuppuswamy R, Sawant S R, Balasubramanian S, et al. Over one million TPCC with a 45nm 6 - Core Xeon © CPU[C]// IEEE International Solid - State Circuits Conference (ISSCC 2009) Digest of Technical Papers. Piscataway:IEEE, 2009:70 - 71.

[69] Floyd M, Allen - Ware M, Rajamani K, et al. Introducing the adaptive energy management features of the Power7 chip [J]. IEEE Micro, 2011, 31(2):60 - 75.

[70] Dighe S, Gupta S, De V, et al. A 45nm 48 - core IA processor with variation - aware scheduling and optimal core mapping[C]// IEEE Symposium on VLSI Circuits. Piscataway:IEEE, 2011:250 - 251.

[71] Fluhr E J, Friedrich J, Dreps D, et al. 5.1 POWER8TM:A 12 - core server - class processor in 22nm SOI with 7.6Tb/s off - chip bandwidth[C]// IEEE International Solid - State Circuits Conference (ISSCC 2014) Digest of Technical Papers. Piscataway:IEEE, 2014: 96 - 97.

[72] Long J, Memik S O, Memik G, et al. Thermal monitoring mechanisms for chip multiprocessors[J]. ACM Transactions on Architecture and Code Optimization, 2008, 5(2):1 - 23.

[73] Memik S O, Mukherjee R, Ni M, et al. Optimizing thermal sensor allocation for microprocessors[J]. IEEE Transactions on Computer - Aided Design of Integrated Circuits, 2008, 27(3):516 - 527.

[74] Nowroz A N, Cochran R, Reda S. Thermal monitoring of real processors: techniques for sensor allocation and full characterization [C]// Proceedings of the 47th Design Automation Conference (DAC'10). New York: ACM, 2010: 56 - 61.

[75] Reda S, Cochran R, Nowroz A N. Improved thermal tracking for processors using hard and soft sensor allocation techniques[J]. IEEE Transactions on Computers, 2011, 60(6): 841 - 851.

[76] Li X, Rong M, Wang R, et al. Reducing the number of sensors under hot spot temperature error bound for microprocessors based on dual clustering[J]. IET Circuits, Devices & Systems, 2013, 7(4): 211 - 220.

[77] Cochran R, Reda S. Spectral techniques for high - resolution thermal characterization with limited sensor data[C]// Proceedings of the 46th Design Automation Conference (DAC'09). New York: ACM, 2009: 478 - 483.

[78] Ranieri J, Vincenzi A, Chebira A, et al. EigenMaps: algorithms for optimal thermal maps extraction and sensor placement on multicore processors[C]// Proceedings of the 49th Design Automation Conference (DAC'12). New York: ACM, 2012: 636 - 641.

[79] Li X, Rong M, Liu T, et al. Inverse distance weighting method based on a dynamic voronoi diagram for thermal reconstruction with limited sensor data on multiprocessors[J]. IEICE Transactions on Electronics, 2011, E94 - C(8): 1295 - 1301.

[80] 李鑫，戎蒙恬，刘涛，等. 基于动态 Voronoi 图的多核处理器非均匀采样热重构改进方法[J]. 上海交通大学学报，2013，47(7): 1087 - 1092.

[81] Chen C C, Liu T, Milor L. System - level modeling of microprocessor reliability degradation due to bias temperature instability and hot carrier injection[J]. IEEE Transactions on Very Large Scale Integration (VLSI) Systems, 2016, 24(8): 2712 - 2725.

[82] Cheng L, Xiong J, He L. Non - linear statistical static timing analysis for non - Gaussian variation sources[C]// Proceedings of the 44th Design Automation Conference (DAC'07). New York: ACM, 2007: 250 - 255.

第2章　微处理器热特性建模

2.1　引　　言

在系统集成度越来越高的今天，微处理器热设计成为了一项极为耗费时间和资金的复杂工程，面对数千万甚至上亿数量的晶体管，传统设计硬件原型的模式早已被摈弃[1]。一般来说，设计人员只有在处理器的真正使用过程中才能够获得其具体的功耗和温度数据，而在使用之前很难掌握。如果在使用过程中发现问题，再对处理器的设计进行修改，所产生的制造成本和时间成本是企业所不能够承受的。近年来，芯片设计人员一般通过热特性建模对处理器的性能及功耗进行预先评估和正确性验证[2-4]，在此基础上，模拟处理器的热分布状况并获得详细的静态和动态温度信息，从而缩短了设计时间、减少了研发费用以及提高了系统可靠性。因此，微处理器热特性建模具有非常重要的研究价值和实用意义。

微处理器热特性建模是本书工作的基础，也是系统级片上温度感知技术的重要验证手段[5]。本章将详细介绍微处理器热特性建模的两种代表性设计方法。首先着重介绍经典的热仿真技术，主要内容包括体系结构研究工具SimpleScaler性能模拟器、Wattch功耗模型和HotSpot热量模型。在此基础上，给出热特性仿真的总体设计思路、工具链的建立和仿真结果。其次，在设计可透红外光谱的油冷散热系统的基础上，重点介绍目前主流的红外热测量技术，给出实验平台搭建方法和实验结果，为后续进行系统级片上温度感知的验证提供可靠的原始温度数据。

2.2　热特性仿真技术

热特性仿真技术是目前国内外芯片热设计研究中所采用的经典方法，其主要包含性能模拟、功耗建模和热量计算三方面，本节将分别予以详细介绍。

2.2.1 SimpleScalar 性能模拟器

2.2.1.1 SimpleScalar 概况

SimpleScalar 性能模拟器[6-9]一般用于在真正的硬件实现之前对其设计方案的性能和功耗进行评估，并为微处理器体系结构建模、软硬件协同验证以及性能和功耗分析提供全面而有效的支持。SimpleScalar 性能模拟器可以对从简单非流水线架构到具有多级存储器层次结构的动态调度架构范围内的各种平台进行模拟，既包含不关心模拟过程细节信息的简单功能模拟器，也包含模拟超标量体系结构的乱序执行模拟器。其中，乱序执行模拟器具有动态指令调度、指令乱序执行以及分支预测等现代微处理器特性。此外，SimpleScalar 性能模拟器还提供了包括编译器、流水线跟踪器以及调试器在内的一系列工具，为处理器设计人员的研究分析提供了极大的方便。目前，SimpleScalar 性能模拟器可以支持 Alpha，Pisa，ARM 以及 x86 等指令集。由于 Simple-Scalar指令集架构是使用 C 语言的宏编写的，因此可以很容易地对其指令集进行添加或修改，只需要同时修改编译工具链即可。SimpleScalar 性能模拟器因其优秀的可扩展性、可配置性以及可移植性，已被越来越多的设计者所采用。

SimpleScalar 性能模拟器工具集的组成如图 2.1 所示。对于二进制代码，模拟器可以直接执行；对于 C 语言程序，需要使用工具集自带的 GCC 交叉编译器将其编译生成二进制码；对于 Fortran 语言程序，则需要将其先翻译成 C 语言代码。

2.2.1.2 SimpleScalar 模拟器简介

SimpleScalar 主要包括以下模拟器：sim - safe，sim - fast，sim - profile，sim - bpred，sim - cache，sim - fuzz 以及 sim - outorder，其功能描述如下：

- sim - safe：最简单、执行速度最快、最不关心模拟过程细节信息的功能模拟器，通常进行指令错误检验。
- sim - fast：速度优化功能模拟器。为了获得更快的运行速度，默认情况下其不对指令进行错误检验，任何指令错误都将被看成模拟器的运行错误。
- sim - profile：动态程序分析模拟器，可以生成对程序进行动态分析的配置信息。
- sim - bpred：分支预测模拟器。

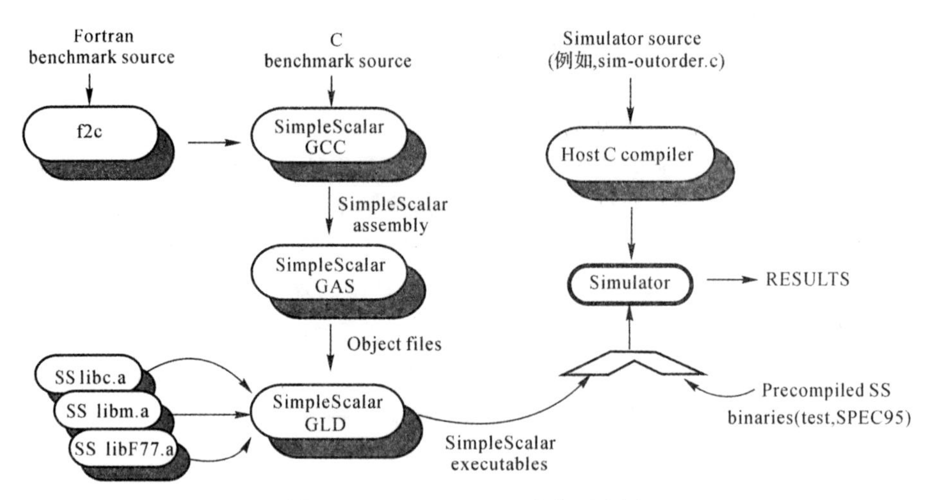

图 2.1　SimpleScalar 工具集示意图

• sim - cache:多级缓存模拟器。为用户选择的高速缓冲存储器(cache)和旁路转换缓冲器(Translation Look - aside Buffer, TLB)配置提供数据分析,但不产生时序信息,最多可以包括两级指令、数据 cache 和一级指令、数据 TLB。

• sim - fuzz:随机指令产生和测试模拟器。

• sim - outorder:乱序执行模拟器。不同于上述功能模拟器,其是一个拥有两级存储器系统,可以支持动态指令调度、指令乱序执行以及分支预测,并且能够对所有流水线延时进行跟踪的性能模拟器。

2.2.1.3　SimpleScalar 的体系结构

这里以 sim - outorder 模拟器为例来介绍 SimpleScalar 的体系结构。sim - outorder 模拟环境可以模拟超标量体系结构的乱序执行,具有动态指令调度、指令乱序执行以及分支预测等特性,其流水线及指令执行流程如图 2.2 所示。

sim - outorder 模拟器利用增加分支预测的 Tomasulo 算法[10]作为其动态调度方法,主要使用以下五个数据结构来进行功能模拟。

(1)寄存器更新单元(Register Update Unit, RUU):用于处理器错误预测和精确中断的状态恢复,通过将排序缓冲栈和传统保留栈合并实现指令的乱序执行并且顺序提交。寄存器更新单元由循环队列实现,在指令的发送阶段,依照取指顺序为每条指令分配寄存器更新单元并使其连续存放,这样可以保证完成执行的指令能够按照顺序提交。

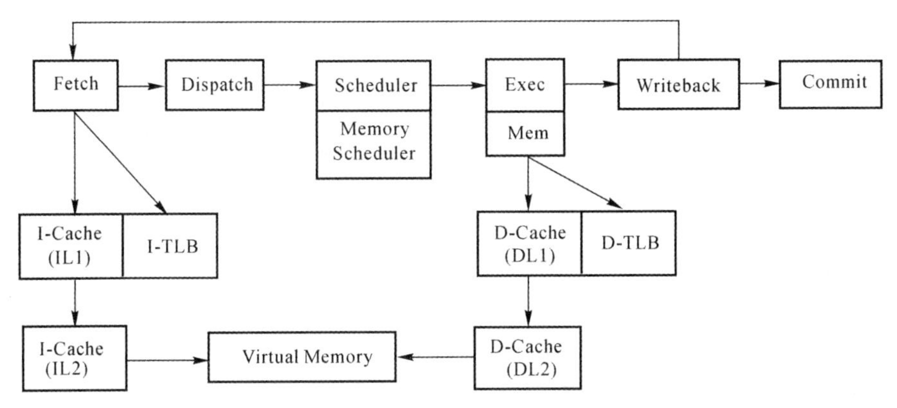

图 2.2　sim－outorder 的流水线结构

(2)载入/存储队列(Load/Store Queue，LSQ)：用于处理载入/存储指令，此数据结构与寄存器更新单元相一致。每条载入/存储指令都被分为存取和地址计算两个操作。其中，存取操作结果放入载入/存储队列中，而地址计算操作结果则放入寄存器更新单元中，二者需要保持一致。

(3)准备队列(Ready Queue，RQ)：用于对在执行过程中全部源操作数均已准备就绪的指令进行存放，准备发送。

(4)事件队列(Event Queue，EQ)：用于对已发送指令执行完毕的时间进行记录，并根据该时间确定何时写回指令的执行结果。

(5)取指队列(Instruction Fetch Queue，IFQ)：用于对在取指阶段所取出的指令进行存放。

sim－outorder 模拟器的流水线主要包括取指阶段(Fetch)、解码与地址生成阶段(Dispatch)、指令调度与发送阶段(Scheduler)、执行阶段(Exec)、写回阶段(Writeback)和提交阶段(Commit)。现对每级流水线作以下介绍。

(1)取指阶段：通过取指操作在每个周期内从指令缓存中取出一个待执行的指令，并将其放进取指队列中。对于取指没有命中的指令，将阻塞取指操作，直到解决指令快表或指令缓存的不命中问题为止。对于分支指令，在取指操作之前还需要访问分支预测器来确定下一条指令的内存地址。

(2)解码与地址生成阶段：用于寄存器重命名、指令解码仿真以及寄存器更新单元和载入/存储队列分配。在每个周期内，首先从取指队列中提取指令，并将其与寄存器更新单元或载入/存储队列进行链接，其次将全部源操作数均已准备就绪的指令放进准备队列中。模拟器通过指令驱动技术对指令是否处于错误预测状态进行判断。对于错误预测的指令，在仿真模拟时其写寄存器和访存操作不会访问其真正的物理寄存器和存储器，而是映射到相应的预测缓冲器中。

(3)指令调度与发送阶段：用于检验源操作数的主存依赖性和寄存器依赖性，模拟激活指令并将其发送到功能单元的整个过程。在每个周期内，如果准备队列中某条指令的全部源操作数均已准备就绪，就对其执行发送操作，并将其发送到功能单元；如果载入/存储队列中某条指令的全部源操作数均已准备就绪，就对其执行载入/存储操作。

(4)执行阶段：用于检查每个周期内是否有可用的执行单元。如果存在空闲的端口，就从准备队列中取出尽可能多的指令，并将其发送到执行单元。

(5)写回阶段：用于检查每个周期内是否有已完成的指令。对于已完成的指令，需要将与其具有关联性的所有指令进行相关性解除，并将仅与该已完成的指令存在关联性的指令设置为发送状态。此外，这个阶段还需要对分支预测中的错误预测进行检查，删除错误发送的指令，并将状态信息返回到上一个检测点。

(6)提交阶段：主要对指令顺序提交的过程进行模拟，并对数据 TLB 未命中问题进行处理。

2.2.1.4 SimpleScalar 的软件架构

为了提高处理器错误预测状态的恢复速度，SimpleScalar 选择采用模块化的分层软件组成结构，通过使用指令驱动技术将性能模拟和功能模拟相结合，以使其协同工作。SimpleScalar 性能模拟器的软件组成框架如图 2.3 所示。

SimpleScalar 包含了从简单功能到模拟超标量体系结构乱序执行功能在内的各种模拟器。SimpleScalar 软件架构中的各个模块由所有模拟器共享，并根据不同模拟器的需要进行调用。此外，在 Simulator core 模块内还定义并实现了不同模拟器的行为方式，其意味着只要对该模块进行相关修改即可完成满足不同需求的模拟器设计。SimpleScalar 软件架构中的各个模块主要由执行文件和头文件组成，其中，执行文件对主体函数功能给予实现，头文件对不同模块可供调用的函数声明和所需的数据结构进行定义。以下是 SimpleScalar 模拟器主程序部分的相关源代码：

main(int argc, char * * argv, char * * envp)；在 main.c 中定义，对每个模块进行初始化，并检验命令行参数。

mem_init( )；在 mem.c 中定义，对程序加载前的存储器进行初始化。

ld_load_prog( )；在 loader. c 中定义，对程序进行加载。

regs_init( )；在 regs. c 中定义，对寄存器进行初始化。

mem_initl( )；在 mem. c 中定义，对程序加载后的存储器进行初始化。

sim_init( )；在 sim_ * . c 中定义，对模拟器进行初始化。

sim_main( )；在 sim_ * . c 中定义，模拟器执行入口函数。

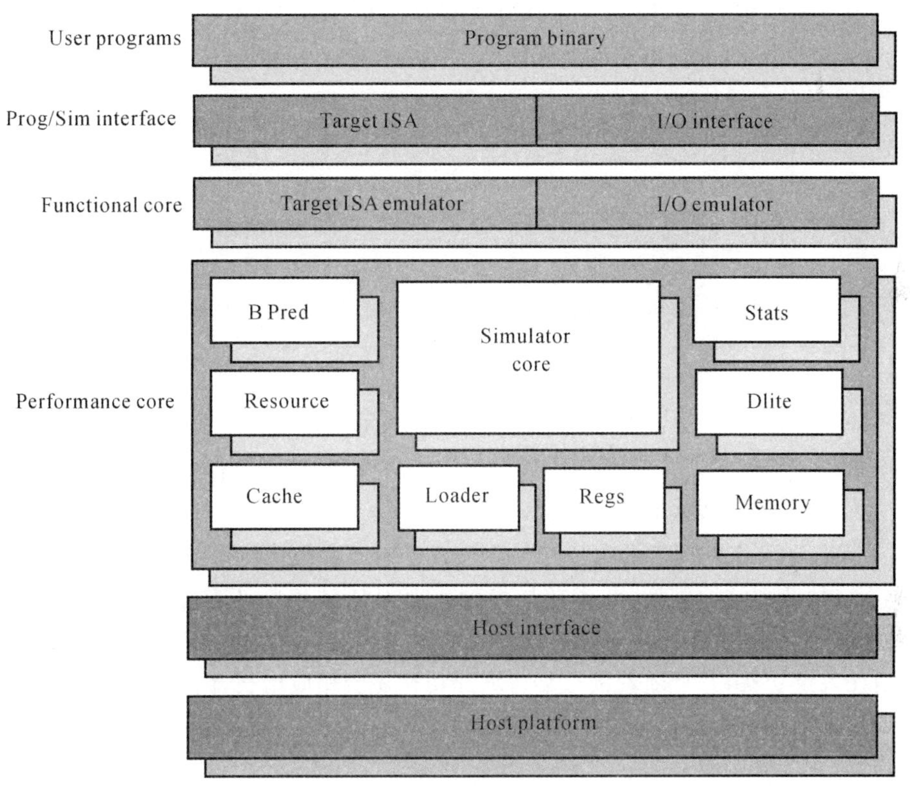

图 2. 3　SimpleScalar 模拟器软件架构

2. 2. 2　Wattch 功耗模型

2. 2. 2. 1　Wattch 简介

美国普林斯顿大学的 David Brooks 等最早提出了体系结构级的功耗分析方法，并开发了计算机系统体系结构级性能和功耗分析工具 Wattch[11-12]。Wattch 在使用不同流行工艺的功能单元的功耗特性基础上，通过对更高层功耗模型的建立，分析在不同输入向量集的情况下各功能单元的功耗行为，并对系统功耗按照时钟周期进行模拟。参数化功耗模拟器和硬件性能模拟器组成了体系结构级功耗分析方法的主要架构，通过使用基于事件或基于周期的各类硬件性能模拟器为功耗模拟器提供主要的系统参数。

Wattch 利用 SimpleScalar 性能模拟器中的乱序执行模拟环境评估系统级硬件性能，并统计每周期硬件访问的次数，在此基础上，根据统计次数的汇总信息使用 Cacti[13-14] 工具进行功耗评估。Wattch 因其所拥有的开放源代码，具有良好的可复用和可配置能力。图 2.4 所示为 Wattch 的系统功耗仿真结构，以及功耗模型与性能模拟器之间的接口连接。

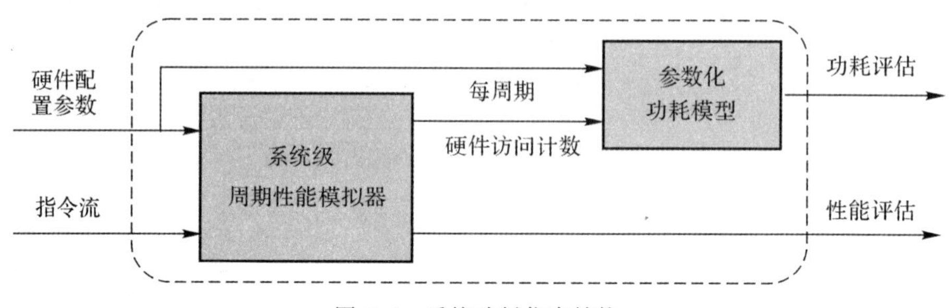

图 2.4 系统功耗仿真结构

2.2.2.2 功耗模型

Wattch 将处理器的组成部件分为以下四类进行功耗建模。

(1)队列结构模型：此类功耗模型主要对比较规则的存储器结构进行建模。这种结构由于物理实现可能存在较大的差异，加之位线和字线的充放电消耗大量功耗，并且随着读写端口增加功耗还会相应增长，因此最为复杂。例如数据与指令缓存器、缓存器标签队列、寄存器文件、寄存器重命名表、分支预测器、指令窗口和大部分读取/存储队列等。

(2)全相联可寻址存储器模型：此类功耗模型除了译码逻辑和外部端口外，与队列结构十分类似。例如读取/存储顺序检查、重排缓冲唤醒逻辑和指令窗口等。

(3)逻辑线路和组合逻辑模型：此类功耗模型一般只需要计算逻辑线数或门数即可实现，因此最为简单。例如基本功能单元、指令依赖性检查逻辑、指令窗口选择逻辑和结果总线等。

(4)时钟模型：此类功耗模型对高性能微处理器内部功耗最显著的时钟网络进行建模。例如时钟线路、时钟缓冲器和负载电容等。

CMOS 电路的总功耗由不同种类的动态功耗和静态功耗所构成，其大小除了与电路的工作状态密切相关之外，还取决于晶体管所使用的工艺参数[15]。CMOS 电路由于在输入稳定时总有一个管子处于截止状态，所以在理想情况下其静态功耗应该等于零。然而，CMOS 电路的静态功耗实际上是指由电路中漏电流所产生的漏电功耗，由于漏电功耗的存在而导致静态功耗并不等于零。CMOS 电路的动态功耗由短路电流功耗和开关电流功耗两部分组成[16-17]。因此，CMOS 电路的总功耗 (P_{total}) 可以表示为

$$P_{\text{total}} = P_{\text{dynamic}} + P_{\text{static}} = (P_{\text{short}} + P_{\text{switch}}) + P_{\text{static}} = I_{\text{SC}}V_{\text{dd}} + \psi C_{\text{L}}V_{\text{dd}}^2 f + I_{\text{leakage}}V_{\text{dd}} \tag{2.1}$$

式中，P_{dynamic} 和 P_{static} 分别为 CMOS 电路的动态功耗和静态功耗；P_{short} 为动态情况下 NMOS 管和 PMOS 管同时导通时的短路电流(I_{SC})所产生的动态功耗；P_{switch} 为开关电流所产生的动态功耗；P_{static} 为由扩散区和衬底之间的反向偏置漏电流(I_{leakage})所产生的静态功耗；V_{dd} 为供给电压；C_{L} 为负载电容；f 为时钟频率；动态因子 ψ 表示时钟引发交换活动的平均概率，为一个介于 0 ～ 1 之间的常数。

P_{switch} 大约占电路总功耗的 80%，而静态功耗所占比例很小。因此，Wattch 只考虑开关电流所产生的动态功耗，没有对静态功耗进行建模。

2.2.3　HotSpot 热量模型

2.2.3.1　HotSpot 简介

对于一个热量传导系统，可以将其近似等价为一个电路系统。其中，热量传导系统中的传热导体可以等价为电路系统中的热电阻，流过传热导体中的热量类似于通过热电阻中的电流，而传热导体两端的温度差近似于热电阻两端的电压。热量传导系统中不同特性的材料称为热电容，等价为电路系统中的电容，热电容吸收热量的过程类似于电容储存电荷的过程。美国弗吉尼亚大学的 Huang 等提出的 HotSpot[18-19]就是在热量传导系统和电路系统的等价关系基础上，针对目前流行的大规模集成电路系统类型和栈层次封装模型，所建立的一种可配置参数化的紧凑热量计算模型。这种紧凑热量计算模型可以很好地应用于传输级设计和综合之前的热量分析，能够获得详细的静态和动态温度信息。HotSpot 除了对处理器单元及系统级封装介质的热量建模之外，还对材料之间的互连部分进行了热量建模，进一步提高了热量计算的精确性。此外，HotSpot 还具有很好的兼容性，能够与多种性能模拟器或功耗分析工具联合使用，并且提供了一组简单的调用接口，方便其集成到一些性能模拟

器或功耗分析工具中，比如 HotSpot 经常与 Wattch 集成到一起[20]。总之，HotSpot 对于计算机系统体系结构级的热量仿真而言是一个比较精确的热量计算模型。

2.2.3.2 HotSpot 仿真流程

HotSpot 主要有两种仿真模式：元件块仿真（block）和网格仿真（grid）。元件块仿真是 HotSpot 的默认仿真模式，可以获得较快的仿真速度，但是仿真精度相对较低。网格仿真可以把热仿真的单元细化到网格中，同时支持三维仿真。网格仿真模式可以通过编辑配置文件，修改行、列两个参数来改变仿真的分辨率（默认为 64 像素×64 像素），分辨率越大仿真精度越高，但是仿真速度越慢。HotSpot 仿真流程如图 2.5 所示。

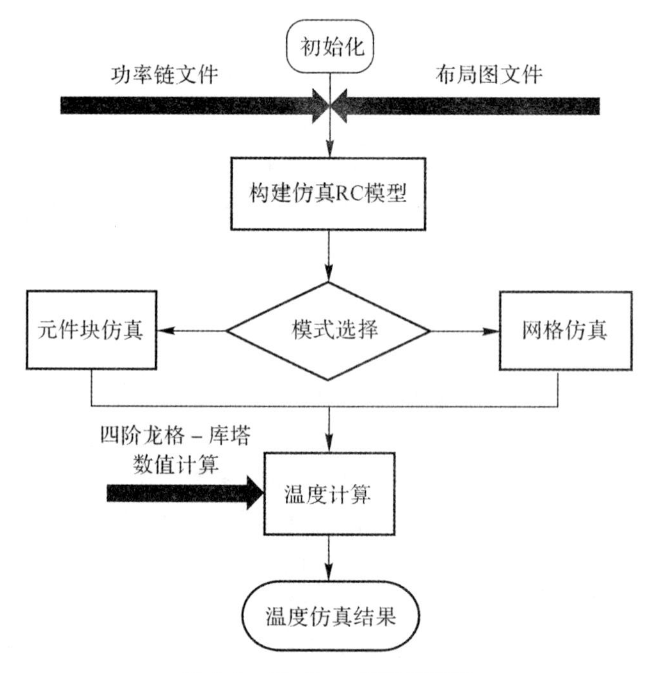

图 2.5 HotSpot 仿真流程图

HotSpot 运行热仿真至少需要三个输入文件：配置文件（. config）、功率链文件（. ptrace）和布局图文件（. flp）。在初始化阶段，通过配置文件设置仿真模型中各个元件的参数以及整体环境的参数，例如芯片整体尺寸、散热层参数、传热层参数、外部环境温度和处理器初始温度等；功率链文件是由 Wattch

功耗模型计算得到的处理器各个模块的功率信息；通过布局图文件定义所仿真处理器各个模块的名称、尺寸、坐标和互连关系。在温度计算阶段，HotSpot使用四阶龙格-库塔(Runge - Kutta)算法计算模块的温度。这种算法的优点是仿真精度高，并且可以稳定收敛；缺点在于计算量大，仿真速度较慢。在仿真结束阶段，HotSpot 输出暂态温度链(. ttrace)和稳态温度(. steady)。其中，稳态温度输出为可选项。然而，由于外部环境温度是在初始阶段预先设置的，如果仿真时间不足够长，热量就可能没有在整个芯片上扩散开，仿真结果就不可能反映实际情况。因此，一般需要使用前一次仿真的稳态温度作为初始温度进行第二次仿真。

2.2.4　仿真实验和结果

2.2.4.1　仿真工具链的建立

本小节通过建立一套系统的仿真工具链分别对单核和多核处理器进行仿真。实验 1：模拟一个基于 Alpha 21264 架构[21-22]的单核处理器温度分布；实验 2：模拟一个基于 Alpha 21264 架构的 16 核处理器温度分布。实验仿真流程和微处理器在 HotSpot 仿真中的封装模型分别如图 2.6(a)(b)所示。在实验仿真流程中，首先通过 SimpleScalar 性能模拟器在处理器架构上仿真标准性能评估基准程序(Standard Performance Evaluation Corporation, SPEC)，并在此基础上集成功耗分析模块 Wattch 和 Cacti 来计算处理器的动态功耗和漏电功耗，最后由热量计算模块 HotSpot 计算该功耗下处理器的温度分布。封装模型主要分为以下几层：金属散热片(Heat Sink)、热界面材料(Thermal Interface Material,TIM)、集成式热导器(Integrated Heat Spreader,IHS)和裸片(Die)，其不同层的热特性仿真参数参考文献[23]进行设置。

2.2.4.2　实验 1 仿真结果

实验 1 模拟了一个基于 Alpha 21264 架构的单核处理器温度分布。处理器架构如图 2.7 所示，其中 L2 划分为左部、右部和底部三部分。各模块单元的功能描述见表 2.1，HotSpot 封装模型中不同层的热特性仿真参数设置见表 2.2。在本实验中，使用标准性能评估基准程序 SPEC CPU2000[24]对处理器进行性能仿真，SPEC CPU2000 的 26 组基准程序(包括 12 组整型基准和 14 组浮点基准)说明见表 2.3。

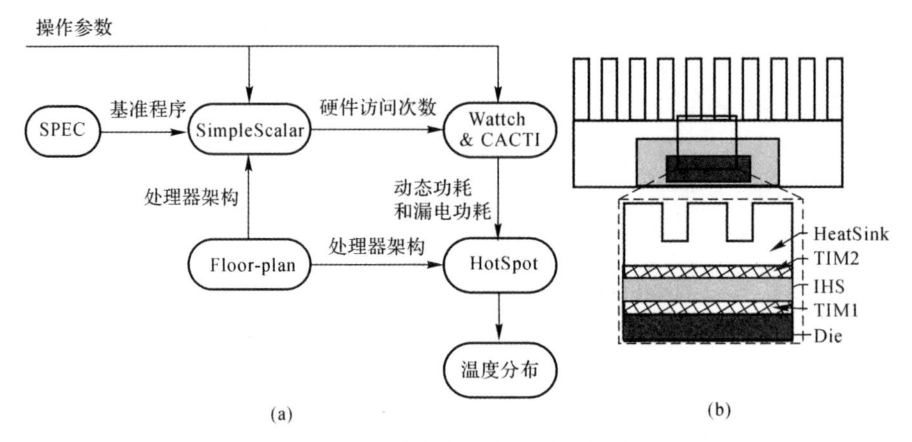

图 2.6　实验仿真流程和封装模型

(a)实验仿真流程；(b)封装模型

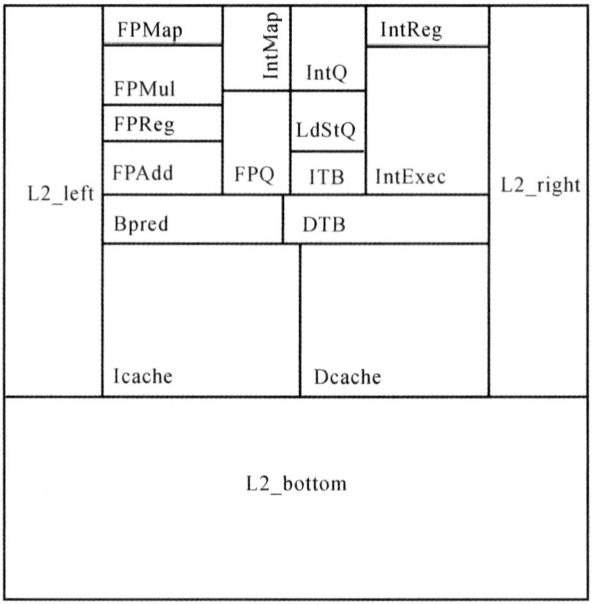

L2_left
FPMap
IntMap
IntQ
IntReg
FPMul
FPReg
LdStQ
FPAdd
FPQ
ITB
IntExec
L2_right
Bpred
DTB
Icache
Dcache
L2_bottom

图 2.7　实验 1 中处理器架构

表 2.1　Alpha 21264 架构模块单元功能描述

模块单元	功能描述	模块单元	功能描述
L2	二级缓存	IntMap	整型寄存器映射
Icache	一级指令缓存	FPQ	浮点队列
Dcache	一级数据缓存	IntQ	整型队列
Bpred	分支预测器	IntReg	整型寄存器
FPAdd	浮点加法器	IntExec	整型执行器
FPReg	浮点寄存器	LdStQ	载入/存储队列
FPMul	浮点乘法器	ITB	指令旁路转换缓冲器
FPMap	浮点寄存器映射	DTB	数据旁路转换缓冲器

表 2.2　实验 1 中热特性参数

分层	面积 mm^2	厚度 mm	网格长度 mm	比热 J/(kg・℃)	密度 kg/m^3	热导率 W/(m・℃)
Die	10×10	0.8	0.08	712	2330	148
TIM1	10×10	0.4	0.08	230	7310	30
IHS	30×30	2.4	0.2	385	8930	390
TIM2	30×30	0.4	0.2	2890	900	6.4
HeatSink	60×60	6.4	0.4	385	8930	360

表 2.3　SPEC CPU2000 整型和浮点基准

整型基准	语言	类型说明	浮点基准	语言	类型说明
164.gzip	C	压缩	168.wupwise	Fortran 77	色动力学
175.vpr	C	FPGA 电路布局	171.swim	Fortran 77	浅水模型
176.gcc	C	C 语言编译器	172.mgrid	Fortran 77	多维网格求解：3D 势场法
181.mcf	C	组合优化	173.applu	Fortran 77	抛物/椭圆型偏微分方程
186.crafty	C	游戏:象棋	177.mesa	C	3D 图形库

续表

整型基准	语言	类型说明	浮点基准	语言	类型说明
197. parser	C	文字处理	178. galgel	Fortran 90	计算流体力学
252. eon	C++	计算机可视化	179. art	C	图像识别/神经网络
253. perlbmk	C	Perl 编程语言	183. equake	C	地震波传播模拟
254. gap	C	组理论,程序解释	187. facerec	Fortran 90	图像处理:人脸识别
255. vortex	C	面向对象数据库	188. ammp	C	计算化学
256. bzip2	C	压缩	189. lucas	Fortran 90	数论/塑性测试
300. twolf	C	布局仿真器	191. fma3d	Fortran 90	有限元碰撞仿真
—	—	—	200. sixtrack	Fortran 77	高能核物理加速设计
—	—	—	301. apsi	Fortran 77	气象:污染分布

不同的测试程序具有不同的程序行为,通常可以将测试程序大致分为两大类[25]:计算密集型(compute - intensive)和访存密集型(memory - intensive)。计算密集型的测试程序由于使用 CPU 的频率比较高,故处理器频率会对其性能造成比较大的影响。访存密集型的测试程序一般对缓存的要求比较高,缓存容量越大,其性能越好。此外,具有不同程序行为的测试程序对不同模块的访问频率也有所不同,计算密集型的测试程序对整数执行部件以及整数、浮点数寄存器等的访问频率比较高;访存密集型的测试程序则对缓存的访问比较频繁。一般情况下,模块的访问频率和其所产生的功耗密切相关,访问频率越高则功耗越高,所产生的温度也会比较高。从表 2.3 可以看出,在标准性能评估基准程序 SPEC CPU2000 中包含了具有各种功能的基准程序。不同功能基准程序的工作量以及对处理器各个模块的访问频率大不相同,因此,仿真这些功能基准程序所得到的处理器温度分布也不尽相同。

一般大多数微处理器的性能模拟都是通过使用每条指令精确执行的方法来模拟程序的行为方式,并在执行过程中对功耗以及相关的性能参数进行统计。文献[26]指出,如果在每个节拍内都对温度进行一次计算则可以精确地反映其变化，但是会带来非常长的模拟时间。一般而言，使用的计算间隔太小会增长模拟时间，而计算间隔太大则会降低计算精度。因此，在计算精度允许的范围内，可以通过采用将计算间隔放大的方法来提高计算速度。本实验在 3.0GHz 的时钟频率下，采用每 10 000 周期内计算一次温度值的方法，可以达到对仿真精度和模拟时间的最佳权衡[27]。

图 2.8 所示为 SPEC CPU2000 中 26 个基准程序的稳态温度分布。从图 2.8 可以看出，由于不同的基准程序具有不同的程序行为，故其温度分布呈现出了明显的差异。总体而言，CPU 的温度较高，而 Cache 的温度较低。通过稳态温度分布图可以对基准程序的行为特征进行如下分类（见表 2.4）：①计算密集型基准程序。如果以整数计算为主，则高温区域主要集中在整数计算单元，即 CPU 的右半部分（如 IntReg，IntExec，DTB 等）；如果以浮点数计算为主，则高温区域主要集中在浮点数计算单元，即 CPU 的左半部分（如 FP-Mul，FPReg，FPAdd 等）。②访存密集型基准程序。此类基准程序由于比计算密集型基准程序更频繁地访问 Cache，因此 Cache 的温度相对较高。除此之外，一些基准程序也同时具备计算密集型和访存密集型的特征。例如，执行基准程序 mcf 时，IntExec，FPAdd 以及 Cache 的温度都相对较高，可以推出 mcf 既是计算密集型基准程序，也是访存密集型基准程序。但是由于 Cache 丢失率较高的原因，执行 mcf 时的计算部件温度并没有执行其他计算密集型基准程序那样高，因此可以将 mcf 划分到访存密集型基准程序中。

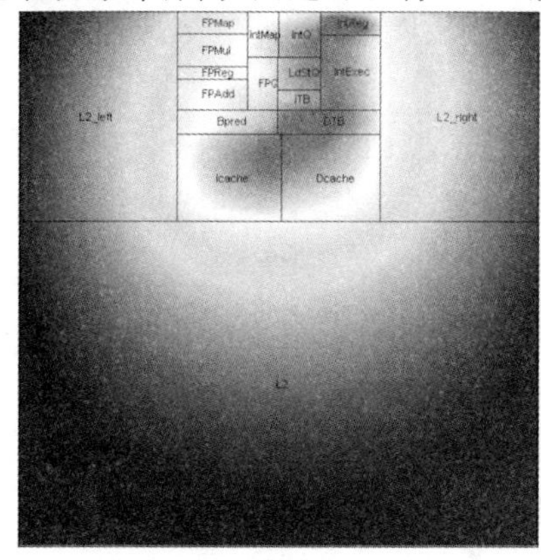

(a)

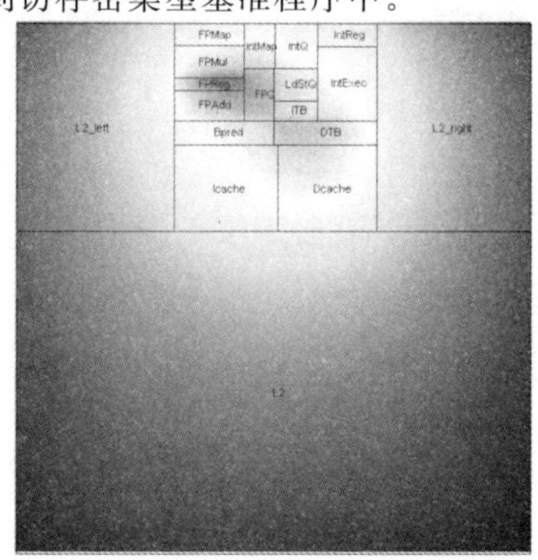

(b)

图 2.8　SPEC CPU2000 中 26 个基准程序的温度分布

(a)ammp；　(b)applu

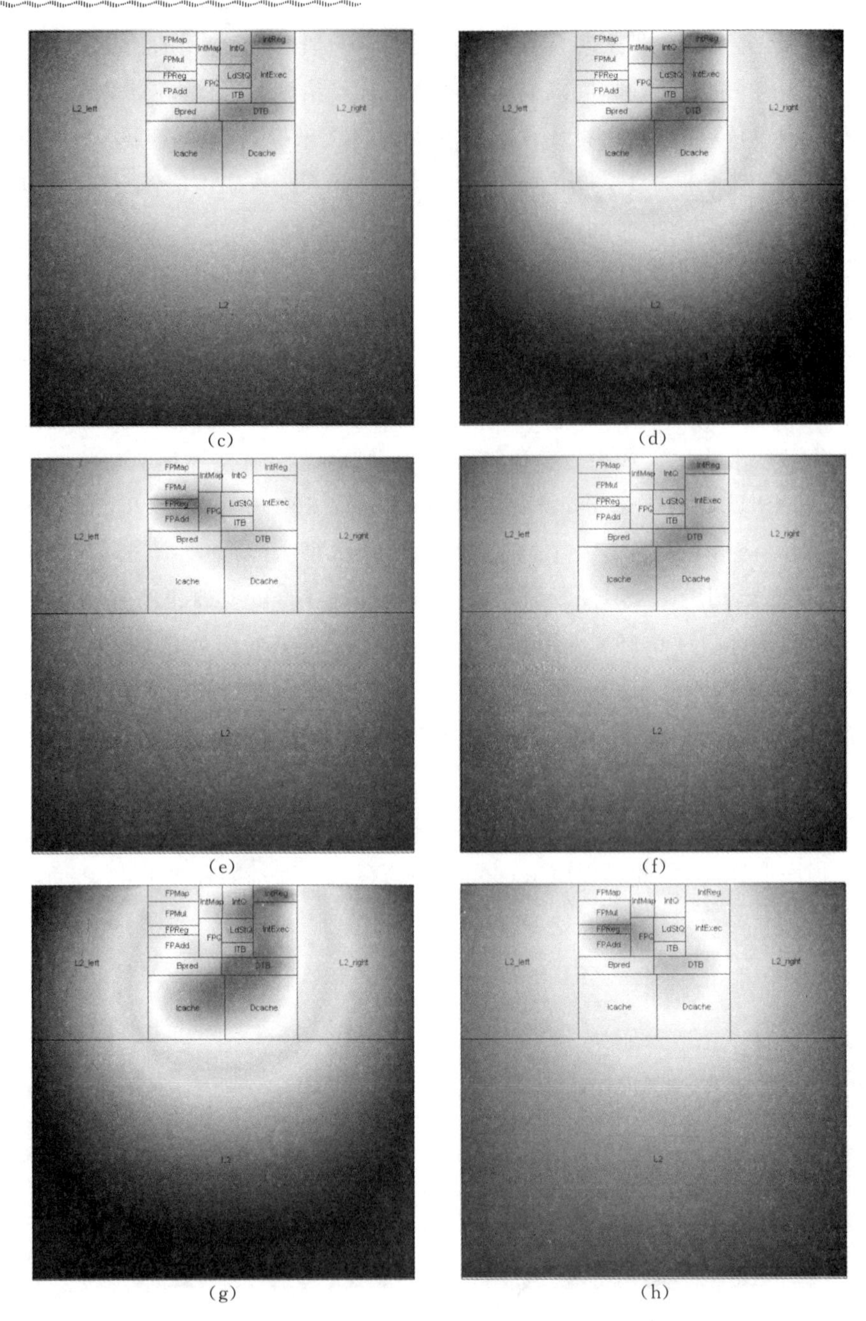

续图 2.8　SPEC CPU2000 中 26 个基准程序的温度分布

(c)apsi；　(d)art；　(e)bzip2；　(f)crafty；　(g)eon；　(h)equake

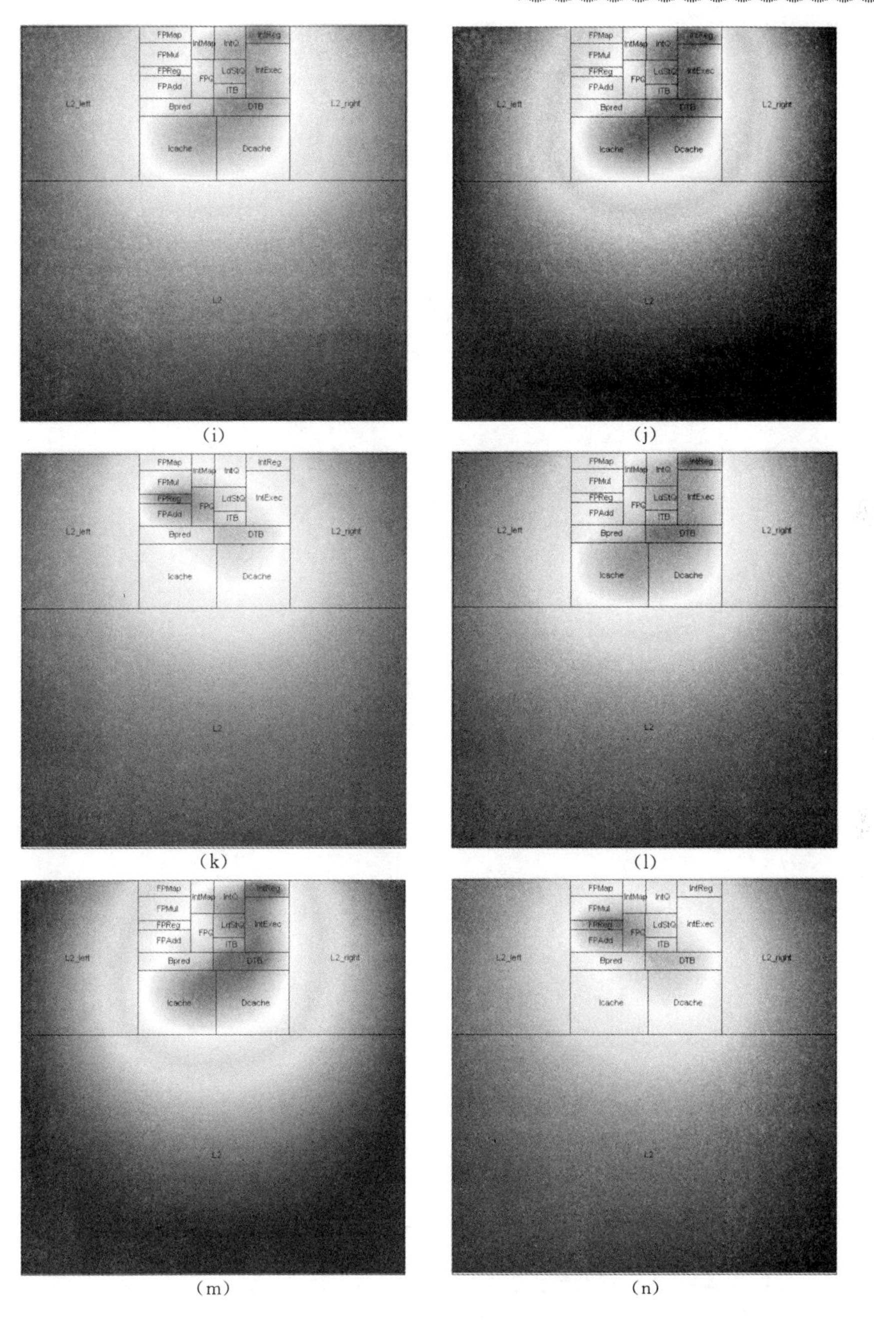

续图 2.8　SPEC CPU2000 中 26 个基准程序的温度分布

(i)facerec;　(j)fma3d;　(k)galgel;　(l)gap;　(m)gcc;　(n)gzip

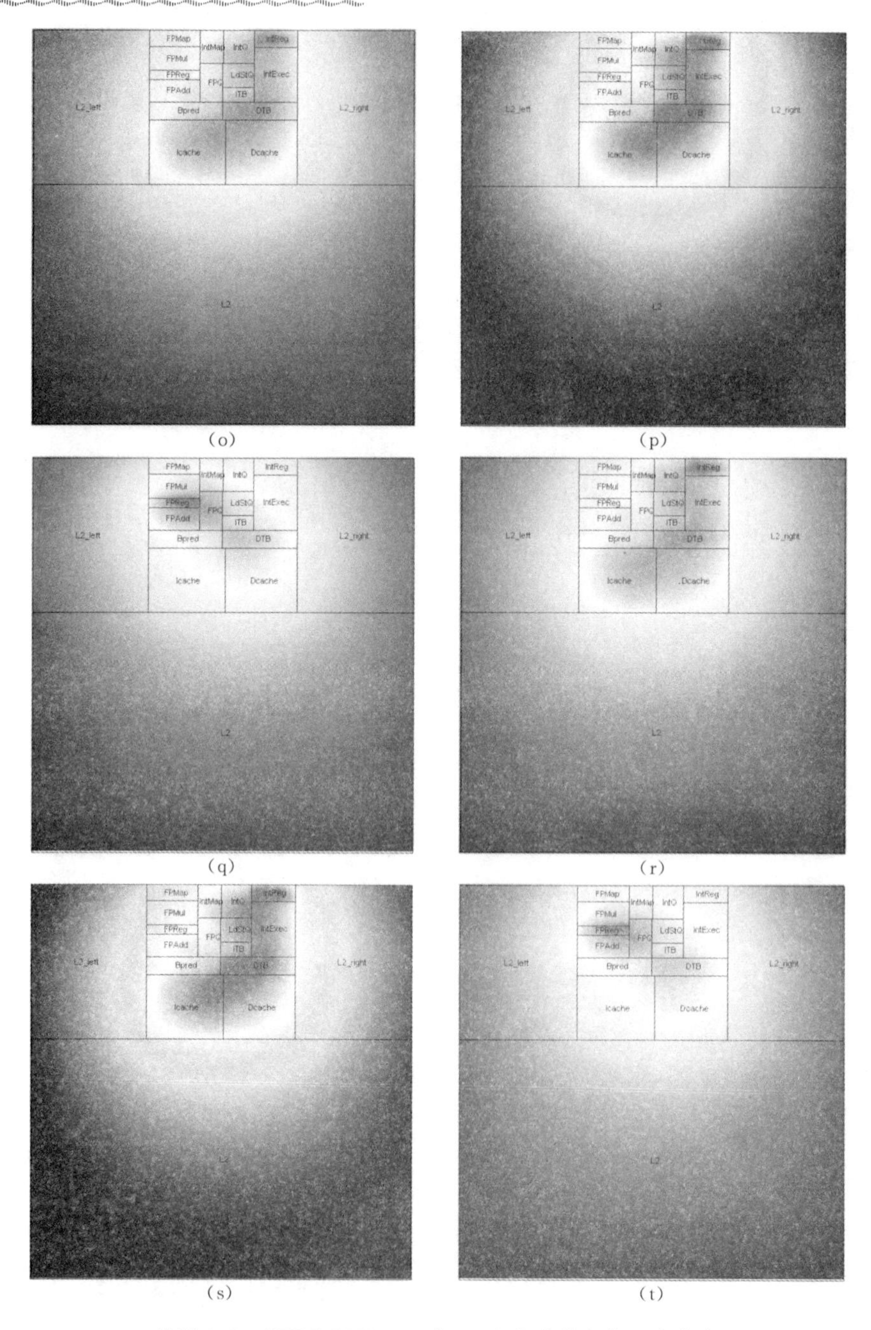

续图 2.8 SPEC CPU2000 中 26 个基准程序的温度分布

(o)lucas； (p)mcf； (q)mesa； (r)mgrid； (s)parser； (t)perlbmk

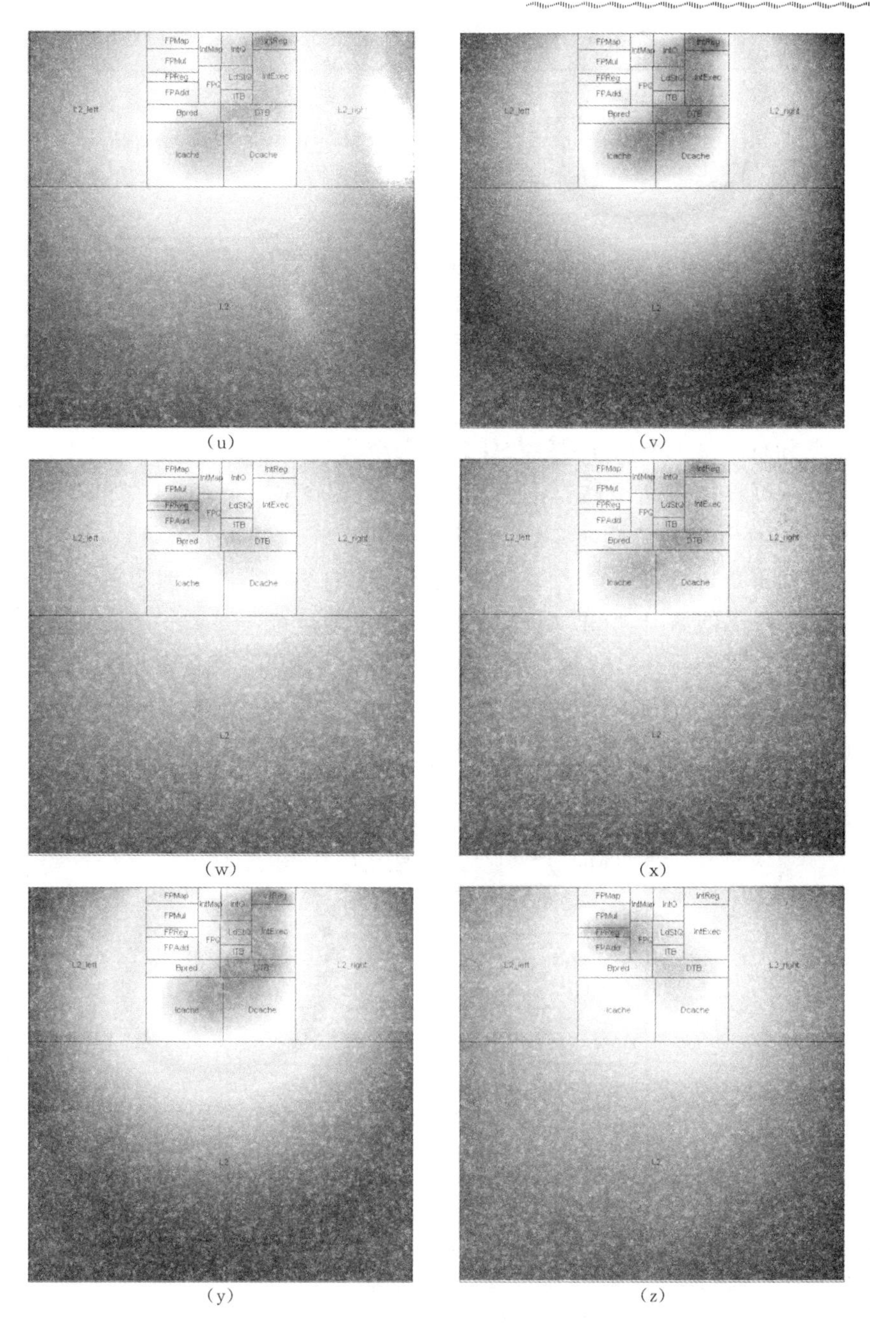

续图 2.8　SPEC CPU2000 中 26 个基准程序的温度分布

(u)sixtrack；（v)swim；（w)twolf；（x)vortex；（y)vpr；（z)wupwise

表 2.4 SPEC CPU2000 基准程序分类

类型		基准程序
计算密集型	整数计算	ammp，apsi，art，bzip2，crafty，eon，equake，facerec，fma3d，galgel，gap，gcc，gzip，lucas，parser，perlbmk，vortex，vpr
	浮点数计算	applu，sixtrack，swim，twolf，wupwise
访存密集型		mcf，mesa，mgrid

图 2.9 所示为 SPEC CPU2000 中的 26 个基准程序在处理器每个模块中的热点分布。每一个基准程序在处理器每个模块中都会存在一个热点，仿真不同的基准程序得到的热点位置有所不同。因此，26 个 SPEC CPU2000 基准程序在 18 个处理器模块中理论上应该存在 468 个热点。但是，由于一些热点位置的重叠，并且在同一个模块中可能出现一些热点的温度明显低于该模块中其他热点的情况，所以实际上只存在 132 个热点。图 2.9 中的 132 个热点将为第 4 章中所提出的基于热梯度分析的热传感器位置分布方法和基于双重聚类的热传感器数量分配方法的仿真实验提供原始的热点位置及温度数据。

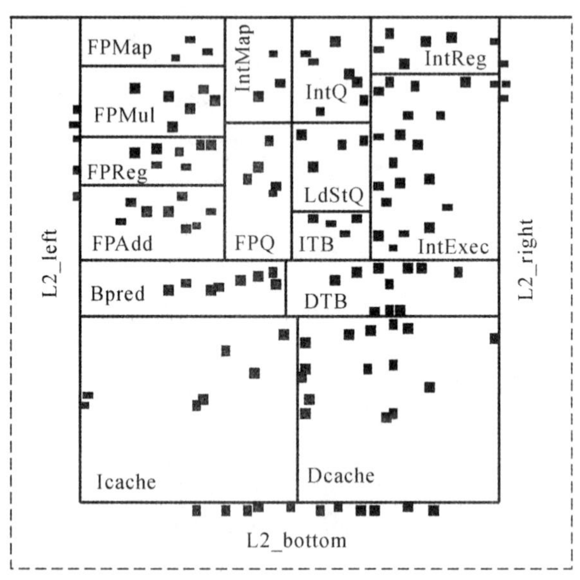

图 2.9 SPEC CPU2000 基准程序在处理器每个模块中的热点分布（用灰色小块标注）

2.2.4.3　实验 2 仿真结果

实验 2 模拟了一个基于 Alpha 21264 架构的 16 核处理器温度分布。处理器架构如图 2.10 所示，其中 L2 划分为左部、右部、顶部和底部四个部分。各模块单元的功能描述见表 2.1，HotSpot 封装模型中不同层的热特性仿真参数设置见表 2.5。在本实验中，使用标准性能评估基准程序 SPEC CPU2000 中的 4 个整型基准程序 crafty，bzip2，gcc，vortex 和 4 个浮点基准程序 ammp，equake，fma3d，lucas，给每一个核随机分配上述 8 个标准性能评估基准程序中的一个。16 核处理器稳态温度分布如图 2.11 所示。

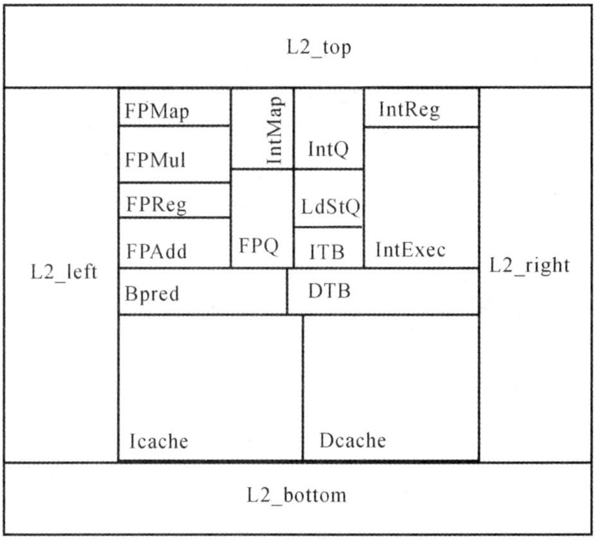

图 2.10　实验 2 中处理器架构

表 2.5　实验 2 中热特性参数

分层	面积 mm^2	厚度 mm	网格长度 mm	比热 J/(kg·℃)	密度 kg/m^3	热导率 W/(m·℃)
Die	44.8×44.8	0.8	0.4	712	2330	148
TIM1	44.8×44.8	0.4	0.4	230	7310	30
IHS	80×80	2.4	0.8	385	8930	390
TIM2	80×80	0.4	0.4	2890	900	6.4
HeatSink	120×120	6.4	0.8	385	8930	360

需要说明的是，在实验 2 中采用将对单核处理器模拟上述 8 个标准性能评估基准程序所获得的功耗数据直接随机赋值给 16 核处理器进行热仿真，并没有提供核间通信和内核调度机制。通常而言，应该由多核处理器的模拟器来产生其工作负载的功耗，而不应该直接使用单核处理器的模拟器所获得的功耗数据，因此，实验 2 的方法存在一定的缺陷。这是因为多核处理器中核与核之间存在互连总线以及共享资源，而这些资源将被多个基准程序竞争使用，因而会导致同一个工作负载由于每次执行所产生的执行轨迹不同，其所获得的功耗轨迹也不同。在这种情况下，多核处理器温度问题的研究存在一定的不确定性。

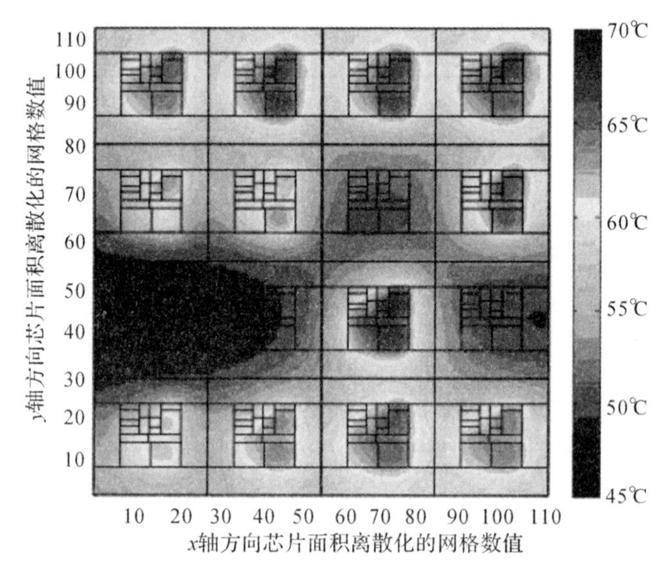

图 2.11　16 核处理器的温度分布

虽然硬件上目前已经有 4 核、8 核处理器的成熟产品，但多核处理器的性能模拟器依然处在研究阶段，而不像单核处理器的性能模拟器那样成熟，并且如何从多核处理器的性能模拟器中提取多线程的功耗依然是一个难点。因此，实验 2 对多核处理器的功耗问题进行了简化。由于温度问题自身的特点，实验 2 中的方法也存在一定的合理性。首先，本书中主要关心的是处理器的温度而不是其性能。在实验中允许功耗在一定范围内产生一定的波动，所观察得到的温度在很小的时间段内变化非常缓慢，因而不会影响温度的计算精度。其次，在多核处理器上同时运行多个基准程序，虽然同一个工作负载由于竞争共享资源而每次执行所产生的执行轨迹不同，但其所引起的功耗密度变化非常小。

2.3　红外热测量技术

针对热特性仿真技术计算量较大、运行时间较长、数据可靠性较低等缺点，使用红外热成像技术对真实芯片系统进行热成像从而获得更加实时、可靠的温度数据，已成为一个新的研究趋势。本节将从复合材料的热阻率角度出发，研究设计可透红外光谱的油冷散热系统，在此基础上，利用红外热成像技术建立一套完善的片上温度提取方法。

2.3.1　红外热成像技术简介

红外线，又称红外辐射，是指波长为 0.78～1 000 μm 的电磁波。红外辐射基于任何物体在常规环境下都会产生自身分子和原子的无规则运动，并不停地辐射出红外能量，分子和原子的运动越剧烈，辐射的能量越大；反之，辐射的能量越小。自然界中，一切物体都会辐射红外线，因此，利用探测器测定目标本身和背景之间的红外线差，可以得到不同的红外图像，称为热图像。目标的热图像不是人眼所能看到的可见光图像，而是目标表面温度分布的图像。红外热成像基于上述原理，运用光电技术检测物体热辐射的红外线特定波段信号，并将该信号转换成可供人类视觉分辨的图像和图形，其实质是一种波长转换技术，即把红外辐射图像转换为可视图像的技术[28]。根据大气透红外性质和目标自身辐射，红外热成像通常分为短波（1～2.5 μm）、中波（3～5 μm）以及长波（8～14 μm）三个波段。红外热成像技术相比于传统的温度测量技术主要有以下四个优点：

（1）响应速度快。传统的温度测量技术（如热电偶）的响应时间一般为秒级，而红外热成像系统的响应时间多为毫秒级甚至微秒级，因此其能够测取快速变化的温度。

（2）测量范围宽。玻璃温度计的可测量温度范围是－200～600 ℃，热电偶的可测量温度范围是－273～2 750 ℃，而红外热成像系统的可测量温度范围是绝对零度（－273.16 ℃）以上，没有理论限制。目前实际红外辐射测温上限可达 5 000～6 000 ℃。

（3）非接触式测量。由于红外热成像技术测量的是物体表面的红外辐射能量，不用接触被测物体，因此不会干扰被测物体的温度场，不会影响物体的真实温度，非常适合测量处在移动中的物体以及危险的物体。

(4)视觉测量结果。红外热成像技术以彩色或黑白图像的方式输出被测物体表面的温度场,不仅提供了比单点温度测量系统更为完整和丰富的温度信息,而且可以非常直观地看到物体的温度分布。

除上述优点外,红外热成像技术还具有灵敏度高、精度高、功耗低、使用寿命长、操作简单、安全可靠等优点。因此,红外热成像技术被广泛应用于钢铁工业、机械加工、医学检查、电力和电子设备故障检修、铁路交通运输、纺织工业、军事勘测、地震预测、地下水勘探、岩石渗透、岩石爆破、鉴别真伪等领域。

红外热成像仪可分为制冷和非制冷两种类型,前者有第一代扫描型和第二代焦平面阵列之分,后者有采用热释电摄像管和热电探测器阵列两种[29]。制冷型红外热成像仪的成像探测器配有集成低温制冷机装置,是一款可将探测器温度降低至制冷温度的设备,可探测物体间最细微的温差。制冷型红外热成像仪的工作范围在中波和长波两个波段,其主要由红外探测器、光机扫描器、信息处理器和视频显示器所组成。红外探测器主要采用碲镉汞(MCT)器件和锑化铟(InSb)器件。非制冷型红外热成像仪配备的成像探测器无需低温制冷,主要采用热释电探测器探测物体的热辐射,其工作范围在长波波段。相对于非制冷型红外热成像仪,制冷型红外热成像仪的优点为灵敏度、精度和可靠性较高,误差较低,响应速度较快,检测温度范围较广,缺点为体积和重量较大,能耗较高,并且价格高昂。鉴于裸片中无掺杂和轻掺杂硅在中波波段范围内具有红外光谱穿透性[30-31],故本书采用制冷型中波红外热成像仪。

2.3.2 可透红外光谱的油冷散热系统设计

2.3.2.1 金属封装散热壳拆除

现代处理器普遍采用倒装芯片封装技术把裸片通过焊球直接连接在有机基板上,并在裸片和基板之间的间隙中填充底部填充胶,进而降低由于芯片与基板热膨胀系数不匹配产生的应力,提高封装的稳定性[32]。然而,由于封装和金属散热材料的中波波段红外光谱的不可穿透性,因此,需要将金属封装散热壳拆除,进而将裸片背面暴露出来以便使用制冷型中波红外热成像仪对其进行拍摄。金属封装散热壳一般通过丁苯橡胶粘连在基板上,丁苯橡胶具有很好的固定效果,但其韧性较差,容易断裂。虽然使用刀片等工具可以直接划开橡胶使顶盖分离,但是如果操作不当就会损坏处理器的内部电路结构。为此,本小节设计了一种有效的芯片金属封装散热壳拆除装置,如图 2.12(a)所示。首先将处理器的基板固定在底座上,然后使用滑块在侧面顶住处理器的金属封装散热壳,最后转动扳手使滑块产生侧向移动,使丁苯橡胶断裂,从而打开金属封装散热壳。使用该方法不会对处理器自身造成损坏，并可以对包括 Intel 和 AMD 在内的多款处理器进行金属封装散热壳拆除，具有较好的通用性。作为开盖前后的对比，图 2.12(b)所示为原始处理器(未拆除金属封装散热壳)，图 2.12(c)所示为处理器裸片。

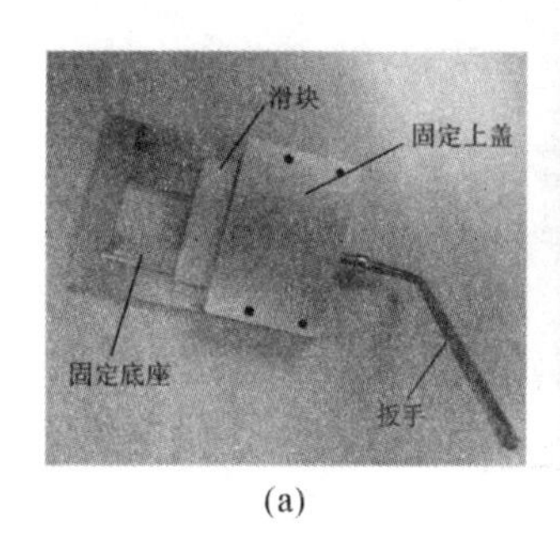

(a)

(b)

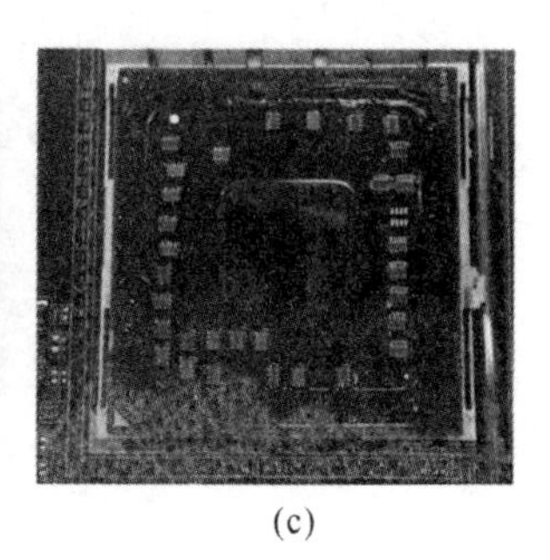

(c)

图 2.12　处理器金属封装散热壳拆除

(a)拆除装置；(b)原始处理器；(c)处理器裸片

2.3.2.2　蓝宝石散热盒设计

红外热测量技术中最关键的部分是设计出可透红外光谱的冷却方案来代替传统不透红外光谱的金属散热系统，以确保处理器在安全温度范围内正常稳定工作。为此，本小节设计了一种独特的蓝宝石散热盒，以避免由于拆除金属散热系统而带来的处理器温度过高的问题。蓝宝石散热盒主要由两个间隔 1 mm空隙的蓝宝石窗口组成，每个蓝宝石窗口的厚度约为 4 mm，其设计方案和实物模型分别见图 2.13(a)(b)。由于现代处理器广泛采用倒装芯片封装的制作工艺，当处理器的功耗增加时会在晶圆的硅背板积聚热量并横向传导，如果散热系统中冷却材料的传热系数不足够高，就会导致所测处理器热分布的空间分辨率和温度变化的对比度严重降低[33]。因此，具备高传热系数以及中波波段红外光谱穿透性的冷却材料对红外热测量技术来说至关重要。蓝宝石是一种可透中波波段红外光谱的复合材料，作为热界面材料的补偿，蓝宝石窗口可以增加热容以及改善横向热扩散，利用两个蓝宝石窗口之间流动的无机矿物质油(型号：Sigma M3156)来循环带走处理器产生的热量[34]。无机矿物质油具有大比热容、低黏稠度、高热导率以及中波波段红外光谱高度可透性等优点，是冷却剂的合适选择。需要说明的是，由于蓝宝石以及无机矿物质油等复合材料和金属散热材料具有不相同的垂直和横向热阻性，因此，需要通过调节蓝宝石窗口的厚度、无机矿物质油的厚度和流速等参数，使油冷散热系统和金属散热系统具有近似相同的总热阻，从而确保处理器的温度分布不会发生改变。下面将从系统的稳态和瞬态响应两个方面予以解释[5,30]。

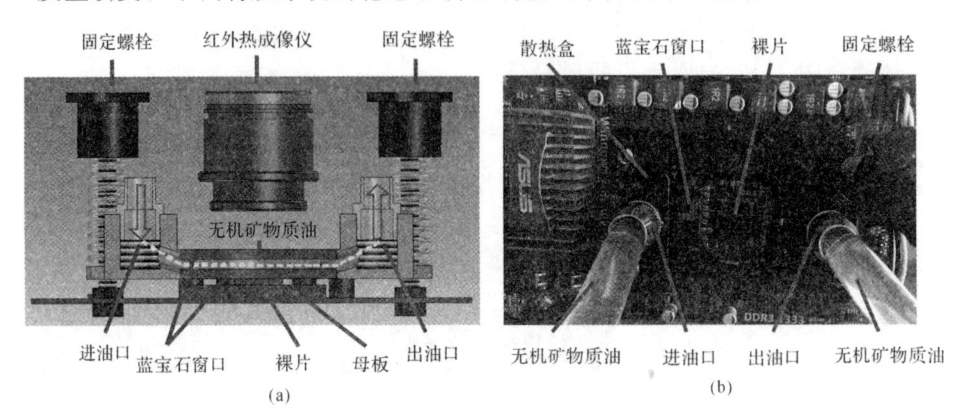

图 2.13　蓝宝石散热盒

(a)设计方案；(b)实物模型

1. 稳态响应分析

冷却方案的总热阻决定了系统的稳态响应。因为在给定的功率下，总热阻决定了处理器芯片上的最终温度。本小节设计的油冷散热系统的总热阻($R_{\text{overall\_oil}}$)可以表示为

$$R_{\text{overall\_oil}} = R_{\text{Si}} + R_{\text{TIM}_{\text{oil}}} + R_{\text{SW}} + R_{\text{conv\_oil}} \tag{2.2}$$

式中，R_{Si} 为硅背板的热阻；$R_{\text{TIM}_{\text{oil}}}$ 为充当热界面材料的无机矿物质油的自身热阻(不同种类无机矿物质油的热阻不同)；R_{SW} 为蓝宝石窗口的热阻(可以通过加厚或者减薄来调节其垂直热阻的大小)；$R_{\text{conv\_oil}}$ 为无机矿物质油的可调热阻(可以通过控制油的厚薄和速度进行调节)。相应金属散热系统的总热阻($R_{\text{overall\_MHS}}$)可以表示为

$$R_{\text{overall\_MHS}} = R_{\text{Si}} + R_{\text{TIM}_{\text{MHS}}} + R_{\text{MHS}} + R_{\text{conv\_air}} \tag{2.3}$$

式中，$R_{\text{TIM}_{\text{MHS}}}$ 为金属散热系统热界面材料的热阻；R_{MHS} 为金属散热片的热阻；$R_{\text{conv\_air}}$ 为空气的可调热阻(可以通过控制风扇的转速进行调节)。为了使油冷散热系统和金属散热系统具有相同的总热阻，应该满足 $R_{\text{overall\_oil}} = R_{\text{overall\_MHS}}$。

2. 瞬态响应分析

系统的热时间常数(thermal time constant)和总热阻与总热容的乘积成正比。油冷散热系统的热时间常数($\tau_{\text{overall\_oil}}$)可以表示为

$$\tau_{overall\_oil} \propto R_{overall\_oil}(C_{Si} + C_{SW} + C_{oil}) \tag{2.4}$$

式中，C_{Si}、C_{SW} 和 C_{oil} 分别为硅背板、蓝宝石窗口和无机矿物质油的热容。同理，金属散热系统的热时间常数（$\tau_{overall\_MHS}$）可以表示为

$$\tau_{overall\_MHS} \propto R_{overall\_MHS}(C_{Si} + C_{MHS}) \tag{2.5}$$

式中，C_{MHS} 为金属散热片的热容。通过改变参数 C_{SW}（通过调节蓝宝石窗口的厚度）和 C_{oil}（通过调节无机矿物质油的厚度）使 $\tau_{overall\_oil} = \tau_{overall\_MHS}$，进而确保油冷散热系统和金属散热系统具有相同的瞬态响应。

2.3.3　实验平台搭建和结果

红外热测量技术的实验平台如图 2.14 所示。实验平台中使用两个变速直流泵串联作为动力系统，无机矿物质油以 11.4 L/min 的流量注入两片蓝宝石之间，流速固定为 8 m/s。无机矿物质油的温度由一个外部恒温冷却箱控制，为确保无机矿物质油在系统内循环带走热量，设定恒温冷却箱的温度为 10 ℃。温度测量装置选用的是 InfraTec 公司的高性能中波制冷型红外热成像仪 ImageIR © 8300，其光谱范围为 2～5 μm，采用斯特林冷却器对内部的碲镉汞或锑化铟探测器进行制冷，探测器工作时的温度约为 77K（−196 ℃），分辨率为 640 像素×512 像素，为准确捕捉到实时温度变化，温度采样间隔设定为 17 ms。测试芯片选用的是 AMD 公司 45 nm 工艺的四核处理器 Athlon Ⅱ X4 610e[35]，其工作频率为 2.4 GHz，布局架构如图 2.15 所示。处理器上运行的标准性能评估基准程序采用的是 SPEC CPU2006[36-37]，包括 12 组整型基准和 17 组浮点基准，29 组基准程序的说明见表 2.6。使用上述实验平台对 AMD Athlon Ⅱ X4 610e 处理器进行不同 SPEC CPU2006 标准性能评估基准程序的片上温度提取，并建立了样本温度数据库，其大小为 35 GB，共包含 87 000 个热图样本（每个基准程序的热图样本为 3 000 个），部分基准程序的热图样本如图 2.16 所示。从图 2.16 可以看出，工作负载的差异会导致热点位置的强烈变化。本小节所建立的样本温度数据库将为第 3 章中所提出的基于卷积神经网络的非均匀采样热分布重构方法和第 5 章提出的基于卡尔曼滤波的热传感器温度校正方法的仿真实验提供可靠的温度数据。此外，本实验还对工作频率为 2.2 GHz 的 AMD 公司 45 nm 工艺的双核处理器 Athlon

X2 5000[38-39]进行了片上温度提取，如图 2.17 所示。

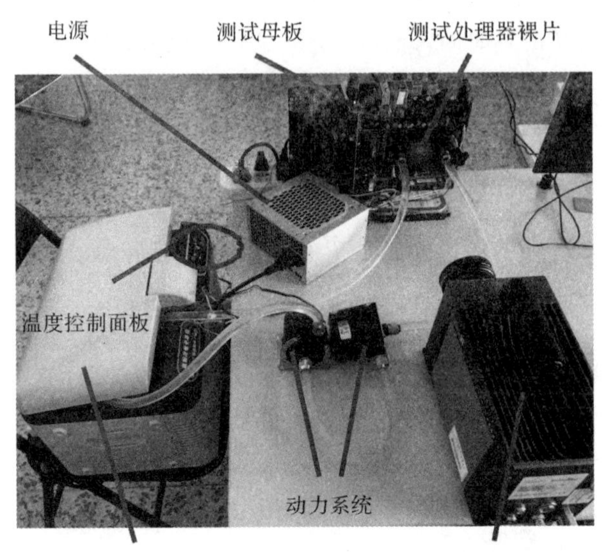

图 2.14　红外热测量技术的实验平台

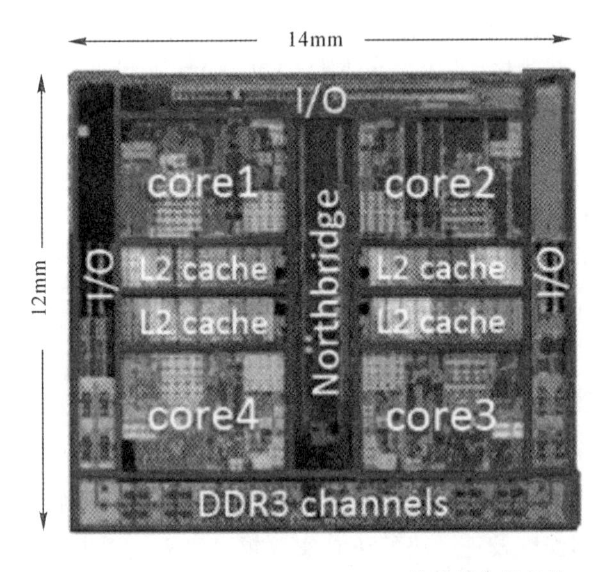

图 2.15　AMD Athlon Ⅱ X4 610e 处理器布局架构

表 2.6 SPEC CPU2006 整型和浮点基准

整型基准	语言	类型说明	浮点基准	语言	类型说明
400. perlbench	C	Perl 编程语言	410. bwaves	Fortran	流体力学
401. bzip2	C	压缩	416. gamess	Fortran	量子化学
403. gcc	C	C 语言编译器	433. milc	C	量子力学
429. mcf	C	组合优化	434. zeusmp	Fortran	物理:计算流体力学
445. gobmk	C	人工智能:围棋	435. gromacs	C/Fortran	生物化学/分子力学
456. hmmer	C	基因序列搜索	436. cactusADM	C/Fortran	物理:广义相对论
458. sjeng	C	人工智能:国际象棋	437. leslie3d	Fortran	流体力学
462. libquantum	C	物理:量子计算	444. namd	C++	生物/分子
464. h264ref	C	视频压缩	447. dealII	C++	有限元分析
471. omnetpp	C++	离散事件仿真	450. soplex	C++	线性编程、优化
473. astar	C++	寻路算法	453. povray	C++	影像光线追踪
483. xalancbmk	C++	XML 处理	454. calculix	C/Fortran	结构力学
—	—	—	459. GemsFDTD	Fortran	计算电磁学
—	—	—	465. tonto	Fortran	量子化学
—	—	—	470. lbm	C	流体动力学
—	—	—	481. wrf	C/Fortran	天气预报
—	—	—	482. sphinx3	C	语音识别

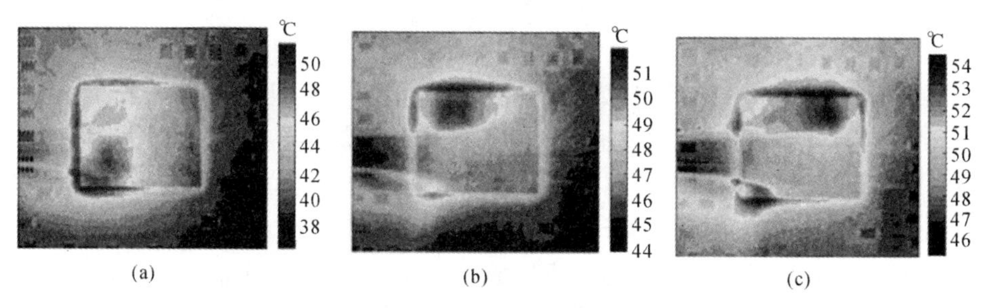

图 2.16 AMD Athlon Ⅱ X4 610e 处理器的热图样本

(a)sjeng; (b)h264ref; (c)lbm

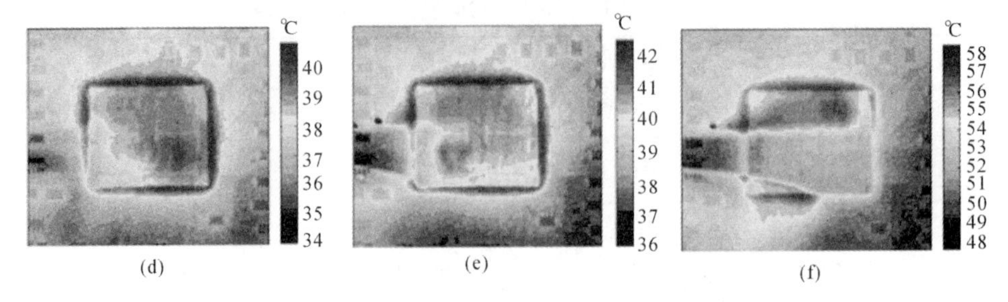

续图 2.16　AMD Athlon Ⅱ X4 610e 处理器的热图样本

(d)leslie3d；　(e)sphinx3；　(f)dealII

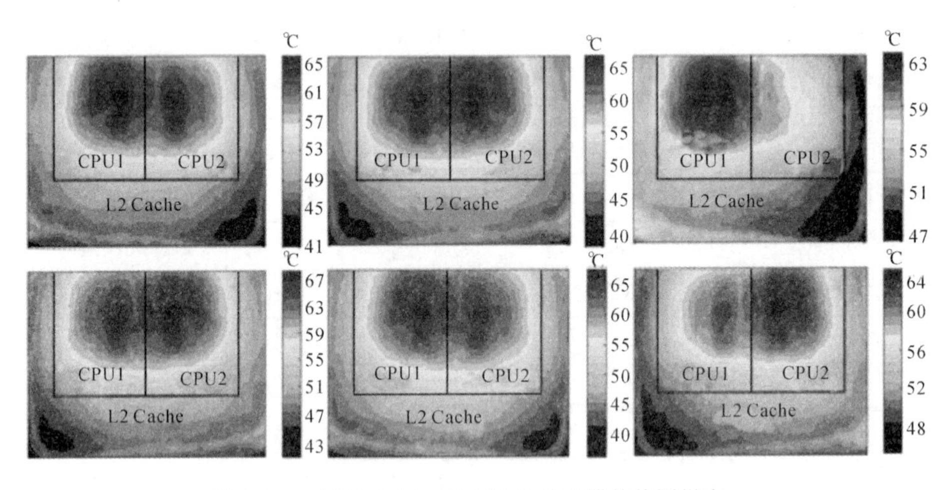

图 2.17　AMD Athlon X2 5000 处理器的热图样本

2.4　本章小结

本章首先介绍了经典的微处理器热特性仿真技术，主要内容包括体系结构研究工具 SimpleScaler 性能模拟器、Wattch 功耗模型和 HotSpot 热量模型，并给出了热特性仿真的总体设计思路和工具链的建立方法，在此基础上，使用标准性能评估基准程序 SPEC CPU2000 分别对基于 Alpha 21264 架构的单核和多核处理器进行了热仿真实验，获得了稳态温度分布数据。其次，详细介绍了红外热成像技术和可透红外光谱的油冷散热系统设计方法，并搭建了红外热测量技术的实验平台，在此基础上，使用标准性能评估基准程序

SPEC CPU2006 分别对两款真实多核处理器（AMD Athlon Ⅱ X4 610e 和 AMD Athlon X2 5000）进行了片上温度提取，建立了样本温度数据库。上述实验结果可以为后续进行系统级片上温度感知的验证提供可靠的原始温度数据。

参考文献

[1] 金立忠，窦勇．微处理器体系结构模拟器 SimpleScalar 分析与优化[J]．计算机应用研究，2006，8:197－198.

[2] 李琴，刘海东，朱敏波．热仿真在电子设备结构设计中的应用[J]．电子工艺技术，2006，27(3):165－167.

[3] 赵新源，郭松柳，汪东升．单芯片多处理器结构功耗评估方法研究[J]．计算机工程与设计，2006，27(18):3311－3313.

[4] Fanton P，Lakcher A，Le－Gratiet B，et al. Advanced in－production hotspot prediction and monitoring with micro－topography[C]// Advanced Semiconductor Manufacturing Conference (ASMC). Piscataway: IEEE，2017:399－404.

[5] Ardestani E K，Mesa－Martínez F J，Southern G，et al. Sampling in thermal simulation of processors: measurement，characterization，and evaluation[J]. IEEE Transactions on Computer－Aided Design of Integrated Circuits and Systems，2013，32(8):1187－1200.

[6] Burger D C，Austin T M. The simplescalar tool set，version 2.0[J]. ACM SIGARCH Computer Architecture News，1997，25(3):13－25.

[7] Austin T，Larson E，Ernst D. Simplescalar: an infrastructure for computer system modeling[J]. Computer，2002，35(2):59－67.

[8] Lu Y，Liu Y，Wang H. A study of perceptron based branch prediction on simplescalar platform [C]// IEEE International Conference on Computer Science and Automation Engineering (CSAE). Piscataway: IEEE，2011:591－595.

[9] Kalaitzidis K，Dimitriou G，Stamoulis G，et al. Performance and power simulation of a functional－unit－network processor with simplescalar and watch[C]// Proceedings of the 19th Panhellenic Conference on Informatics (PCI'15). New York: ACM，2015:71－76.

[10] Arons T, Pnueli A. Verifying Tomasulo's algorithm by refinement [C]// Proceedings Twelfth International Conference on VLSI Design. Los Alamitos: IEEE, 1999: 306 - 309.

[11] Brooks D, Tiwari V, Martonosi M. Wattch: a framework for architectural - level power analysis and optimizations[C]// Proceedings of the 27th International Symposium on Computer Architecture (ISCA' 00). Los Alamitos: IEEE, 2000: 83 - 94.

[12] Kedar G, Mendelson A, Cidon I. SPACE: semi - partitioned CachE for energy efficient, hard real - time systems[J]. IEEE Transactions on Computers, 2017, 66(4): 717 - 730.

[13] Wilton S J E, Jouppi N P. CACTI: An enhanced cache access and cycle time model[J]. IEEE Journal of Solid - State Circuits, 1996, 31 (5): 677 - 688.

[14] Jouppi N P, Kahng A B, Muralimanohar N, et al. CACTI - IO: CACTI with off - chip power - area - timing models[J]. IEEE Transactions on Very Large Scale Integration (VLSI) Systems, 2015, 23 (7): 1254 - 1267.

[15] Bobba S, Hajj I N. Maximum leakage power estimation for CMOS circuits[C]// IEEE Alessandro Volta Memorial Workshop on Low - Power Design. Washington: IEEE, 1999: 116 - 124.

[16] Li X, Rong M, Liu T, et al. Research of thermal sensor allocation and placement based on dual clustering for microprocessors[J]. SpringerPlus, 2013, 2(1): 1 - 11.

[17] 徐勇军，陈静华，骆祖莹，等. CMOS 电路动静态功耗协同分析[J]. 计算机工程，2006，32(10)：231 - 233.

[18] Huang W, Ghosh S, Velusamy S, et al. HotSpot: a compact thermal modeling methodology for early - stage VLSI design [J]. IEEE Transactions on Very Large Scale Integration (VLSI) Systems, 2006, 14(5): 501 - 513.

[19] Stan M R, Skadron K, Barcella M, et al. HotSpot: a dynamic compact thermal model at the processor - architecture level[J]. Microelectronics Journal, 2003, 34: 1153 - 1165.

[20] Cochran R, Reda S. Spectral techniques for high - resolution thermal

characterization with limited sensor data[C]// Proceedings of the 46th Design Automation Conference (DAC'09). New York: ACM, 2009:478 - 483.

[21] Kessler R E, McLellan E J, Webb D A. The alpha 21264 microprocessors architecture[C]// International Conference on Computer Design: VLSI in Computers and Processors (ICCD'98). Piscataway: IEEE, 1998:90 - 95.

[22] Kessler R E. The alpha 21264 microprocessor[J]. IEEE Micro, 1999, 19(2):24 - 36.

[23] Lin S C, Chrysler G, Mahajan R, et al. A self - consistent substrate thermal profile estimation technique for nanoscale ICs - Part Ⅱ: implementation and implications for power estimation and thermal management[J]. IEEE Transactions on Electron Devices, 2007, 54(12): 3351 - 3360.

[24] Henning J L. SPEC CPU2000: measuring CPU performance in the new millennium[J]. IEEE Computer, 2000, 33(7):28 - 35.

[25] 查那日苏，何立强，魏凤岐. 基于热扩散模型的测试程序分类[J]. 计算机工程，2010，36(11):256 - 261.

[26] Skadron K, Stan M R, Huang W, et al. Temperature - aware microarchitecture[C]// Proceedings of the 30th Annual International Symposium on Computer Architecture (ISCA'03). New York: ACM, 2003:2 - 13.

[27] Memik S O, Mukherjee R, Ni M, et al. Optimizing thermal sensor allocation for microprocessors[J]. IEEE Transactions on Computer - Aided Design of Integrated Circuits, 2008, 27(3):516 - 527.

[28] 王瑞凤，杨宪江，吴伟东. 发展中的红外热成像技术[J]. 红外与激光工程，2008，2008(s2):354 - 357.

[29] 俞信. 红外热成像技术:技术进展与展望[J]. 光学技术，1994(6): 1 - 3.

[30] Ardestani E K, Mesa - Martínez F J, Renau J. Cooling solutions for processor infrared thermography[C]// 26th Annual IEEE Semiconductor Thermal Measurement and Management Symposium (SEMI - THERM). Piscataway: IEEE, 2010:187 - 190.

[31] Reda S, Cochran R, Nowroz A N. Improved thermal tracking for processors using hard and soft sensor allocation techniques[J]. IEEE Transactions on Computers, 2011, 60(6):841 - 851.

[32] 张文杰, 朱朋莉, 赵涛, 等. 倒装芯片封装技术概论[J]. 集成技术, 2014, 3(6):84 - 91.

[33] Hamann H F, Lacey J, Weger A, et al. Spatially - resolved imaging of microprocessor power (SIMP): hotspots in microprocessors[C]// IEEE Intersociety Conference on Thermal and Thermomechanical Phenomena in Electronic Systems (ITHERM). Piscataway: IEEE, 2006:121 - 125.

[34] Li X, Ou X, Li Z, et al. On - line temperature estimation for noisy thermal sensors using a smoothing filter - based Kalman predictor [J]. Sensors, 2018, 18(2):1 - 20.

[35] Dev K, Nowroz A N, Reda S. Power mapping and modeling of multi - core processors[C]// International Symposium on Low Power Electronics and Design (ISLPED). Piscataway:IEEE, 2013:39 - 44.

[36] Henning J L. SPEC CPU2006 benchmark descriptions[J]. ACM SIGARCH Computer Architecture News, 2006, 34(4):1 - 17.

[37] Zou Q, Yue J, Segee B, et al. Temporal characterization of SPEC CPU2006 workloads: analysis and synthesis[C]// IEEE 31st International Performance Computing and Communications Conference (IPCCC). Washington:IEEE, 2012:11 - 20.

[38] Li X, Wei X. Fast thermal sensor allocation algorithms for overheating detection of real microprocessors[C]// 43th Annual Conference of the IEEE Industrial Electronics Society (IECON 2017). Piscataway:IEEE, 2017:3550 - 3555.

[39] Li X, Wei X, Zhou W. Heuristic thermal sensor allocation methods for overheating detection of real microprocessors[J]. IET Circuits, Devices & Systems, 2017, 11(6):559 - 567.

第3章 热分布重构技术

3.1 引　言

高性能处理器通过集成内置热传感器对芯片实施连续热监控[1-8]。热分布重构技术利用热传感器的观测温度读数恢复芯片的整体温度分布，主要应用于动态热管理技术中实现全局温度感知。实际中考虑到制造成本、设计复杂度等原因，芯片中的内置热传感器数量和位置受到了限制[9-11]。对于没有放置热传感器的区域一旦出现热点，全局温度感知就可以起到关键性的作用，避免由于缺少该区域的温度信息而导致的功能单元损坏[12]。此外，重构整个芯片热图所提供的温度信息对于多核处理器的细粒度热管理至关重要，例如热驱动空间线程迁移和动态电压频率缩放等。再者，与使用功耗仿真工具相比，利用芯片整体温度分布计算得到的每个功能模块的运行时功耗估计更为准确[13]。因此，热分布重构技术对于确保处理器芯片的热安全操作非常重要，尤其是在暗硅时代。

热分布重构技术主要分为均匀采样和非均匀采样两种，但由于热传感器位置的限制，动态热管理主要使用基于非均匀采样的热分布重构技术实现芯片全局温度感知。热分布重构的精度在很大程度上会影响动态热管理的效率，不精确的温度估计会导致错误的预警和不必要的响应，使动态热管理的可靠性受到影响[14-16]。热分布重构一般使用插值技术来实现，但由于插值算法计算量大、运算时间长等，并不适用于实时监控。如何快速、精确地实现热分布重构逐渐成为片上温度感知领域一个新的研究热点。在热分布重构技术的研究成果中，Cochran 等[17]提出的频谱技术被认为是最具潜力的方法之一。其基本出发点是将空间可变的芯片温度信号看成时间可变的温度信号，对于均匀间隔放置的热传感器，运用奈奎斯特-香农采样理论和二维离散信号处理技术实现热分布重构；对于非均匀间隔放置的热传感器，则首先需要构造 Voronoi 图，将其转化为均匀间隔采样。在频域中，由于离散余弦变换具有更好的能量集中性，Nowroz 等[12]在此基础上研究了采用离散余弦变换代替离散傅里叶变换实现热分布重构。但由于芯片温度信号不是带宽有限的，故上述方法存在一定的边缘效应，尤其在热点温度误差估计方面存在一定的不足。

本章首先介绍均匀采样热分布重构的一些常用方法，包括邻近插值法、双线性插值法以及双三次插值法。在此基础上，重点介绍几种典型的非均匀采样热分布重构方法，主要包括基于频谱技术、动态 Voronoi 图以及曲面样条的热分布重构方法，并对各个方法的性能进行比较和分析。最后，利用深度学习技术提出一种基于卷积神经网络的全局温度感知方法，介绍整体框架构建、网络结构设计、温度样本训练以及实验结果和分析。

3.2 均匀采样热分布重构方法

3.2.1 邻近插值法

邻近插值法(nearest - neighbor interpolation)[18-19]是一种一维或多维情况下的简单多元插值方法，其主要原理是选择离插值点最近的采样点值作为该插值点的函数值，通常被用于图像缩放。在一维情况下，经过邻近插值得到的函数是一个分段常函数，即整个图形被分解成多个函数段，如图 3.1 所示。同理，在二维情况下，经过邻近插值得到的函数也是一个分段常函数，即整个图形被分解成多个块，每个插值点的函数值可以通过色度来表示，如图 3.2 所示。

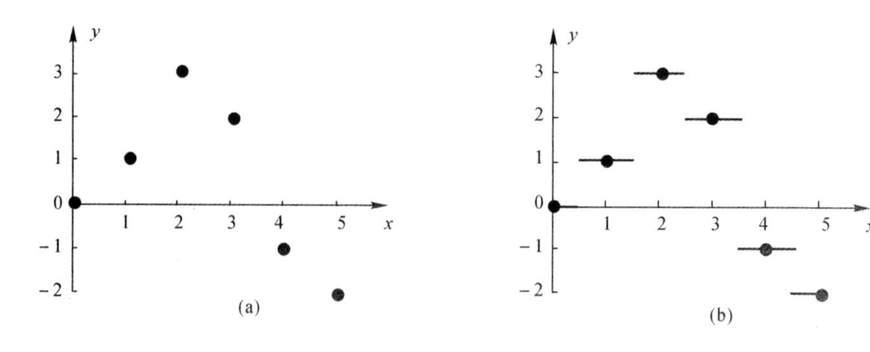

图 3.1 一维邻近插值

(a)采样数据； (b)插值效果

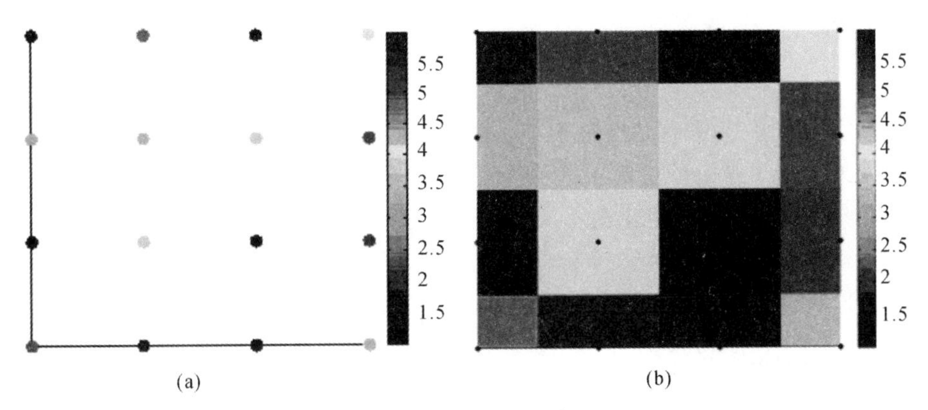

图 3.2　二维邻近插值
(a)采样数据；（b)插值效果

3.2.2　双线性插值法

双线性插值法(bilinear interpolation)[20-22]是线性插值法(linear interpolation)的扩展,广泛应用在信号处理、数字图像和视频处理等方面,其核心思想是在 x 方向和 y 方向上分别进行一次线性插值。例如,已知某函数在一个方块区域中四个顶点 $Q_{11}=(x_1,y_1)$,$Q_{12}=(x_1,y_2)$,$Q_{21}=(x_2,y_1)$,$Q_{22}=(x_2,y_2)$ 的函数值,而其余点的函数值未知,现要通过双线性插值算法求得该方块内部任一未知点 $P(x,y)$ 的函数值。首先在 x 方向作线性插值,分别得到点 $R_1(x,y_1)$ 的函数值和点 $R_2(x,y_2)$ 的函数值,即

$$f(R_1)\approx\frac{x_2-x}{x_2-x_1}f(Q_{11})+\frac{x-x_1}{x_2-x_1}f(Q_{21}) \tag{3.1}$$

$$f(R_2)\approx\frac{x_2-x}{x_2-x_1}f(Q_{12})+\frac{x-x_1}{x_2-x_1}f(Q_{22}) \tag{3.2}$$

然后在 y 方向作一次线性插值,得到 $P(x,y)$ 的函数值:

$$f(P)\approx\frac{y_2-y}{y_2-y_1}f(R_1)+\frac{y-y_1}{y_2-y_1}f(R_2) \tag{3.3}$$

将上述公式展开并进行整理,得到双线性插值的最终公式为

$$f(x,y)\approx\frac{f(Q_{11})}{(x_2-x_1)(y_2-y_1)}(x_2-x)(y_2-y)+\frac{f(Q_{21})}{(x_2-x_1)(y_2-y_1)}\times$$

$$(x-x_1)(y_2-y)+\frac{f(Q_{12})}{(x_2-x_1)(y_2-y_1)}(x_2-x)(y-y_1)+$$

$$\frac{f(Q_{22})}{(x_2-x_1)(y_2-y_1)}(x-x_1)(y-y_1) \tag{3.4}$$

如果四个顶点的坐标定为 $Q_{11}=(0,0)$，$Q_{12}=(0,1)$，$Q_{21}=(1,0)$，$Q_{22}=(1,1)$，则式(3.4)可简化为

$$f(x,y)\approx f(0,0)(1-x)(1-y)+f(1,0)x(1-y)+$$

$$f(0,1)(1-x)y+f(1,1)xy \tag{3.5}$$

或者表达为矩阵形式为

$$f(x,y)\approx[1-x \quad x]\begin{bmatrix}f(0,0) & f(0,1)\\ f(1,0) & f(1,1)\end{bmatrix}\begin{bmatrix}1-y\\ y\end{bmatrix} \tag{3.6}$$

上述过程的直观图形说明如图 3.3 所示，双线性插值的效果如图 3.4 所示。需要说明的是，双线性插值并不是线性的，而是两个线性表达式的乘积。因此，在 x 方向或 y 方向上，双线性插值法都是线性的，而在其他方向上，该插值法则是二次的。另外，经过推断和数学验证，若先对 y 方向进行线性插值，再对 x 方向进行线性插值，不会改变计算结果。

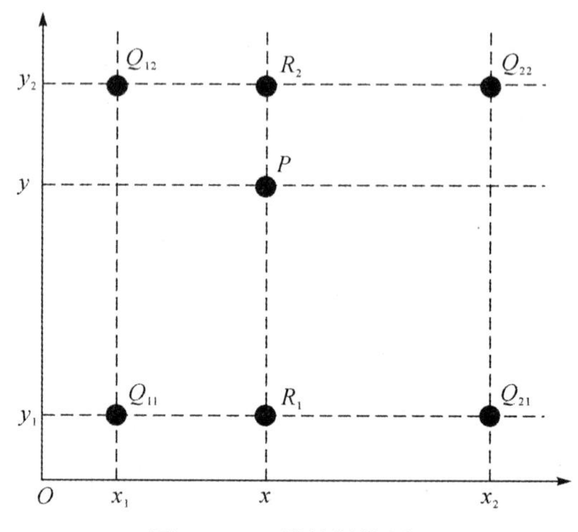

图 3.3　双线性插值原理

3.2.3　双三次插值法

双三次插值法(bicubic interpolation)[23-24] 是三次插值法(cubic

interpolation）的二维扩展，一般通过拉格朗日多项式、三次样条或三次卷积算法实现。例如，已知某函数在一个方块区域中四个顶点 $Q_{11}=(x_1,y_1)$，$Q_{12}=(x_1,y_2)$，$Q_{21}=(x_2,y_1)$，$Q_{22}=(x_2,y_2)$ 的函数值，而其余点的函数值未知，现要通过双三次插值算法求得该方块内部任一未知点 $P(x,y)$ 的函数值。为了便于理解和计算，假设 x_1 和 y_1 的取值为 0，x_2 和 y_2 的取值为 1。将未知函数记作 $f(x,y)$，且假设该函数的方向导数 f_x,f_y,f_{xy} 在四个顶点 $Q_{11}=(0,0)$，$Q_{12}=(0,1)$，$Q_{21}=(1,0)$，$Q_{22}=(1,1)$ 的值已知，那么插值的结果可以写为

$$p(x,y)=\sum_{i=0}^{3}\sum_{j=0}^{3}a_{ij}x^i y^j \tag{3.7}$$

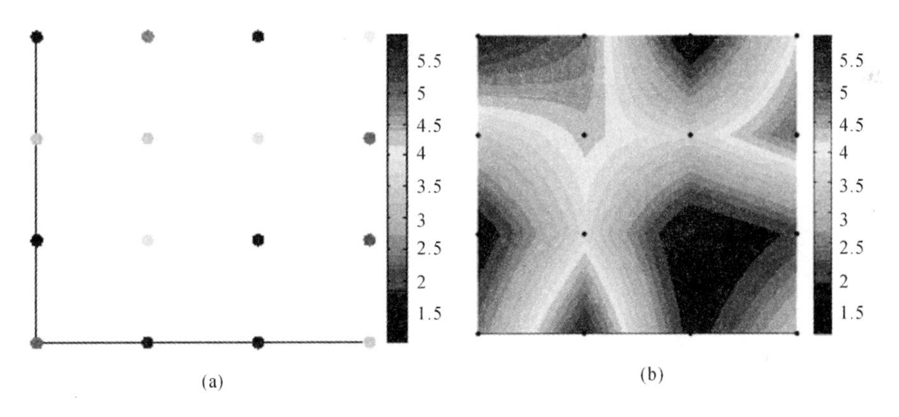

图 3.4　双线性插值效果

(a) 采样数据；(b) 插值效果

双三次样条函数插值的问题就在于如何确定 16 个参数 a_{ij}，一般的获取方法如下。首先，在四个顶点的插值结果应该和已知函数值相同，即

$$f(0,0)=p(0,0)=a_{00} \tag{3.8}$$

$$f(1,0)=p(1,0)=a_{00}+a_{10}+a_{20}+a_{30} \tag{3.9}$$

$$f(0,1)=p(0,1)=a_{00}+a_{01}+a_{02}+a_{03} \tag{3.10}$$

$$f(1,1)=p(1,1)=\sum_{i=0}^{3}\sum_{j=0}^{3}a_{ij} \tag{3.11}$$

其次，通过 $f(x,y)$ 在四个顶点的 x 轴方向和 y 轴方向的导数值可以获得以下 8 个方程：

$$f_x(0,0)=p_x(0,0)=a_{10} \tag{3.12}$$

$$f_x(1,0)=p_x(1,0)=a_{10}+2a_{20}+3a_{30} \tag{3.13}$$

$$f_x(0,1)=p_x(0,1)=a_{10}+a_{11}+a_{12}+a_{13} \tag{3.14}$$

$$f_x(1,1)=p_x(1,1)=\sum_{i=1}^{3}\sum_{j=0}^{3}a_{ij}i \tag{3.15}$$

$$f_y(0,0)=p_y(0,0)=a_{01} \tag{3.16}$$

$$f_y(1,0)=p_y(1,0)=a_{01}+a_{11}+a_{21}+a_{31} \tag{3.17}$$

$$f_y(0,1)=p_y(0,1)=a_{01}+2a_{02}+3a_{03} \tag{3.18}$$

$$f_y(1,1)=p_y(1,1)=\sum_{i=0}^{3}\sum_{j=1}^{3}a_{ij}j \tag{3.19}$$

再次，由四个顶点的交叉偏导数可以得到以下 4 个方程：

$$f_{xy}(0,0)=p_{xy}(0,0)=a_{11} \tag{3.20}$$

$$f_{xy}(1,0)=p_{xy}(1,0)=a_{11}+2a_{21}+3a_{31} \tag{3.21}$$

$$f_{xy}(0,1)=p_{xy}(0,1)=a_{11}+2a_{12}+3a_{13} \tag{3.22}$$

$$f_{xy}(1,1)=p_{xy}(1,1)=\sum_{i=1}^{3}\sum_{j=1}^{3}a_{ij}ij \tag{3.23}$$

接下来，对点 $P(x,y)$ 使用一阶微分不变性可以得到以下 3 个方程：

$$p_x(x,y)=\sum_{i=1}^{3}\sum_{j=0}^{3}a_{ij}ix^{i-1}y^{j} \tag{3.24}$$

$$p_y(x,y)=\sum_{i=0}^{3}\sum_{j=1}^{3}a_{ij}x^{i}jy^{j-1} \tag{3.25}$$

$$p_{xy}(x,y)=\sum_{i=1}^{3}\sum_{j=1}^{3}a_{ij}ix^{i-1}jy^{j-1} \tag{3.26}$$

最后，通过计算上述方程组可以得出 16 个参数 a_{ij}。为了便于计算和仿真实现，将上述方程组改写成矩阵形式为

$$\boldsymbol{A\alpha}=\boldsymbol{X} \tag{3.27}$$

$$\boldsymbol{\alpha}=[a_{00}\quad a_{10}\quad a_{20}\quad a_{30}\quad a_{01}\quad a_{11}\quad a_{21}\quad a_{31}\quad a_{02}\quad a_{12}\quad a_{22}\quad a_{32}\quad a_{03}\quad a_{13}\quad a_{23}\quad a_{33}]^{\mathrm{T}} \tag{3.28}$$

$$\boldsymbol{X}=[f(0,0)\quad f(1,0)\quad f(0,1)\quad f(1,1)\quad f_x(0,0)\quad f_x(1,0)\quad f_x(0,1)\quad f_x(1,1)\quad f_y(0,0)\quad f_y(1,0)\quad f_y(0,1)\quad f_y(1,1)\quad f_{xy}(0,0)\quad f_{xy}(1,0)\quad f_{xy}(0,1)\quad f_{xy}(1,1)]^{\mathrm{T}} \tag{3.29}$$

$$
\boldsymbol{A}^{-1}=\begin{bmatrix}
1 & 0 & 0 & 0 & 0 & 0 & 0 & 0 & 0 & 0 & 0 & 0 & 0 & 0 & 0 & 0 \\
0 & 0 & 0 & 0 & 1 & 0 & 0 & 0 & 0 & 0 & 0 & 0 & 0 & 0 & 0 & 0 \\
-3 & 3 & 0 & 0 & -2 & -1 & 0 & 0 & 0 & 0 & 0 & 0 & 0 & 0 & 0 & 0 \\
2 & -2 & 0 & 0 & 1 & 1 & 0 & 0 & 0 & 0 & 0 & 0 & 0 & 0 & 0 & 0 \\
0 & 0 & 0 & 0 & 0 & 0 & 0 & 0 & 1 & 0 & 0 & 0 & 0 & 0 & 0 & 0 \\
0 & 0 & 0 & 0 & 0 & 0 & 0 & 0 & 0 & 0 & 0 & 0 & 1 & 0 & 0 & 0 \\
0 & 0 & 0 & 0 & 0 & 0 & 0 & 0 & -3 & 3 & 0 & 0 & -2 & -1 & 0 & 0 \\
0 & 0 & 0 & 0 & 0 & 0 & 0 & 0 & 2 & -2 & 0 & 0 & 1 & 1 & 0 & 0 \\
-3 & 0 & 3 & 0 & 0 & 0 & 0 & 0 & -2 & 0 & -1 & 0 & 0 & 0 & 0 & 0 \\
0 & 0 & 0 & 0 & -3 & 0 & 3 & 0 & 0 & 0 & 0 & 0 & -2 & 0 & -1 & 0 \\
9 & -9 & -9 & 9 & 6 & 3 & -6 & -3 & 6 & -6 & 3 & -3 & 4 & 2 & 2 & 1 \\
-6 & 6 & 6 & -6 & -3 & -3 & 3 & 3 & -4 & 4 & -2 & 2 & -2 & -2 & -1 & -1 \\
2 & 0 & -2 & 0 & 0 & 0 & 0 & 0 & 1 & 0 & 1 & 0 & 0 & 0 & 0 & 0 \\
0 & 0 & 0 & 0 & 2 & 0 & -2 & 0 & 0 & 0 & 0 & 0 & 1 & 0 & 1 & 0 \\
-6 & 6 & 6 & -6 & -4 & -2 & 4 & 2 & -3 & 3 & -3 & 3 & -2 & -1 & -2 & -1 \\
4 & -4 & -4 & 4 & 2 & 2 & -2 & -2 & 2 & -2 & 2 & -2 & 1 & 1 & 1 & 1
\end{bmatrix} \tag{3.30}
$$

通过上述过程可以得到一个在单位方块[0,1]×[0,1]上的曲面，该曲面本身以及其一阶导数和交叉偏导数都是连续的。对于任意大小的曲面，可以通过多个单位方块上的曲面进行合成，只要保证边界和边界处的导数连续即可。如果一阶偏导数和交叉偏导数都是未知的，一般通过附近点的有限差分得到。双三次插值的效果如图 3.5 所示。

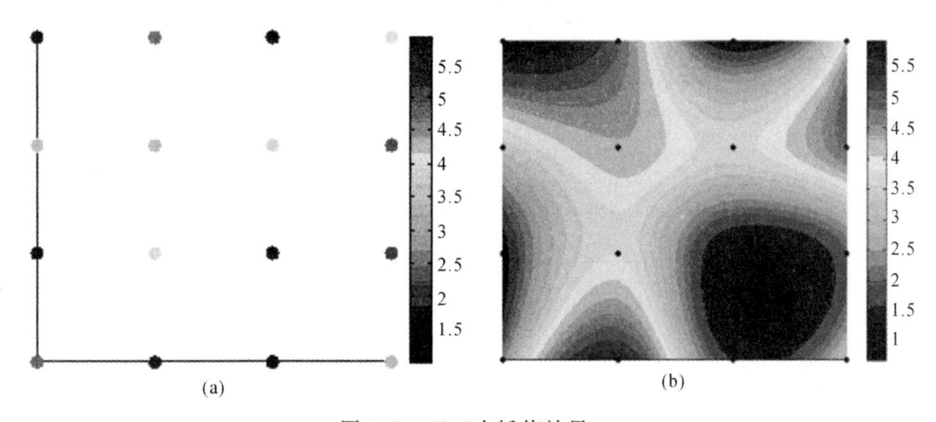

图 3.5　双三次插值效果

(a)采样数据；（b)插值效果

3.2.4 实验结果和分析

本小节采用2.2.4小节中热特性仿真实验2所获得的基于Alpha 21264架构的16核处理器的温度分布数据，分别运用上述三种不同的均匀插值算法，并以不同的采样步长进行热分布重构。对于每种均匀插值算法，通过平均温度误差、最大温度误差和热点温度误差等指标评价其性能，实验结果见表3.1。从表3.1中可以看出：在采样步长为6的时候，使用双三次插值算法可以实现平均温度误差小于0.5%，最大温度误差小于5%的要求。在这种情况下，均匀放置的热传感器的间隔为6×0.4 mm=2.4 mm(2.2.4小节中热特性仿真实验2中设置的芯片网格长度为0.4 mm，见表2.5)。以采样步长7为例，使用三种均匀插值算法得到的热重构温度分布如图3.6所示。

表3.1 三种均匀插值算法的结果对比

采样步长	插值方法	平均温度误差/(%)	最大温度误差/(%)	平均温度误差/℃	最大温度误差/℃	热点温度误差/(%)
2	Nearest	0.52	7.13	0.30	4.64	0.36
	Bilinear	0.09	2.25	0.06	1.46	0.36
	Bicubic	0.04	1.44	0.03	0.94	0.18
3	Nearest	0.69	6.47	0.40	4.04	0.34
	Bilinear	0.21	3.42	0.12	2.27	0.34
	Bicubic	0.12	2.36	0.07	1.53	0.26
4	Nearest	0.97	9.24	0.56	5.90	1.09
	Bilinear	0.30	3.87	0.18	2.58	1.09
	Bicubic	0.13	2.86	0.08	1.91	0.77
5	Nearest	1.20	11.04	0.70	6.35	0.88
	Bilinear	0.51	5.36	0.30	3.41	0.88
	Bicubic	0.34	4.57	0.21	2.85	0.07
6	Nearest	1.52	11.13	0.88	6.62	2.44
	Bilinear	0.70	6.79	0.42	4.56	2.44
	Bicubic	0.48	4.95	0.29	3.37	1.72

续表

采样步长	插值方法	平均温度误差/(%)	最大温度误差/(%)	平均温度误差/℃	最大温度误差/℃	热点温度误差/(%)
7	Nearest	1.77	17.35	1.02	9.62	3.12
	Bilinear	1.02	6.92	0.60	4.77	3.12
	Bicubic	0.82	6.01	0.49	3.51	2.87

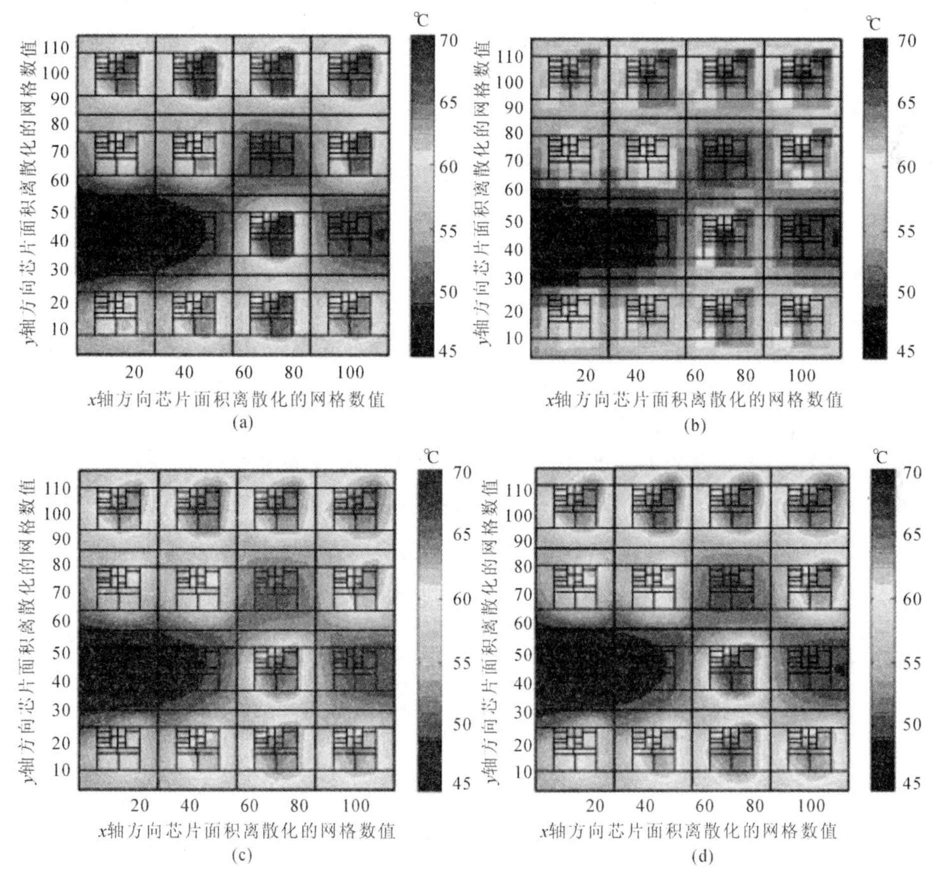

图3.6　三种均匀插值算法的热重构结果

(a)原始温度；(b)邻近插值；(c)双线性插值；(d)双三次插值

总体而言，邻近插值算法原理简单、容易实现，但是重构出来的温度图像分块化明显，误差也相对较大。因此，可以将其作为一种粗略估计的方法。双线性插值算法是线性插值算法的扩展，并且在 x 轴方向和 y 轴方向上具有连续的导数。与邻近插值算法相比，双线性插值算法重构出来的温度图像连续性较好。但是，由于该算法在其他方向的导数不连续，其重构出来的温度图像的平滑程度还有所欠缺。双三次插值算法是三次插值算法的二维扩展，并且在任意方向都有连续的导数。与邻近插值算法和双线性插值算法相比，双三次插值算法重构出来的温度图像更加平滑，而且误差最小。但是由于该算法相对复杂，时间代价要稍大一些。在图像处理中，双三次插值算法往往拿来与邻近插值和双线性插值算法进行比较，并最终被选择。在不考虑时间代价的情况下，其无疑是一种非常好的插值方法。

3.3 基于频谱技术的热分布重构方法

3.3.1 基本原理

1. 均匀采样

由于温度具有连续性，因而芯片上的热梯度相对平稳，不会发生突变。在频域中，温度信号的频谱能相对集中在一个可以实现完美信号重建的带宽内。因此，如果将空间可变的芯片温度信号看成时间可变的温度信号，根据均匀分布的热传感器所获得的采样数据，运用奈奎斯特-香农采样理论[25]和二维离散信号处理技术[26]则可以重构出芯片的温度分布。只要能获取适当间隔的样本，理论上可以得到无信息丢失的热分布重构。然而，由于现实中一些制约因素的影响（如热传感器数量的限制）阻碍了这一理论的可能性，其结果会导致信息的丢失。

由于温度是一个连续变量，而在计算机内存中只能存储离散数据，所以必须对其进行离散化。假设温度 $t(m,n)$ 为定义在 $0 \leqslant m \leqslant M-1, 0 \leqslant n \leqslant N-1$ 上的离散函数。其中，M 和 N 为研究情况下温度分布所需的分辨率。例如，对于一块尺寸大小为 1 cm×1 cm 的温度区域，如果分辨率的要求为 $M=N=128$，那么就可以将该温度区域划分成 128×128 个子区域，每个子区域的面积为 78 μm × 78 μm。离散温度函数 $t(m,n)$ 对应的二维离散傅里叶变换 (Discrete Fourier Transform, DFT) 为

$$T(p,q)=\sum_{m=0}^{M-1}\sum_{n=0}^{N-1}t(m,n)\mathrm{e}^{-\mathrm{j}2\pi pm/M}\mathrm{e}^{-\mathrm{j}2\pi qn/N} \tag{3.31}$$

式中，$p=0,1,\cdots,M-1,q=0,1,\cdots,N-1$。式(3.31)对应的二维离散傅里叶反变换(Inverse Discrete Fourier Transform, IDFT)为

$$t(m,n)=\frac{1}{MN}\sum_{p=0}^{M-1}\sum_{q=0}^{N-1}T(p,q)\mathrm{e}^{\mathrm{j}2\pi pm/M}\mathrm{e}^{\mathrm{j}2\pi qn/N} \tag{3.32}$$

式中，$m=0,1,\cdots,M-1,n=0,1,\cdots,N-1$。为了更高效计算 DFT 和 IDFT，需要运用快速傅里叶变换(Fast Fourier Transform, FFT)和其反变换(Inverse Fast Fourier Transform, IFFT)，以将时间复杂度从 $O[(MN)^2]$ 降低至 $O[MN\log(MN)]$。

根据奈奎斯特-香农采样理论，如果采样频率高于连续信号频谱中最高频率的两倍及两倍以上时，那么该信号就可以从样本中进行完全恢复。这个结论表明：要重建原始信号而无信息损失，那么原始信号必须是带宽有限的。然而，只有时域无限的信号才具有带宽有限的频谱，如果一个信号在时域上是有限的，那么它在频域上就是带宽无限的。对于芯片温度信号，由于芯片尺寸的限制(即在时域上是有限的)，所以其频谱的带宽是无限的，那么理论上是无法通过采样样本完整地重构出芯片的温度分布。但是，如果合理处理边缘效应，选择一个合适的带宽将高频部分的信息忽略掉，则可以近似完整地重构出芯片的温度分布，仅仅丢失一些可以忽略不计的信息，同时温度信号中的高阶谐波也可以得到最小化。

为了实现这一目标，首先将热传感器按网格等间隔对齐分布，这里重点考虑比较适合微处理器平铺分布的矩形网格，不考虑六角格和钻石格等网格分布。假设热传感器按照 $P\in\mathbf{Z}^{+}$ 间隔沿水平和竖直方向分布，则采样信号函数 $s(m,n)$ 可以表示为

$$s(m,n)=\sum_{u=0}^{\left\lfloor\frac{M-1}{P}\right\rfloor}\sum_{v=0}^{\left\lfloor\frac{N-1}{P}\right\rfloor}\delta(m-uP,n-vP) \tag{3.33}$$

式中，$\delta(\cdot,\cdot)$ 为狄拉克 δ 函数(Dirac delta function)，或称为单位脉冲函数。将温度信号与采样函数相乘可以得到采样温度如下：

$$t_{\mathrm{s}}(m,n)=t(m,n)s(m,n)=t(m,n)\sum_{u=0}^{\left\lfloor\frac{M-1}{P}\right\rfloor}\sum_{v=0}^{\left\lfloor\frac{N-1}{P}\right\rfloor}\delta(m-uP,n-vP)=\sum_{u=0}^{\left\lfloor\frac{M-1}{P}\right\rfloor}\sum_{v=0}^{\left\lfloor\frac{N-1}{P}\right\rfloor}t(uP,vP)\delta(m-uP,n-vP) \tag{3.34}$$

其次，对 $t_s(m,n)$ 进行 DFT 处理。根据 DFT 的性质，两个函数乘积的傅里叶变换等于两个函数各自傅里叶变换的卷积。因此，$t_s(m,n)$ 的 DFT 可表示为

$$T_s(p,q)=T(p,q)*S(p,q) \tag{3.35}$$

式中，$T(p,q)$ 为 $t(m,n)$ 的 DFT；$S(p,q)$ 为 $s(m,n)$ 的 DFT。而根据单位脉冲函数的性质，周期性脉冲序列的 DFT 也是周期性脉冲序列，于是可得

$$S(p,q)=\frac{1}{P^2}\sum_{u=0}^{P-1}\sum_{v=0}^{P-1}\delta\left(p-u\frac{M}{P},q-v\frac{N}{P}\right) \tag{3.36}$$

根据卷积计算的性质，则 $T_s(p,q)$ 为

$$T_s(p,q)=\frac{1}{P^2}\sum_{u=0}^{P-1}\sum_{v=0}^{P-1}T\left(p-u\frac{M}{P},q-v\frac{N}{P}\right) \tag{3.37}$$

由式(3.37)可以看出，对温度信号的空间域采样导致其在频域上的周期重复。根据奈奎斯特-香农采样理论，对于带宽有限的温度信号，如果其在频域的周期重复间隔足够大，那么频谱就不会出现干扰或混叠现象，要从样本中恢复出原始信号只要提取频谱上的一个周期即可。重复的间隔由采样频率决定，也即取决于温度信号的最高频率或者带宽。如果温度信号的带宽为 B，那么以大于 $2B$ 的频率进行采样就能对原始信号进行完全恢复。采样频率 f_s 由采样间隔 P 决定，即 $f_s=1/P$，所以 $(1/P)\geqslant 2B$。因此，布置热传感器的理想间隔应为 $P\leqslant 1/(2B)$。然而，由于温度信号受限于芯片空间尺寸，导致其频谱带宽是无限的。为了尽量减少采样造成的信息损失，在频域内对原始温度信号进行频谱提取时，选择滤波器的带宽 B_L 应该尽量包含大部分能量。为此，可以使用一个低通滤波器来提取一个周期内的频谱信号，其表达式为

$$F(p,q)=\begin{cases}1, & |p|\leqslant B_L \text{ 且 } |q|\leqslant B_L\\ 0, & \text{其他}\end{cases} \tag{3.38}$$

对式(3.38)其进行 IDFT 可以得到该低通滤波器在时域上的表达式为

$$f(m,n)=\operatorname{sinc}\left(\frac{m}{B_L}\right)\operatorname{sinc}\left(\frac{n}{B_L}\right) \tag{3.39}$$

最后，在时域上将滤波函数和温度采样函数做卷积计算即可得到热重构的温度信号，其表达式为

$$t_r(m,n)=\sum_{u=0}^{M-1}\sum_{v=0}^{N-1}t_s(u,v)\operatorname{sinc}\left(\frac{m}{B_L}-u\right)\operatorname{sinc}\left(\frac{n}{B_L}-v\right) \tag{3.40}$$

2. 非均匀采样

对于非均匀间隔放置的热传感器，首先需要构造 Voronoi 图[27-29]，Voronoi 图中每一个子区域中的温度都和该区域中心处的热传感器温度相同，其次对 Voronoi 图进行均匀采样，最后对均匀采样的温度利用上述频谱技术进行热分布重构。

3.3.2　实验结果和分析

1. 均匀采样

本小节采用 2.2.4 小节中热特性仿真实验 2 所获得的基于 Alpha 21264 架构的 16 核处理器的温度分布数据，使用基于均匀采样的频谱技术以不同的采样步长进行热分布重构，并通过平均温度误差、最大温度误差和热点温度误差等指标评价其性能，实验结果见表 3.2。

表 3.2　不同采样步长下频谱技术的结果对比

采样步长	平均温度误差/(%)	最大温度误差/(%)	平均温度误差/℃	最大温度误差/℃	热点温度误差/(%)
2	2.74	16.73	1.56	9.05	9.61
3	2.77	20.65	1.57	12.47	10.09
4	7.36	41.59	4.17	23.91	20.80

对比表 3.1 和表 3.2 可以看出：邻近插值、双线性插值和双三次插值算法均优于频谱技术。其原因是温度信号受限于芯片空间尺寸，故其频谱带宽是无限的，因此进行均匀采样时必将会出现频谱混叠的现象，进而导致热重构后的温度分布出现信息的丢失。以采样步长 3 为例，使用基于均匀采样的频谱技术重构温度分布的整体流程如图 3.7 所示。为了减小频谱混叠造成的影响，可以先使用均匀插值算法对采样数据进行插值运算，然后再使用频谱技术(Spectral Techniques, ST)进行热分布重构，这样可以减小由于频谱混叠产生的误差，实验结果见表 3.3。

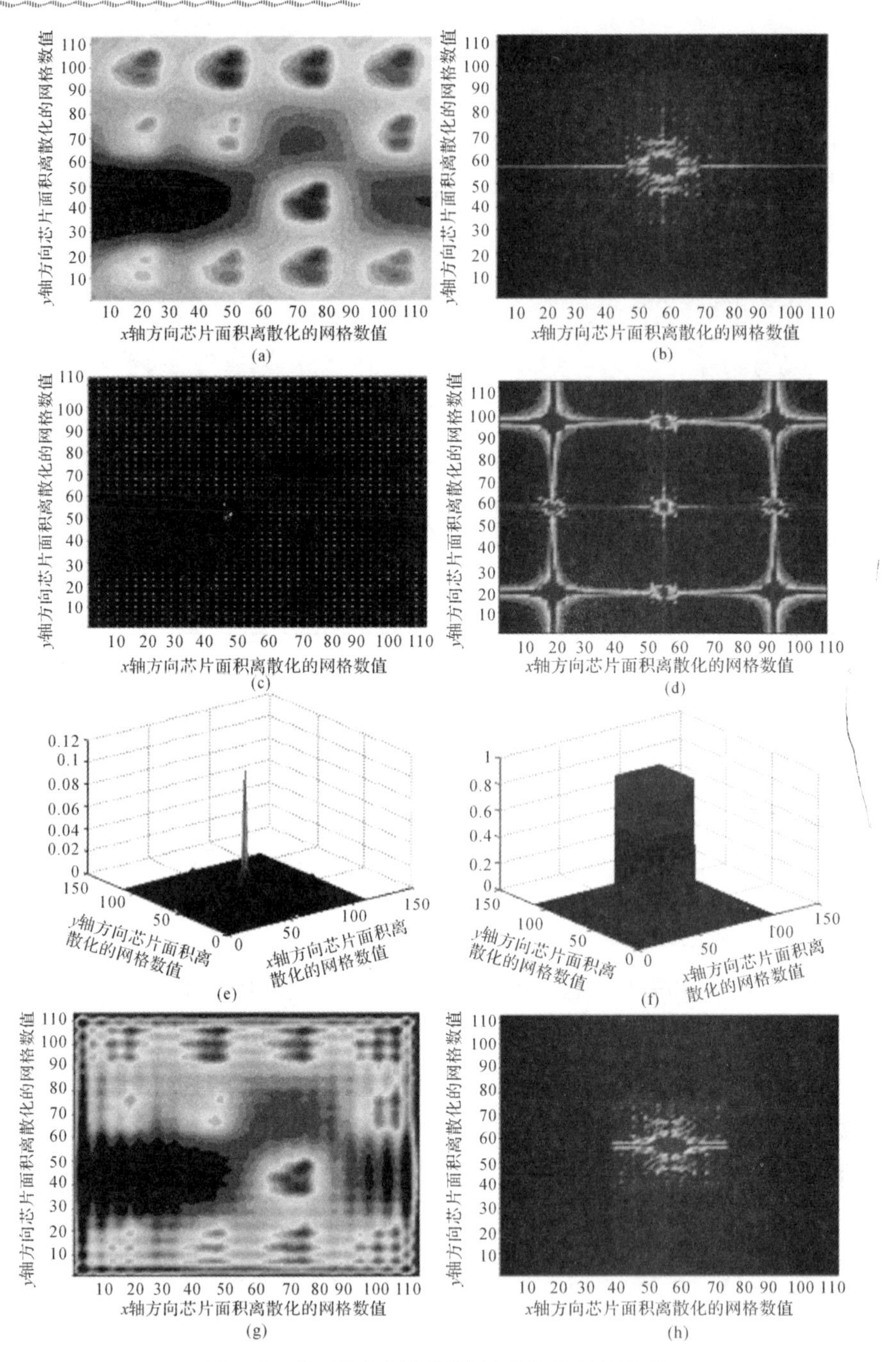

图 3.7　基于均匀采样频谱技术的热重构流程

(a)原始温度；(b)原始温度频谱；(c)均匀采样；(d)均匀采样频谱；(e)低通滤波器；(f)低通滤波器频谱；(g)重构温度；(h)重构温度频谱

表 3.3 频谱技术结合三种均匀插值算法的结果对比

采样步长	插值方法	平均温度误差/(%)	最大温度误差/(%)	平均温度误差/℃	最大温度误差/℃	热点温度误差/(%)
2	Nearest+ST	0.49	4.32	0.28	2.81	0.21
	Bilinear+ST	0.18	2.90	0.10	1.55	0.37
	Bicubic+ST	0.15	2.89	0.08	1.55	0.01
3	Nearest+ST	0.30	2.85	0.17	1.85	0.40
	Bilinear+ST	0.28	3.07	0.16	2.00	0.65
	Bicubic+ST	0.21	2.87	0.12	1.54	0.27
4	Nearest+ST	0.84	6.39	0.48	4.10	0.84
	Bilinear+ST	0.35	3.45	0.21	2.30	1.38
	Bicubic+ST	0.23	2.89	0.13	1.92	0.77
5	Nearest+ST	1.12	8.40	0.65	5.05	0.96
	Bilinear+ST	0.56	5.30	0.33	3.53	1.19
	Bicubic+ST	0.42	4.57	0.25	2.86	0.03
6	Nearest+ST	1.41	8.75	0.82	5.40	1.05
	Bilinear+ST	0.75	6.82	0.44	4.68	2.72
	Bicubic+ST	0.55	4.98	0.33	3.39	1.74
7	Nearest+ST	1.70	16.73	0.98	9.57	2.27
	Bilinear+ST	1.06	7.02	0.62	4.83	3.65
	Bicubic+ST	0.88	6.05	0.52	3.53	2.88

对比表 3.2 和表 3.3 可以看出:使用频谱技术结合三种均匀插值算法得到的热重构结果比单独使用频谱技术得到的热重构结果在性能上提高了很多,其结果对比如图 3.8 所示。由此可知,均匀插值算法对于频谱技术中出现的频谱混叠现象具有非常明显的修正效果。此外,对比表 3.1 和表 3.3 还可以看出:频谱技术结合邻近插值算法的热重构结果优于直接进行邻近插值(其结果对比见图 3.9),其原因是单独使用邻近插值算法重构出来的温度图像分块化明显,而结合频谱技术可以使重构出来的温度分布更加平滑。

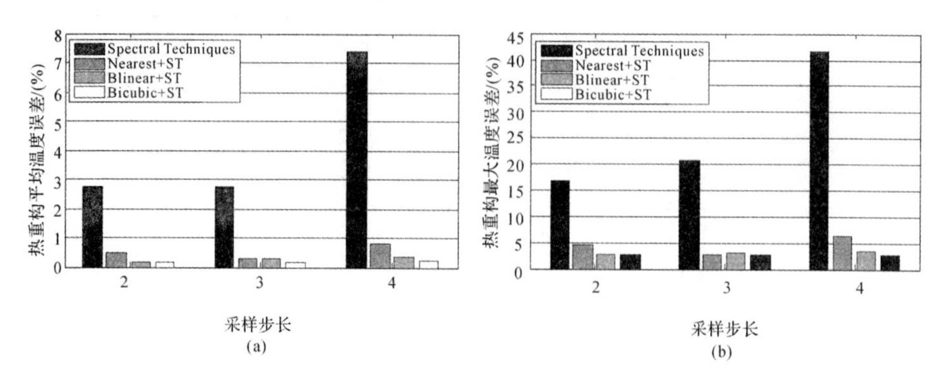

图 3.8　单独使用频谱技术与频谱技术结合三种均匀插值算法的结果对比

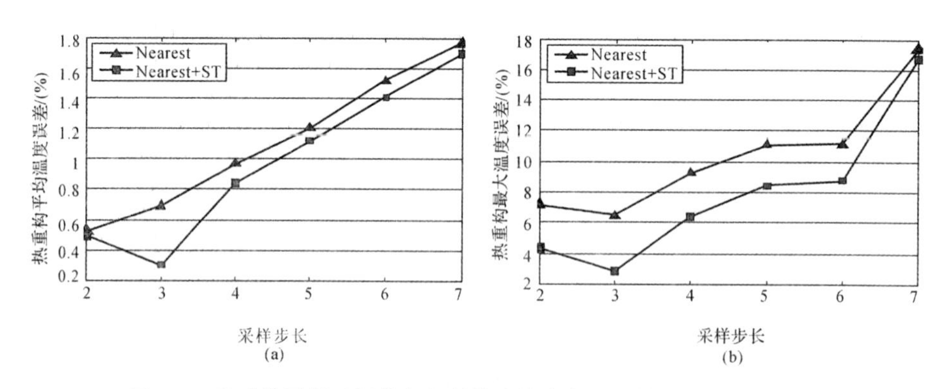

图 3.9　单独使用邻近插值与频谱技术结合邻近插值算法的结果对比

2. 非均匀采样

现在通过在处理器上非均匀地放置热传感器，使用基于非均匀采样的频谱技术实现芯片的热分布重构。在下述实验中采用三组热传感器放置策略，分别为每核放置 1 个、4 个和 9 个传感器。其中，每组热传感器依据标准性能评估基准程序的特性，在处理器架构中可能出现热点的部分进行放置。热传感器的分布如图 3.10 所示。在本实验中只采用最主要的两组标准来进行结果比较，分别为热重构平均温度误差和热点温度误差。其中，热重构平均温度误差是指：进行热重构后芯片上所有数据点和在 2.2.4 小节热特性仿真实验

2中所得到的芯片上所有数据点温度误差的平均值;而热点温度误差是指:热重构后芯片上所有热点和在实验2中所得到的芯片上所有热点温度误差的平均值。热重构平均温度误差主要用作动态热管理进行全局监控有效性的指标,而热点温度误差则用作局部监控有效性的指标。

在使用基于非均匀采样频谱技术进行热分布重构时,值得注意的是,根据非均匀采样点构造完Voronoi图后,以多大的采样步长(即低通滤波器的带宽)对Voronoi图进行均匀采样,会对热分布的重构结果造成比较大的影响。图3.11所示为分别在三组热传感器放置策略下,以不同的采样步长对Voronoi图进行均匀采样,再使用频谱技术进行热分布重构的平均温度误差。从图3.11中可以看出:①均匀采样步长对热重构结果的影响比较大,尤其是在每核放置9个传感器的情况下;②在均匀采样步长为13的时候,3组热传感器放置策略下均可以达到最佳的热重构效果。因此,根据非均匀采样点构造完Voronoi图后,选择使用步长为13的采样间隔对Voronoi图进行均匀采样,再使用频谱技术进行热分布重构。实验结果见表3.4,热重构得到的温度分布如图3.12所示。以每核放置9个传感器的情况为例,使用基于非均匀采样频谱技术重构温度分布的整体流程如图3.13所示。

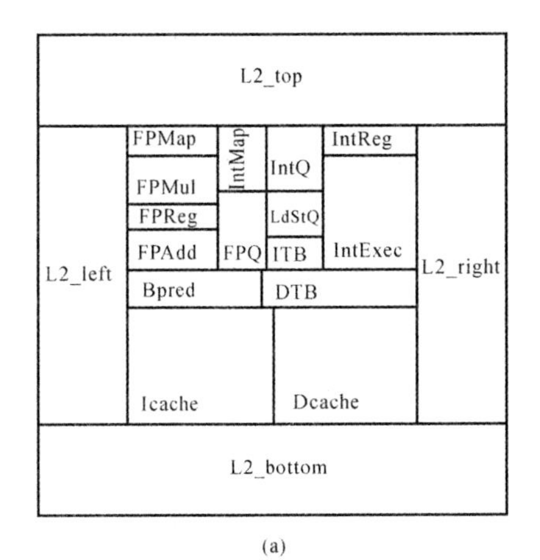

(a)

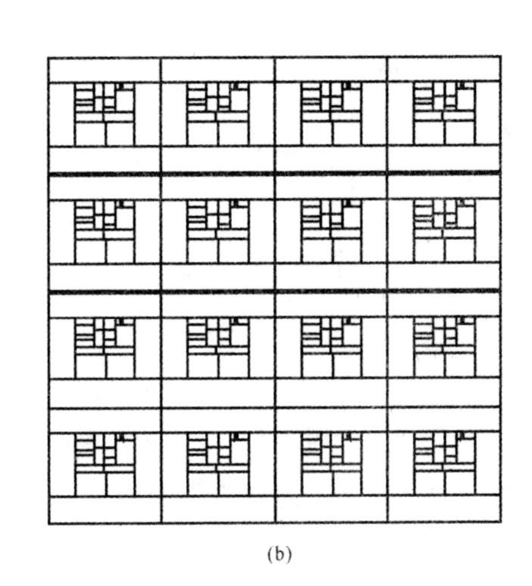

(b)

图3.10　热传感器分布(用黑色点标注)

(a)处理器架构;　(b)每核放置1个传感器

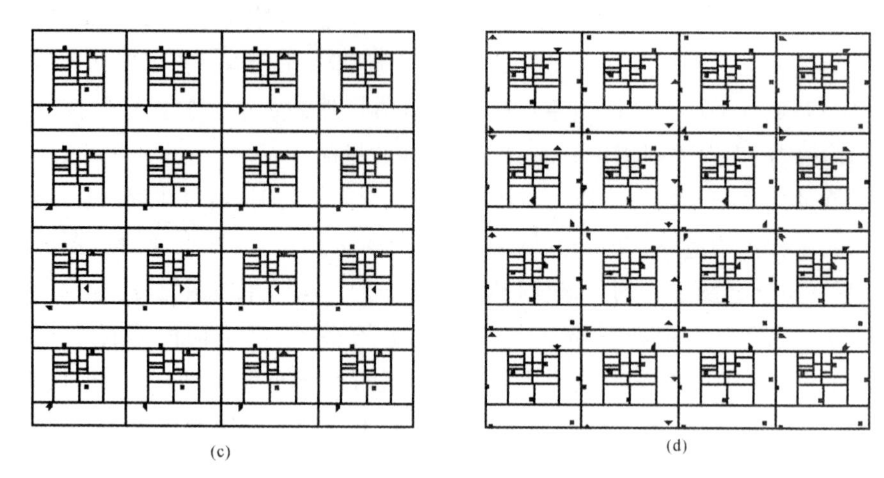

(c) (d)

续图 3.10 热传感器分布(用黑色点标注)

(c)每核放置 4 个传感器； (d)每核放置 9 个传感器

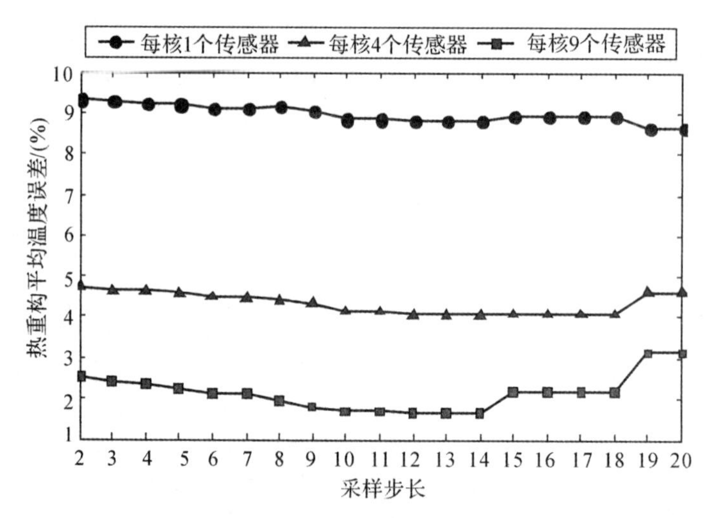

图 3.11 均匀采样步长对热重构平均温度误差的影响

表 3.4 不同传感器数目下基于非均匀采样频谱技术的结果对比

每核传感器个数	热重构平均温度误差/(%)	热点温度误差/(%)
1	8.86	3.72
4	4.06	2.40
9	1.70	1.67

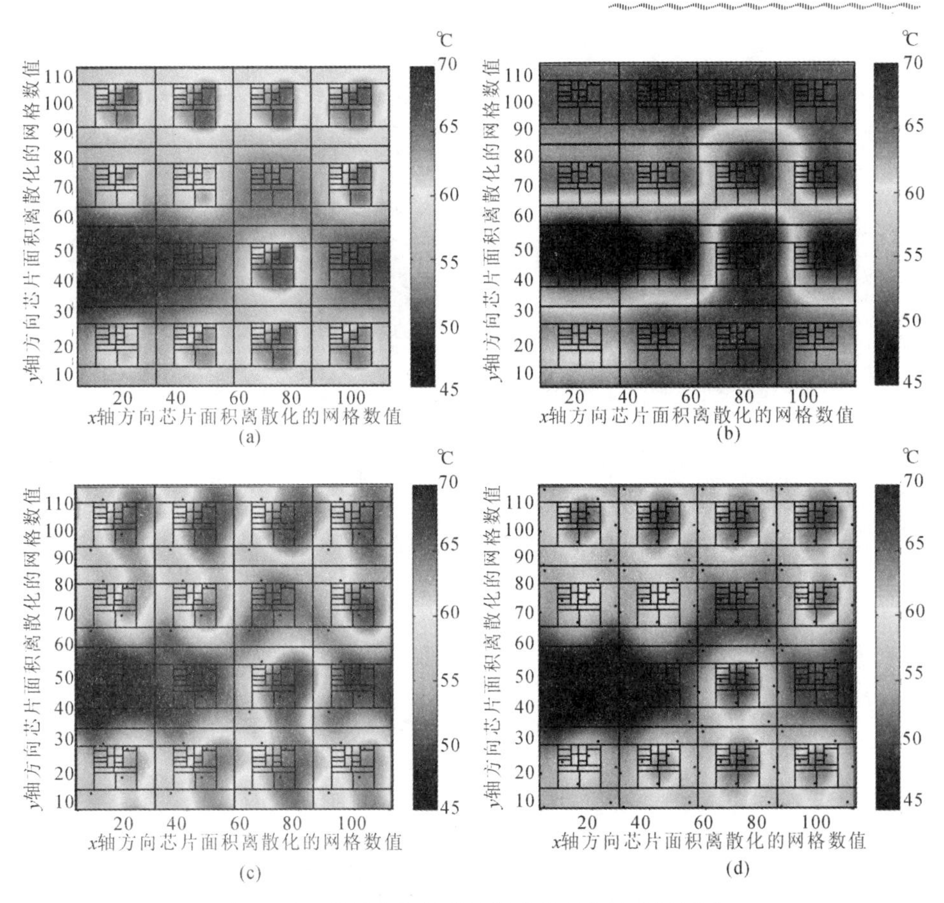

(a)　(b)　(c)　(d)

图 3.12　基于非均匀采样频谱技术的热重构结果

(a)原始温度；（b)每核 1 个传感器；（c)每核 4 个传感器；（d)每核 9 个传感器

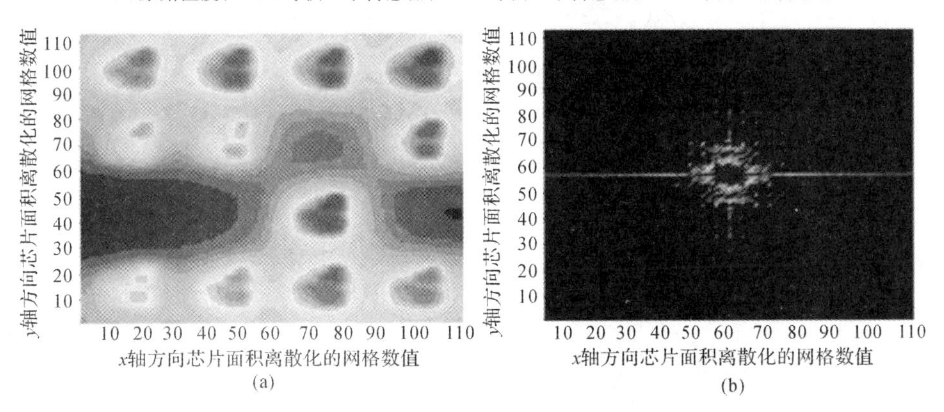

(a)　(b)

图 3.13　基于非均匀采样频谱技术的热重构流程

(a)原始温度；（b)原始温度频谱

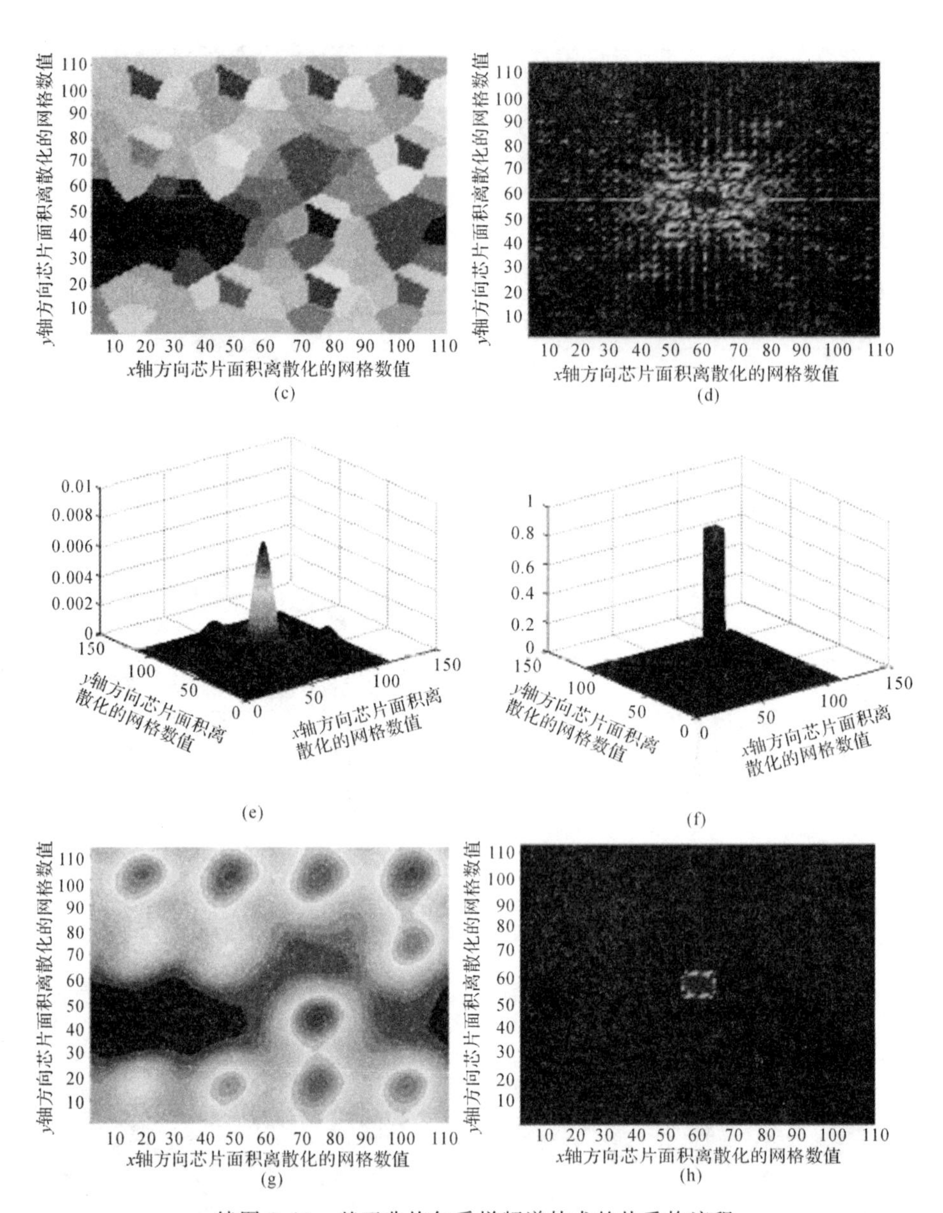

续图 3.13 基于非均匀采样频谱技术的热重构流程

(c)Voronoi 图； (d)Voronoi 图频谱； (e)低通滤波器；

(f)低通滤波器频谱； (g)重构温度； (h)重构温度频谱

3.4　基于动态Voronoi图的非均匀采样热分布重构方法

3.4.1　基于动态Voronoi图的距离倒数加权算法

基于动态Voronoi图的距离倒数加权算法[30]主要分为两个步骤：首先，根据芯片面积的大小构造虚拟均匀网格，并根据非均匀采样点的真实温度估算出每个虚拟均匀网格中的温度数值；其次，依据虚拟均匀网格中的温度数值，运用经典的均匀插值算法重构出芯片的温度分布。

1.虚拟均匀网格构造

虚拟均匀网格是指由于在计算机处理过程中任何连续的变量必须离散化，因此，首先需要将整个芯片区域中连续的温度信号离散化为$L\times W$的网格表述，在此基础上定义一个二维的虚拟均匀网格$M\times N$，其中$0\leqslant M\leqslant L$，$0\leqslant N\leqslant W$。例如，在2.2.4小节实验2中基于Alpha 21264架构的16核处理器芯片面积大小为44.8 mm×44.8 mm(见表2.5)，离散化为$L=W=112$的网格表述，那么每个网格代表面积为0.4 mm×0.4 mm的温度。

2.均匀网格温度计算

均匀网格温度计算是指根据非均匀采样点的真实温度估算出$M\times N$个虚拟均匀网格中的温度数值，主要分为两个步骤。

首先，根据热传感器的位置构建Voronoi图，如图3.14(a)所示。其次，加入$M\times N$个虚拟均匀网格中的一个待插值点构建动态Voronoi图，如图3.14(b)所示。在动态Voronoi图中，待插值点的1级邻近点定义为与其相邻的采样点，2级邻近点定义为与1级邻近点相邻的采样点，依此类推，可以定义待插值点的n级邻近点。在图3.14(b)中，五角星代表待插值点，上三角、下三角和圆形分别代表1级邻近点、2级邻近点和其余采样点。显然，$n-1$级邻近点比n级邻近点对待插值点的影响更大，其影响程度可以采用负指数模型表示。通常情况，只考虑1级和2级邻近点。

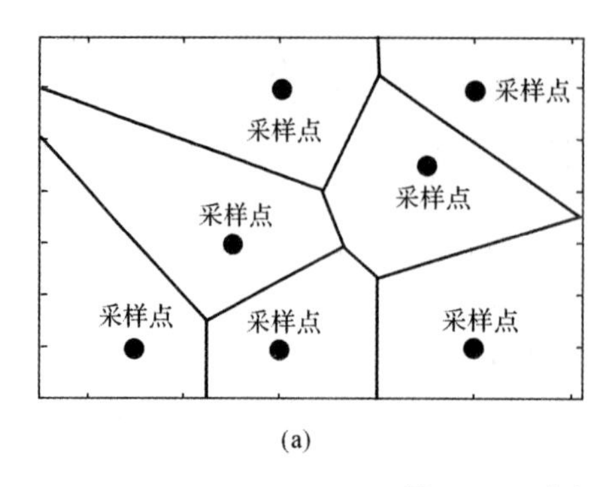

(a)

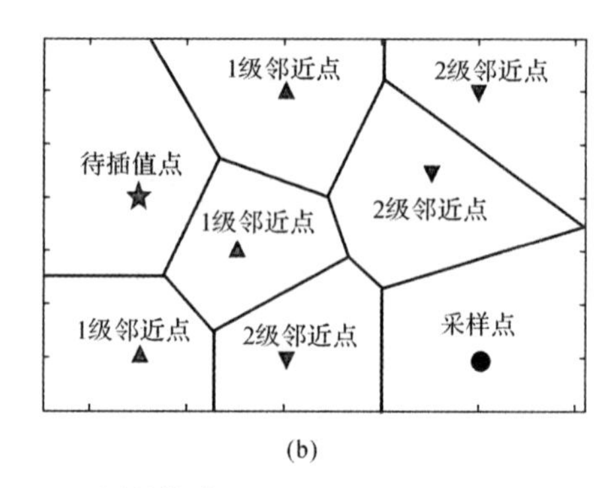

(b)

图 3.14 动态 Voronoi 图的构建

(a)原始 Voronoi 图；(b)动态 Voronoi 图

最后，根据待插值点的 1 级和 2 级邻近点计算温度数值。记(x,y)为待插值点 P 的坐标，C 为 P 点的 1 级和 2 级邻近点的集合，w_i 为影响程度系数($w_i=e^{-n}$)，D_i 为第 i 个非均匀采样点，z_i 为采样点的温度数值，d_i 为 P 与 D_i 之间的距离，则待插值点 P 的温度为

$$T(x,y)=\begin{cases}\dfrac{\sum_{D_i\in C}w_iz_id_i^{-2}}{\sum_{D_i\in C}w_id_i^{-2}}, & d_i\neq 0\\ z_i, & d_i=0\end{cases} \tag{3.41}$$

3. 均匀采样重构

通过基于动态 Voronoi 图的距离倒数加权算法估算出全部 $M\times N$ 个虚拟均匀网格中的温度数值后，可以运用经典的均匀插值算法重构出芯片的温度分布，如邻近插值算法、双线性插值算法或者双三次插值算法。

4. 使用偏导数改进的基于动态 Voronoi 图的距离倒数加权算法[13,31]

传统的距离倒数加权法在每一个数据点上都没有附加导数约束，即在每个数据点上都有一个零梯度。针对这一不足之处，采用文献[32]中方法对基于动态 Voronoi 图的距离倒数加权算法进行改进：在每一个数据点附近给温度函数添加一个增量，使得形成的温度曲面在每一个 D_i 上都具有一个比较合理的偏导数。

首先，采用一价差商的加权平均作为 D_i 在 x 轴方向与 y 轴方向上的偏导数 A_i 与 B_i 的近似值，C_i 表示 D_i 的邻近点集合，d_{ij} 表示 D_i 与 D_j 的距离，则有

$$A_i=\frac{\sum_{D_j\in C_i}w_jd_{ij}^{-2}\dfrac{(z_j-z_i)(x_j-x_i)}{d_{ij}^2}}{\sum_{D_j\in C_i}w_jd_{ij}^{-2}} \tag{3.42(a)}$$

$$B_i = \frac{\sum_{D_j \in C_i} w_j d_{ij}^{-2} \frac{(z_j - z_i)(y_j - y_i)}{d_{ij}^2}}{\sum_{D_j \in C_i} w_j d_{ij}^{-2}} \tag{3.42(b)}$$

其次，对于属于 C 中的每一个 D_i，需要计算一个关于 P 点的温度函数增量 Δz_i，并将此增量添加到温度曲面上，保证在 D_i 上拥有所希望的偏导数 (A_i, B_i)，并且有

$$\Delta z_i = [A_i(x - x_i) + B_i(y - y_i)] \frac{\mu}{\mu + d_i} \tag{3.43}$$

式中，插入因子 $\mu/(\mu + d_i)$ 可保证当 d_i 从0变到无穷大时，其单调地从1变到0，从而控制远距离采样点对偏导数的影响程度。尽管如此，插入因子的变化幅度仍然可能很大，所以必须选择合适的 μ，使得温度函数增量的变化幅度受到限制。例如文献[32]中选取：

$$\mu = \frac{0.1[\max\{z_i\} - \min\{z_i\}]}{[\max_i\{(A_i^2 + B_i^2)\}]^{\frac{1}{2}}} \tag{3.44}$$

则修正后的待插值点 P 的温度为

$$T(x,y) = \begin{cases} \dfrac{\sum_{D_i \in C} w_i d_i^{-2}(z_i + \Delta z_i)}{\sum_{D_i \in C} w_i d_i^{-2}}, & d_i \neq 0 \\ z_i, & d_i = 0 \end{cases} \tag{3.45}$$

3.4.2 算法实现

基于动态 Voronoi 图的距离倒数加权算法实现的关键是寻找待插值点的1级和2级邻近点，下面给出具体的解决方法。

假设芯片区域中连续的温度信号离散化为 $L \times W$ 的网格表述，其中有 N 个非均匀采样点，现加入一个待插值点 P，由这 $N+1$ 个点构成的动态 Voronoi 图的算法流程如图3.15所示。用一个大小为 $N+1$ 行2列的 sam 矩阵来存放这 $N+1$ 个点的位置坐标，其中前 N 行用来存放 N 个采样点的位置坐标，第 $N+1$ 行存放待插值点的位置坐标。创建一个 $L \times W$ 的矩阵 temp，用来记录整个芯片离散温度点的 Voronoi 图分块情况。对于 temp 中的每一个点，计算其与 sam 中每个点的距离，即与采样点（或待插值点）的距离，存放在一个大小为 $N+1$ 的行向量 distance 中，distance 中的第 k 个元素就表示当前处理的 temp 中的点到 sam 中第 k 个点的距离。min 函数用来计算向量中的最小值。变量 d_min 表示向量 distance 中的最小值，变量 num 表

示 d_min 在向量 distance 中的序号。寻找待插值点的 1 级和 2 级邻近点的算法流程分别如图 3.16(a)和图 3.16(b)所示。最终在 temp 矩阵中数值大于 $N+1$ 且小于 $2(N+1)$ 的点为待插值点的 1 级邻域，其中的采样点即为待插值点的 1 级邻近点；数值大于 $2(N+1)$ 的点为待插值点的 2 级邻域，其中的采样点即为 2 级邻近点。

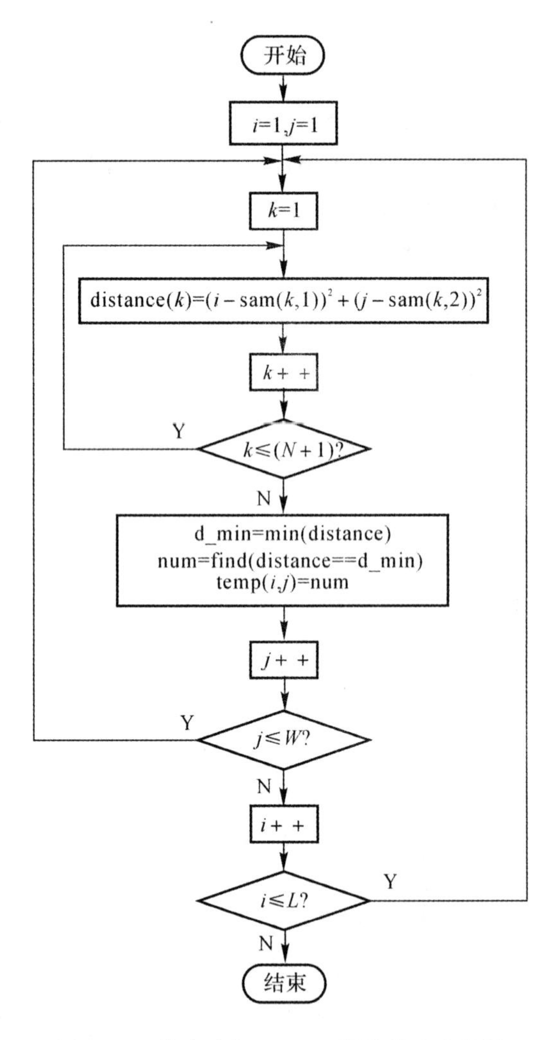

图 3.15　构造动态 Voronoi 图的算法流程图

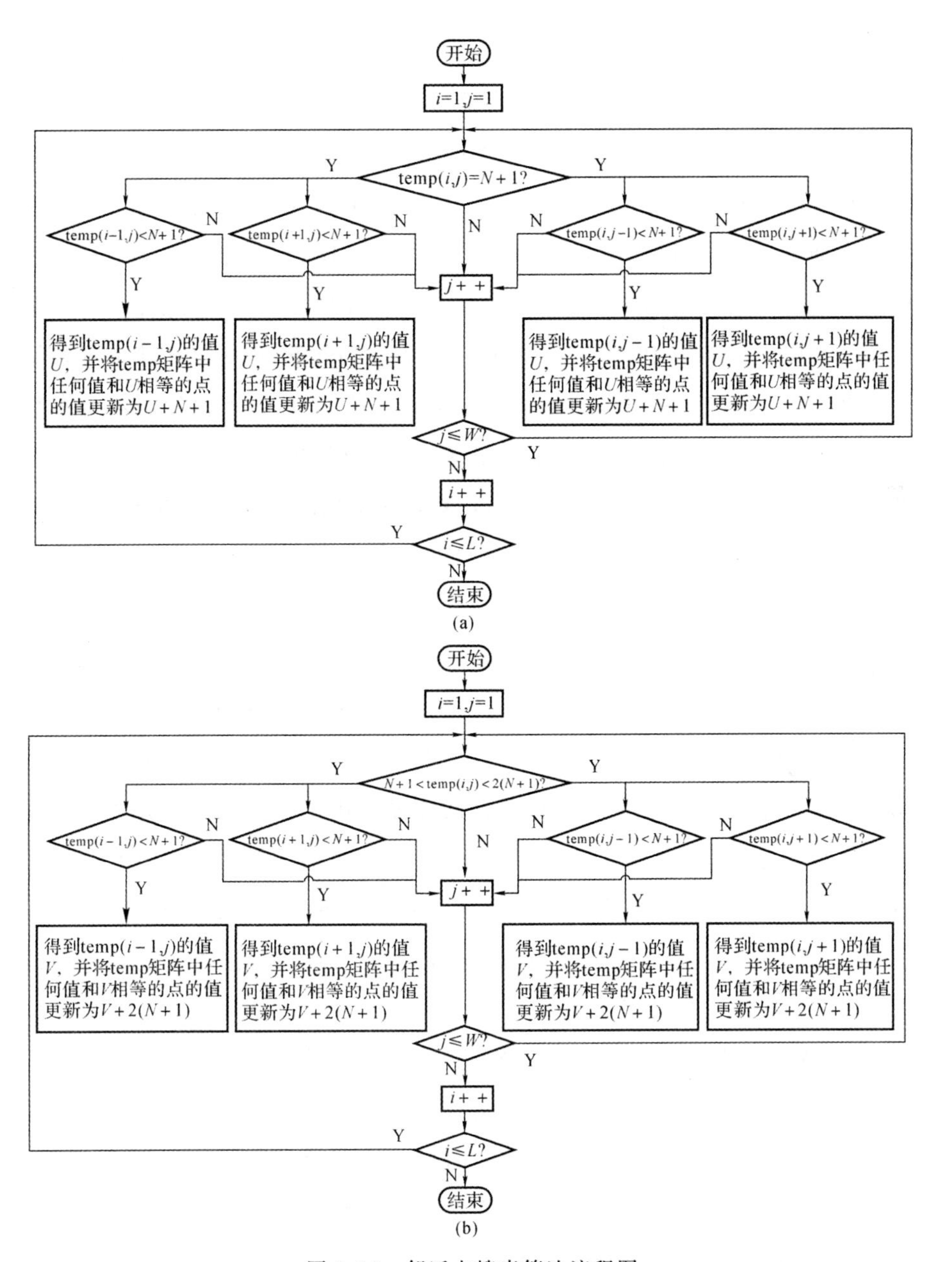

图 3.16　邻近点搜索算法流程图

(a)寻找 1 级邻近点；(b)寻找 2 级邻近点

3.4.3 实验结果和分析

3.4.1 小节共提出了两种非均匀采样热分布重构方法。方法一：基于动态 Voronoi 图的距离倒数加权算法（Inverse Distance Weighting Method Based on a Dynamic Voronoi Diagram，IDW－DV）；方法二：使用偏导数改进的基于动态 Voronoi 图的距离倒数加权算法（Improved Inverse Distance Weighting Method Based on a Dynamic Voronoi Diagram Using Partial Derivative，IDW－DV－PD）。为了测试上述方法的性能，以 2.2.4 小节中热特性仿真实验 2 所获得的基于 Alpha 21264 架构的 16 核处理器的温度分布数据为基础，分别采用三组热传感器放置策略：每核放置 1 个、4 个和 9 个传感器（热传感器的分布如图 3.10 所示），从热重构平均温度误差和热点温度误差等方面给出所提出方法与文献[17]中方法（频谱技术）的比较结果。实验中所有程序均在物理内存为 2GB，主频为 2.53GHz 的 Intel E7200 双核处理器上由 Matlab 编写完成。

图 3.17 和图 3.18 所示分别为使用不同均匀插值算法下 3.4.1 小节方法一、方法二和文献[17]中方法（频谱技术）在热重构平均温度误差和热点温度误差方面的比较。首先可以看出，在这两方面使用三种均匀插值算法中的任意一种所提出方法都明显优于频谱技术，特别是在热点温度误差方面。这是因为频谱技术过于追求热重构后芯片整体温度的平滑度，从而影响了一些热点的温度信息。其次，在所提出方法中使用双三次插值算法得到的热重构结果要优于邻近插值和双线性插值，尤其当热传感器数量增加时更为明显。最后可以观察到，随着热传感器数量增加热重构平均温度误差和热点温度误差都在不断减小，因而可以提高动态热管理的效率。但是随着热传感器数量增加，也会给系统带来一些额外的开销，如制造成本的提高、芯片面积的增大以及设计复杂度的增加等。因此，如何在热传感器数量和热重构精度方面达到一个折中是后续工作需要研究的问题。

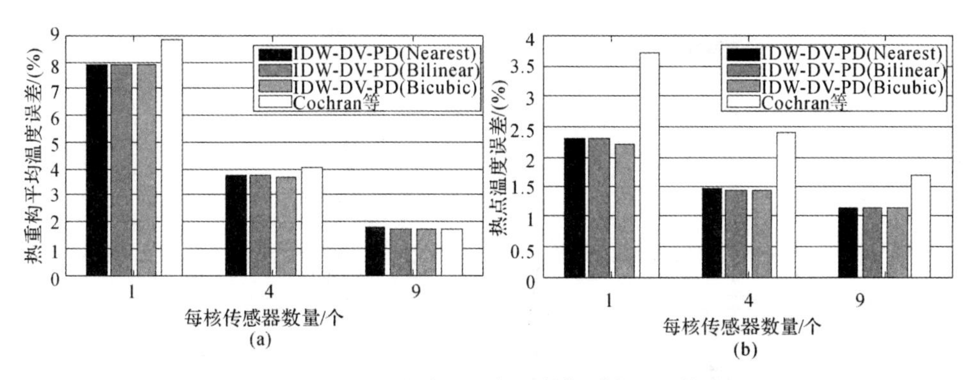

图 3.17　3.4.1 小节方法一与文献[17]方法的结果对比

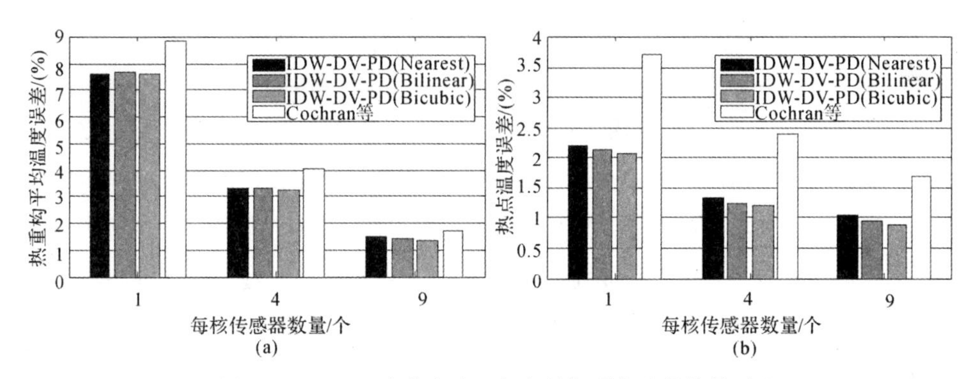

图 3.18　3.4.1 小节方法二与文献[17]方法的结果对比

需要说明的是，在使用 3.4.1 小节方法进行热分布重构时，绝大部分的运行时间都消耗在了寻找待插值点的邻近点上。然而，由于在芯片设计阶段，热传感器的数量和位置均已确定，即待插值点的邻近点不会发生变化，因此，只需要在动态热管理的开始阶段执行一次邻近点搜索算法，并将邻近点的位置信息存储在内存中，下次可以直接调用。图 3.19 所示为传统距离倒数加权算法(Inverse Distance Weighting Method, IDW)、3.4.1 小节方法二以及文献[17]方法(频谱技术)在平均运行时间方面的比较。从图 3.19 中可以明显看出，传统距离倒数加权算法的平均运行时间最长，而 3.4.1 小节方法二使用任意一种均匀插值算法的运行时间都要少于频谱技术，因此，能够有效地运用在动态热管理技术中实现实时的温度监控。

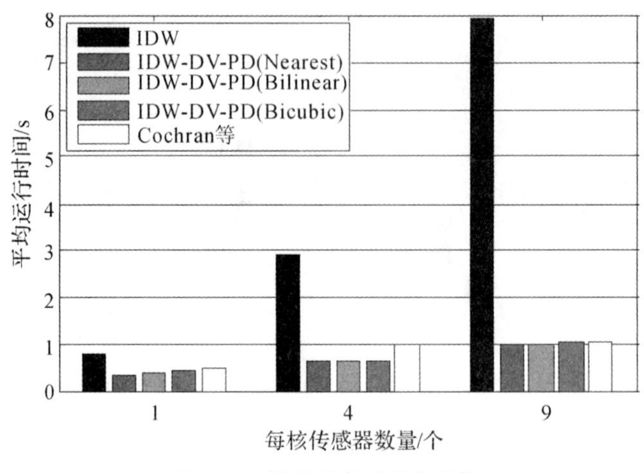

图 3.19 平均运行时间的比较

图 3.20 所示分别为使用不同均匀插值算法下 3.4.1 小节方法一和方法二在热重构平均温度误差和热点温度误差方面的综合比较。由图 3.20 可见，经过方法二对方法一的改进，其热重构平均温度误差和热点温度误差精度都得到了明显提高，因此，可以更加有效地运用在动态热管理技术中实现精确的温度监控。方法二在使用双三次插值算法情况下得到的热重构温度分布如图3.21 所示。

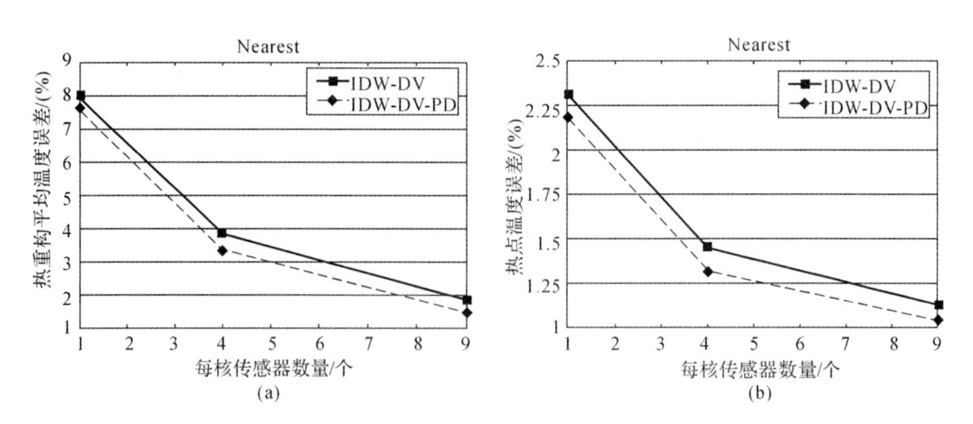

图 3.20 3.4.1 小节方法一与方法二的结果对比

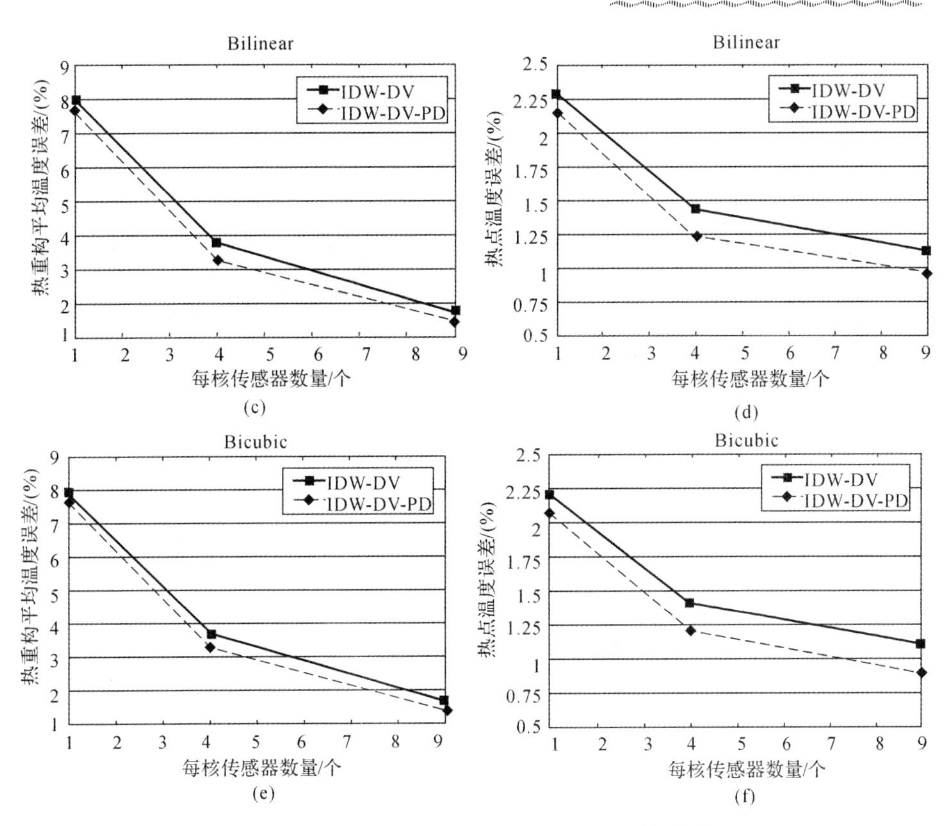

续图 3.20 3.4.1 小节方法一与方法二的结果对比

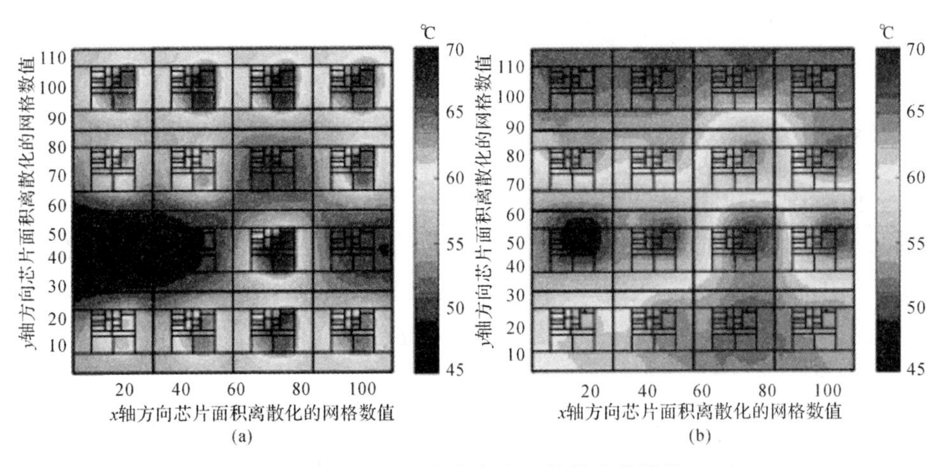

图 3.21 3.4.1 小节方法二的热重构结果

(a)原始温度； (b)每核 1 个传感器

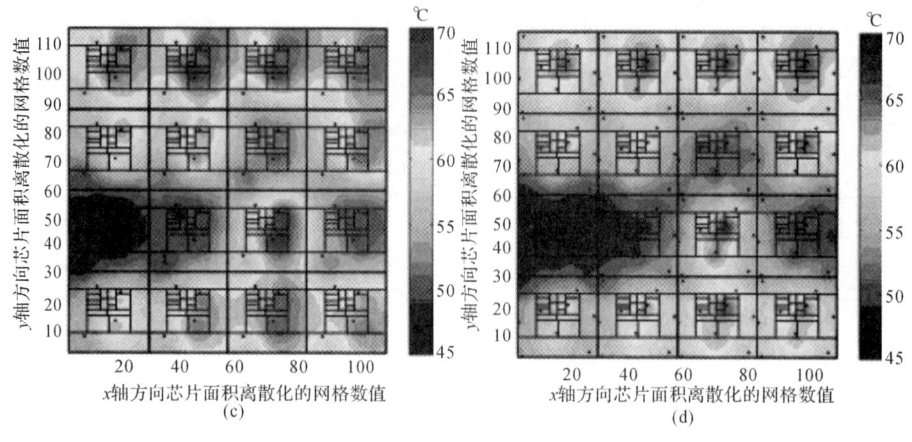

续图 3.21　3.4.1 小节方法二的热重构结果

(c)每核 4 个传感器；(d)每核 9 个传感器

3.5　基于曲面样条插值的非均匀采样热分布重构方法

针对温度和距离之间关系的不确定性[16]，本节提出一种基于曲面样条插值的非均匀采样热分布重构方法[33]。其基本思想是将芯片上每个数据点的温度数值看作该点的高度数值，利用曲面样条插值法构造出一个连续的温度曲面，进而重构出整个芯片的温度分布。

3.5.1　曲面样条插值算法

曲面样条插值算法是由 Harder 等[34]于 1972 年提出的，曾用于飞机等曲面的插值计算，后来又被用于地质曲面的计算[35]。曲面样条插值算法具有以下几个优点：第一，可以处理非均匀分布的离散数据；第二，由于采用了自然边界条件，不需要任何有关边界衍生条件的信息；第三，函数形式相对简单，容易编程实现。

对于 N 个给定的数据点$(x_i,y_i,z_i)(i=1,2,\cdots,N)$，其中 x_i,y_i 为坐标数值，z_i 表示该坐标点处的某种特性数值(例如，在本节中表示芯片上某点处的温度值)，则曲面样条函数的解析表达式为[36]

$$z(x,y)=a_0+a_1x+a_2y+\sum_{i=1}^{N}F_ir_i^2\ln r_i^2 \tag{3.46}$$

且满足条件：

$$z(x_i,y_i)=z_i,\quad i=1,2,\cdots,N \tag{3.47}$$

$$\sum_{i=1}^{N}F_i=0 \tag{3.48}$$

$$\sum_{i=1}^{N}x_iF_i=0 \tag{3.49}$$

$$\sum_{i=1}^{N}y_iF_i=0 \tag{3.50}$$

式(3.46)中，$r_i=(x-x_i)^2+(y-y_i)^2$。可以看出式(3.46)中有 a_0，a_1，a_2 和 $F_i(i=1,2,\cdots,N)$ 一共 $N+3$ 个未知系数。

为了得到通过 N 个已知点的重构曲面以及每个点处的衍生条件，可以将式(3.46)中的 $r^2\ln r^2$ 用 $r^2\ln(r^2+\varepsilon)$ 代替，得到如下公式：

$$z(x,y)=a_0+a_1x+a_2y+\sum_{i=1}^{N}F_ir_i^2\ln(r_i^2+\varepsilon) \tag{3.51}$$

式中，ε 是一个经验参数，其大小取决于曲面曲率变化的程度(取值越小曲面曲率变化越大，反之亦然)，通常取值在$10^{-6}\sim10^{-2}$之间。由式(3.51)及其满足的条件，可以得到如下的 $N+3$ 个方程：

$$\left.\begin{array}{c}
z(x_j,y_j)=a_0+a_1x_j+a_2y_j+\sum_{i=1}^{N}F_ir_{ij}^2\ln(r_{ij}^2+\varepsilon),\quad j=1,2,\cdots,N\\
\sum_{i=1}^{N}F_i=0\\
\sum_{i=1}^{N}x_iF_i=0\\
\sum_{i=1}^{N}y_iF_i=0
\end{array}\right\} \tag{3.52}$$

式中，$r_{ij}=(x_j-x_i)^2+(y_j-y_i)^2$。

为了便于计算，可以将式(3.52)改写成如下的矩阵形式：

$$\boldsymbol{AX}=\boldsymbol{B} \tag{3.53}$$

式中

$$
\boldsymbol{A}=\begin{bmatrix}
r_{11}^2\ln(r_{11}^2+\varepsilon) & r_{21}^2\ln(r_{21}^2+\varepsilon) & \cdots & r_{N-1,1}^2\ln(r_{N-1,1}^2+\varepsilon) & r_{N,1}^2\ln(r_{N,1}^2+\varepsilon) & 1 & x_1 & y_1 \\
r_{12}^2\ln(r_{12}^2+\varepsilon) & r_{22}^2\ln(r_{22}^2+\varepsilon) & \cdots & r_{N-1,2}^2\ln(r_{N-1,2}^2+\varepsilon) & r_{N,2}^2\ln(r_{N,2}^2+\varepsilon) & 1 & x_2 & y_2 \\
\vdots & \vdots & & \vdots & \vdots & \vdots & \vdots & \vdots \\
r_{1,N-1}^2\ln(r_{1,N-1}^2+\varepsilon) & r_{2,N-1}^2\ln(r_{2,N-1}^2+\varepsilon) & \cdots & r_{N-1,N-1}^2\ln(r_{2,N-1}^2+\varepsilon) & r_{N,N-1}^2\ln(r_{N-1,N}^2+\varepsilon) & 1 & x_{N-1} & y_{N-1} \\
r_{1,N}^2\ln(r_{1,N}^2+\varepsilon) & r_{2,N}^2\ln(r_{2,N}^2+\varepsilon) & \cdots & r_{N-1,N}^2\ln(r_{N-1,N}^2+\varepsilon) & r_{N,N}^2\ln(r_{N,N}^2+\varepsilon) & 1 & x_N & y_N \\
1 & 1 & \cdots & 1 & 1 & 0 & 0 & 0 \\
x_1 & x_2 & \cdots & x_{N-1} & x_N & 0 & 0 & 0 \\
y_1 & y_2 & \cdots & y_{N-1} & y_N & 0 & 0 & 0
\end{bmatrix} \tag{3.54}
$$

$$
\boldsymbol{X}=[F_1 \quad F_2 \quad \cdots \quad F_N \quad a_0 \quad a_1 \quad a_2]^{\mathrm{T}} \tag{3.55}
$$

$$
\boldsymbol{B}=[z_1 \quad z_2 \quad \cdots \quad z_N \quad 0 \quad 0 \quad 0]^{\mathrm{T}} \tag{3.56}
$$

由于当 $i=j$ 时，$r_{ij}=0$，因而式(3.54)可以更新为

$$
\boldsymbol{A}=\left[\begin{matrix}
0 & r_{21}^2\ln(r_{21}^2+\varepsilon) & \cdots & r_{N-1,1}^2\ln(r_{N-1,1}^2+\varepsilon) \\
r_{12}^2\ln(r_{12}^2+\varepsilon) & 0 & \cdots & r_{N-1,2}^2\ln(r_{N-1,2}^2+\varepsilon) \\
\vdots & \vdots & & \vdots \\
r_{1,N-1}^2\ln(r_{1,N-1}^2+\varepsilon) & r_{2,N-1}^2\ln(r_{2,N-1}^2+\varepsilon) & \cdots & 0 \\
r_{1,N}^2\ln(r_{1,N}^2+\varepsilon) & r_{2,N}^2\ln(r_{2,N}^2+\varepsilon) & \cdots & r_{N-1,N}^2\ln(r_{N-1,N}^2+\varepsilon) \\
1 & 1 & \cdots & 1 \\
x_1 & x_2 & \cdots & x_{N-1} \\
y_1 & y_2 & \cdots & y_{N-1}
\end{matrix}\right.
$$

$$\left.\begin{matrix} r_{N,1}^{2}\ln(r_{N,1}^{2}+\varepsilon) & 1 & x_1 & y_1 \\ r_{N,2}^{2}\ln(r_{N,2}^{2}+\varepsilon) & 1 & x_2 & y_2 \\ \vdots & \vdots & \vdots & \vdots \\ r_{N,N-1}^{2}\ln(r_{N-1,N}^{2}+\varepsilon) & 1 & x_{N-1} & y_{N-1} \\ 0 & 1 & x_N & y_N \\ 1 & 0 & 0 & 0 \\ x_N & 0 & 0 & 0 \\ y_N & 0 & 0 & 0 \end{matrix}\right] \tag{3.57}$$

利用$\boldsymbol{X}=\boldsymbol{A}^{-1}\boldsymbol{B}$求出$\boldsymbol{X}$向量，即可获得$N+3$个未知系数的值，进而可以得到曲面样条函数。值得注意的是，由于式(3.57)中$\boldsymbol{A}$是一个主对角线元素全部为零的对称矩阵，为了保证解的稳定性，可以使用 Householder 变换法[37]对式(3.53)进行求解，即先用镜像变换将$\boldsymbol{A}$化为三对角对称矩阵，再使用追赶法得到三对角对称方程组[38]。

3.5.2 实验结果和分析

3.5.1 小节提出了一种基于曲面样条插值(Surface Spline Interpolation)的非均匀采样热分布重构方法。为了测试所提出方法的性能，以 2.2.4 小节中热特性仿真实验 2 所获得的基于 Alpha 21264 架构的 16 核处理器的温度分布数据为基础，分别采用三组热传感器放置策略：每核放置 1 个、4 个和 9 个传感器(热传感器的分布见图 3.10)，从热重构平均温度误差和热点温度误差等方面给出曲面样条插值算法与 3.4 节中 IDW - DV - PD 方法以及文献[17]中方法(频谱技术)的比较结果。实验中所有程序均在物理内存为 2 GB，主频为 2.53 GHz 的 Intel E7200 双核处理器上由 Matlab 编写完成。图 3.22 所示为曲面样条插值算法与 IDW - DV - PD 方法以及文献[17]中方法(频谱技术)在热重构平均温度误差、热点温度误差和平均运行时间方面的比较。

由图 3.22 可见，首先在热重构平均温度误差和热点温度误差方面，采用任意一种热传感器放置策略下，曲面样条插值算法和 IDW - DV - PD 方法都明显优于频谱技术。其次，在热重构平均温度误差方面，采用每核放置 1 个热传感器的策略下，IDW - DV - PD 方法的效果最佳。但是，随着传感器数量增加，曲面样条插值算法要优于 IDW - DV - PD 方法。需要说明的是，实际中每核放置 1 个热传感器相对较少，例如，IBM's POWER5 处理器采用了 24 个数字型热传感器[39]，AMD Opteron 处理器则集成了 38 个热传感器[40-41]。因此，每核放置 4 个和 9 个热传感器比较符合实际情况。在这种情况下，曲面样条插值算法可以得到较高的热重构平均温度误差精度，能够有效地运用在动态热管理技术中实现精确的全局温度感知。再次，在热点温度误差方面，IDW - DV - PD 方法要优于曲面样条插值算法，尤其当传感器数量较少时更加明显。因此，IDW - DV - PD 方法能够有效地运用在动态热管理技术中实现精确的局部温度感知。最后，在平均运行时间方面，采用每核放置 1 个热传感器的策略下，曲面样条插值算法的运行时间最少。但是，随着传感器数量增加，其运行时间增长很快。而采用每核放置 4 个和 9 个热传感器的策略下，IDW - DV - PD 方法的运行时间最少，能够有效地运用在动态热管理技术中实现实时的温度监控。使用曲面样条插值算法得到的热重构温度分布和温度曲面分别如图 3.23 和图 3.24 所示。

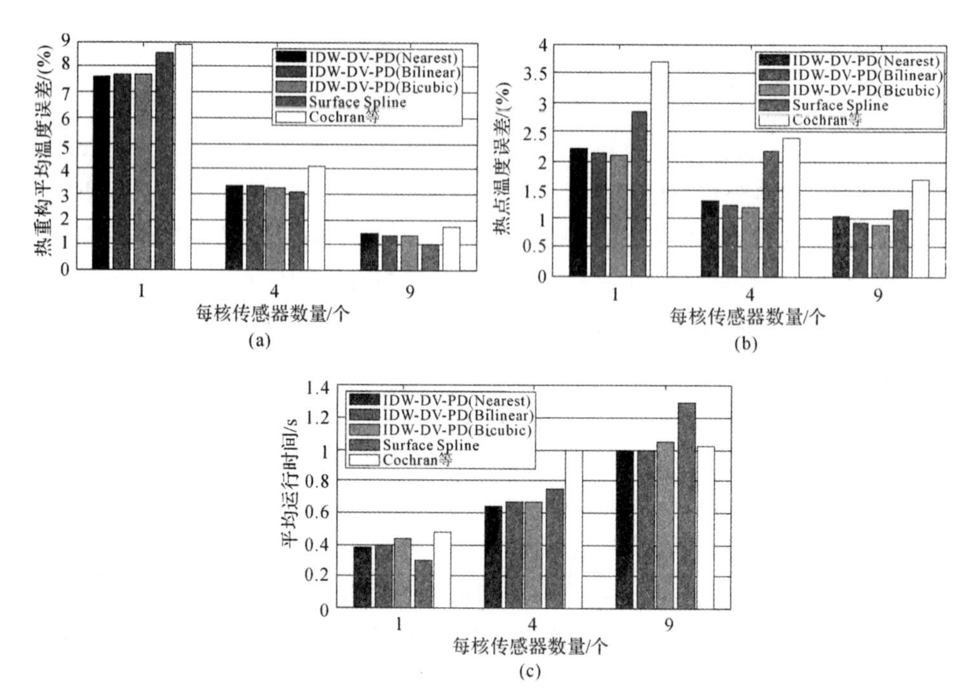

图 3.22　曲面样条插值算法与 IDW - DV - PD 方法以及文献[17]方法的结果对比

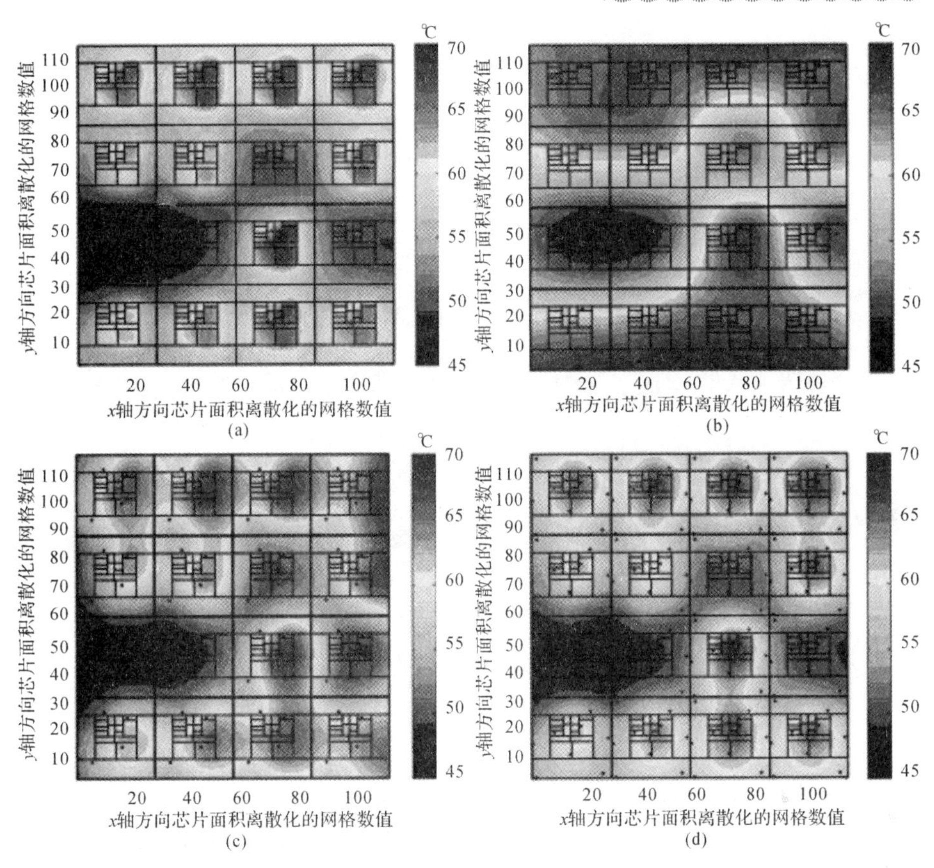

图 3.23　曲面样条插值算法的热重构结果

(a)原始温度；(b)每核 1 个传感器；(c)每核 4 个传感器；(d)每核 9 个传感器

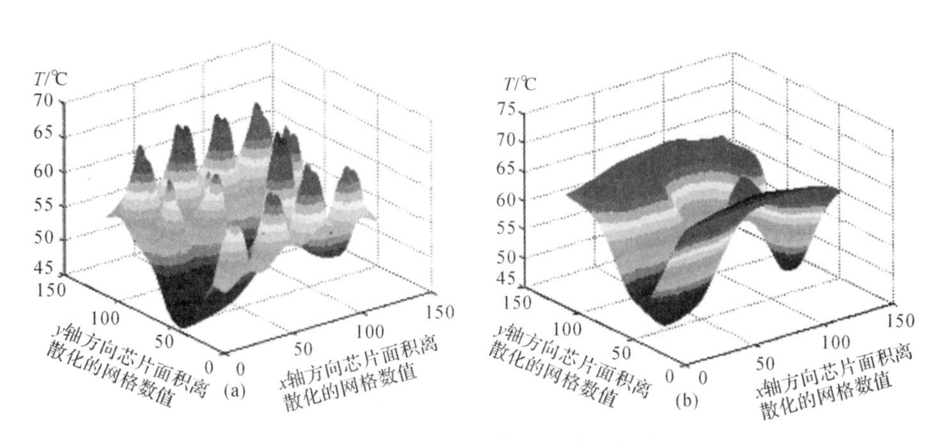

图 3.24　曲面样条插值算法的热重构曲面

(a)原始温度；(b)每核 1 个传感器

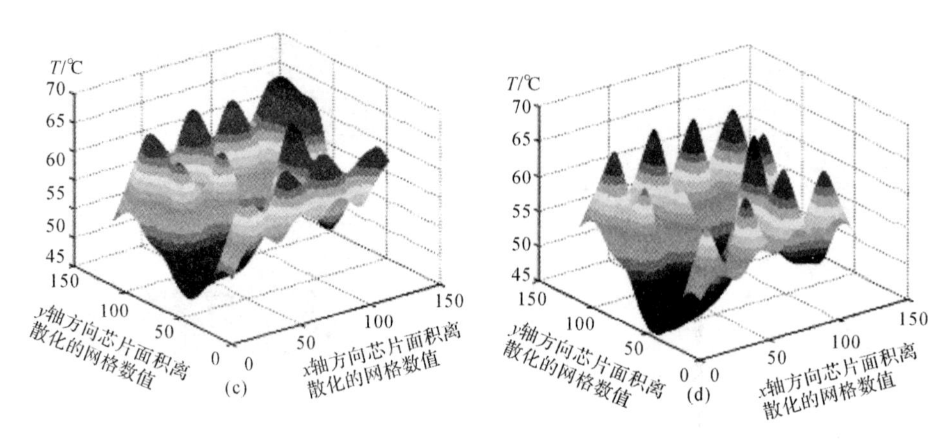

续图 3.24 曲面样条插值算法的热重构曲面

(c)每核 4 个传感器； (d)每核 9 个传感器

3.6 基于卷积神经网络的非均匀采样热分布重构方法

深度学习(Deep Learning)是机器学习(Machine Learning)研究中的一个新的领域，其动机在于建立、模拟人脑进行分析学习的神经网络，通过模仿人脑的机制来解释数据，例如图像、声音和文本。作为深度学习的代表算法之一，卷积神经网络(Convolutional Neural Network, CNN)已在图像分类、图像识别、图像理解、目标检测、图像超分辨率重建、图像语义分割等领域取得了一系列突破性的研究成果，其强大的特征学习与分类能力受到了广泛的关注，具有重要的分析与研究价值。根据处理器运行不同应用程序所呈现的芯片热分布差异性较大的特点，本节利用卷积神经网络技术分别构建分类网络模型和重构网络模型，依据热传感器采样温度数据先运用分类网络判断工作负载应用程序的所属类别，然后使用所对应的重构网络重构出芯片的温度分布。

3.6.1 卷积神经网络简介

卷积神经网络是一种带有卷积结构的深度神经网络[42]，其提供了一种端到端的学习模型，模型中的参数可以通过传统的梯度下降方法进行训练，经过训练的卷积神经网络能够学习到图像中的特征，并且完成对图像特征的提取和分类[43]。作为神经网络领域的一个重要研究分支，卷积神经网络的特点在于其每一层的特征都由上一层的局部区域通过共享权值的卷积核激励得到。这一特点使得卷积神经网络相比于其他神经网络方法更适合应用于图像特征的学习与表达。早期的卷积神经网络结构相对简单，例如经典的 LeNet - 5 模型[44]，主要应用在手写字符识别、图像分类等一些相对单一的计算机视觉应用领域中。随着研究的深入，卷积神经网络的结构不断优化，其应用领域也逐渐得到延伸。例如，卷积神经网络与深信度网络（Deep Belief Network，DBN）[45]相结合产生的卷积深信度网络（Convolutional Deep Belief Network，CDBN）[46]作为一种非监督的生成模型，被成功地应用于人脸特征提取；基于区域特征提取的 R - CNN（Regions with CNN）[47]在目标检测领域取得了成功；全卷积网络（Fully Convolutional Network，FCN）[48]实现了端到端的图像语义分割，并且在准确率上大幅超越了传统的语义分割算法。

卷积神经网络基于层次模型，其输入是原始数据，例如 RGB 图像、原始音频数据等。卷积神经网络通过卷积、池化和非线性激活函数映射等一系列操作的层层堆叠，将高层语义信息逐层从原始数据输入层中抽取出来，这一过程称为前馈运算。其中，不同类型操作在卷积神经网络中一般称作“层”，例如卷积操作对应卷积层，池化操作对应池化层等。最终，卷积神经网络的最后一层将其目标任务（分类、回归等）形式转化为目标函数，通过计算预测值与真实值之间的误差或损失，凭借反向传播（Back - Propagation，BP）[49]算法将误差或损失由最后一层逐层向前反馈，更新每层参数，并在更新参数后再次前馈，如此往复，直到网络模型收敛，从而达到模型训练的目的。总而言之，卷积神经网络模型通过前馈运算对样本进行推理和预测，通过反馈运算将预测误差反向传播逐层更新参数，如此两种运算依次交替迭代完成模型的训练过程。

典型的卷积神经网络主要由输入层（Input Layer）、卷积层（Convolutional Layer）、池化层（Pooling Layer）、全连接层（Fully Connected Layer）和输出层（Output Layer）组成。卷积层是卷积神经网络的基础，其包含多个特征面，每个特征面由多个神经元构成，每个神经元通过卷积核与上一层特征面的局部区域相连，卷积核是一个权值矩阵（例如对于图像而言可为 3×3 或 5×5 矩阵）。卷积层通过卷积操作提取输入的不同特征，第 1 层卷积层提取低级特征

(例如边缘、线条、角落等),更高层次的卷积层提取更高级的特征。池化层的引入是仿照人的视觉系统对视觉输入对象进行降维(降采样)和抽象。池化层一般紧跟在卷积层之后,其同样由多个特征面组成,每个特征面唯一对应于其上一层的一个特征面,特征面的个数不会改变,并且池化层的神经元也与其输入层的局部接受域相连,不同神经元局部接受域不重叠。池化层旨在通过降低特征面的分辨率来获得具有空间不变性的特征,起到二次提取特征的作用,池化层中的每个神经元对局部接受域进行池化操作。需要指出的是,池化层并不是卷积神经网络必需的元件或操作,并且与卷积层操作不同,池化层不包含需要学习的参数,在使用时仅需指定池化类型、池化操作的核大小和池化操作的步长等参数即可。在卷积神经网络结构中,经多个卷积层和池化层后,连接着 1 个或多个全连接层。全连接层中的每个神经元与其前一层的所有神经元进行全连接,其可以整合卷积层或者池化层中具有类别区分性的局部信息。因此,全连接层在整个卷积神经网络中起到"分类器"的作用,如果说卷积层、池化层等操作是将原始数据映射到隐层特征空间的话,全连接层则起到将学到的特征表示映射到样本的标记空间的作用。此外,为了提升卷积神经网络的性能,全连接层中每个神经元的激活函数一般采用 ReLU(Rectified Linear Unit)函数[50]。最后一层全连接层的输出值被传递给输出层,可以采用 Soft-Max 逻辑回归(SoftMax Regression)[51]进行分类,因此,该层也可称为 Soft-Max 层。

3.6.2 分类网络和重构网络设计

卷积神经网络已在单图像超分辨率(Single Image Super - Resolution, SISR)重建方面取得了巨大的成功。本节受到文献[52]的启发,提出了一种基于卷积神经网络的非均匀采样热分布重构方法。与文献[52]不同之处在于,本节方法使用热传感器采样到的有限离散温度数据生成芯片的整体热分布,而非从单个低分辨率图像恢复高分辨率图像。此外,由于不同工作负载具有不同的功耗特性和资源利用率[9],工作负载特性的变化会导致芯片热点的空间迁移。例如,整型负载与浮点负载会产生不同的热点分布(见图 2.16)。针对这一特性,本节分别设计了基于卷积神经网络的工作负载分类网络模型和热分布重构网络模型,模型的训练在芯片设计或硅后阶段(Design or Post - Silicon Phase)完成,并存储训练好的网络。在处理器运行阶段(Run Time

Phase)依据热传感器采样温度数据，首先使用分类网络判断工作负载应用程序的所属类别，然后利用所对应的重构网络重构出芯片的温度分布。基于卷积神经网络的热分布重构方法的基本框架如图 3.25 所示，其中，样本温度数据集的制作使用 2.3 节红外热测量技术完成。工作负载选用 SPEC CPU2006(包括 12 组整型基准和 17 组浮点基准)，因此，总共需要训练 30 个网络模型(包括 1 个分类网络和 29 个重构网络)。

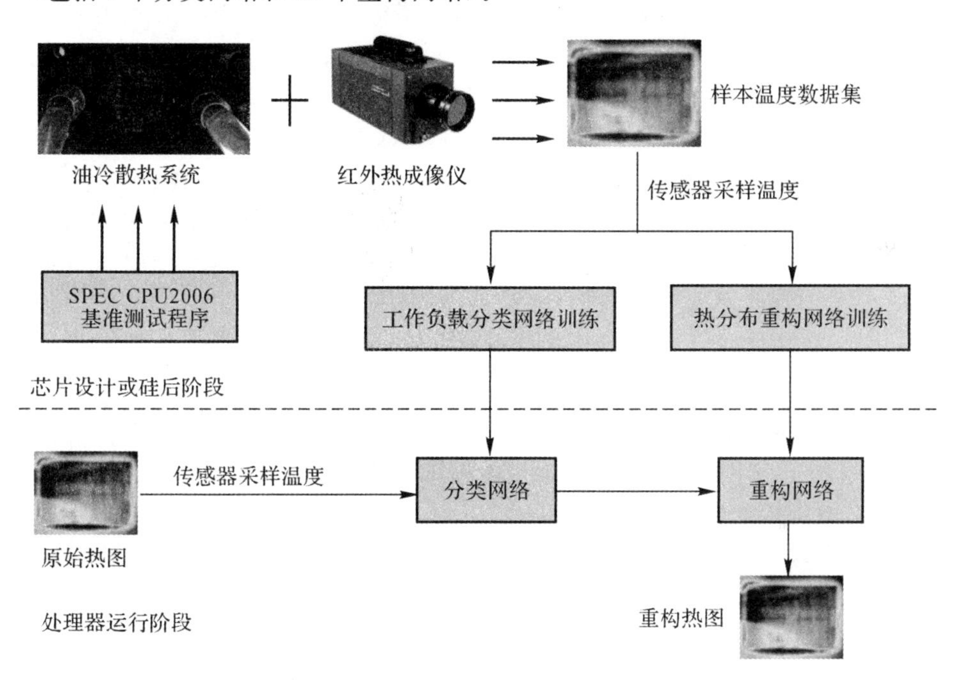

图 3.25　基于卷积神经网络的热分布重构方法的基本框架

1. 特征缩放

特征缩放(Feature Scaling)是一种在数据预处理阶段用于标准化独立变量或数据特征范围的方法，也被称为数据归一化(Data Normalization)，主要用于解决数据的可比性问题。在一些机器学习算法中，如果取值范围变化很大的原始数据没有归一化，目标函数将无法正常工作。例如，大多数分类器通过欧几里得度量(Euclidean Metric)计算两点之间的距离，如果数据中一个特征比其他特征具有更大的范围值，则欧式距离将被该特征所主导。因此，应该对数据所有特征的范围进行归一化，以使每个特征对最终距离的贡献近似成比例。使用特征缩放的另一个好处是可以提升模型的收敛速度。此外，在神经网络中数据归一化对网络模型的训练也有着极其重要的意义。首先，输入数据的范围会直接影响初始化的效果，使用数据归一化能给初始化模块带来更加简便、清晰的处理思路；其次，神经网络模型训练过程中需要利用梯度下降算法实现网络参数的优化，使用数据归一化可以避免梯度更新带来的数值问题；再次，学习率初始值的选择需要参考输入的范围，使用数据归一化可以使学习率不再根据数据范围作调整；最后，数据的输入范围将直接影响网络最优解的搜索速度，使用数据归一化可以加快最优解的搜索速度。在本实例中，由于处理器不同功能模块单元之间的温度差异较大，因此首先需要对芯片温度数据进行归一化处理。本实例采用最常用的 Min - Max 归一化(Min - Max normalization)[53]方法将原始温度数据的数值范围统一映射到[0,1]之间。假设处理器的离散化热图矩阵为 $\boldsymbol{T}=(t_{x,y})_{H\times W}$，其中，$t_{x,y}$ 代表芯片上坐标为(x,y)处的温度，H 和 W 分别代表离散化热图的高度和宽度(即热图的分辨率)，且满足 $0\leqslant x\leqslant H-1$ 和 $0\leqslant y\leqslant W-1$，则芯片离散温度可以 Min - Max 归一化为

$$t'_{x,y}=\frac{t_{x,y}-\min(\boldsymbol{T})}{\max(\boldsymbol{T})-\min(\boldsymbol{T})} \tag{3.58}$$

式中，$\max(\boldsymbol{T})$ 和 $\min(\boldsymbol{T})$ 分别为热图矩阵 $\boldsymbol{T}$ 的最大值和最小值。经过数据归一化后，热图矩阵 $\boldsymbol{T}'=(t'_{x,y})_{H\times W}$ 中的温度数值分布范围为[0,1]。

2. 分类网络模型

本节设计的工作负载分类网络模型结构如图 3.26 所示，分类网络框架见表 3.5，主要包括一个输入层、四个全连接(Fully Connected, FC)层和一个输出层(SoftMax 层)。当获得芯片上 N 个热传感器的采样温度数据后，首先进行归一化处理，然后将热传感器采样温度归一化数值排列为一个 $N\times 1$ 大小的一维向量作为输入数据。输入数据依次经过四个全连接层的运算后变为维度为 720 的一维向量，全连接层中的激活函数使用的是 ReLU 函数，ReLU 函数用公式描述为

$$f(a)=\max(0,a)=\begin{cases}a, a\geqslant 0\\0, a<0\end{cases} \tag{3.59}$$

相比于 Sigmoid 函数，ReLU 函数有助于随机梯度下降(Stochastic Gradient Descent, SGD)算法的收敛，收敛速度快 6 倍左右[54]。最后通过输出层 SoftMax 分类器得到工作负载分类结果，其与 SPEC CPU2006 中 29 类基准测试程序相对应，即判别热传感器采样温度来自于哪一个 SPEC CPU2006 基准测试程序。

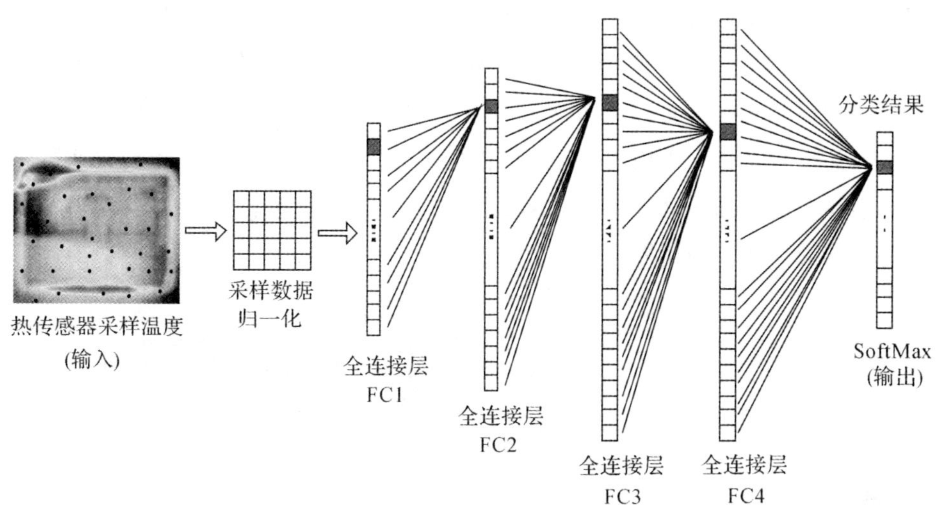

图3.26　工作负载分类网络模型结构

表3.5　工作负载分类网络框架

类　型	结　构
输入层	$N\times1$
全连接层(FC1)	120，ReLU
全连接层(FC2)	360，ReLU
全连接层(FC3)	720，ReLU
全连接层(FC4)	720，ReLU
输出层(SoftMax层)	29

3.重构网络模型

本节设计的热分布重构网络模型结构如图3.27所示，重构网络框架见表3.6，主要包括一个输入层、两个全连接(Fully Connected，FC)层、一个重新维度调整层(Reshape)和三个卷积(Convolutional，Conv)层。重构网络的输入数据和归一化处理与分类网络相同。输入数据依次经过两个全连接层的运算后变为维度为3 600的一维向量。由于热分布重构网络的输出为芯片的重构热图(即二维矩阵)，此外，为了便于数据进行卷积运算，减少网络模型的参数以及降低计算复杂度，在两个全连接层运算后加入 Reshape 操作，通过 Reshape 层将数据变换为 60×60 大小。最后，对 60×60 的数据进行三层卷积运算得到最终芯片重构温度分布。三个卷积层的滤波器(filter)个数分别为 64,32 和 1,卷积核大小均为 3×3,步长(stride)均为 1。同时，为了使输入数据和卷积后的特征图具有相同维度，还需要为输入数据进行零填充，即为其加上一个元素均为 0 的边界。

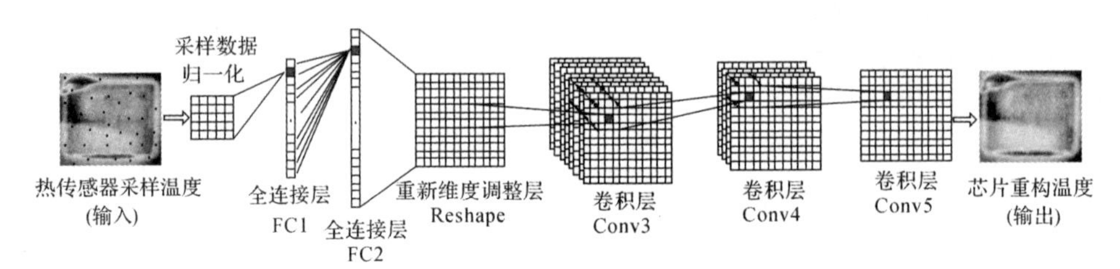

图 3.27　热分布重构网络模型结构

表 3.6　热分布重构网络框架

类　型	结　构
输入层	$N\times1$
全连接层(FC1)	120, ReLU
全连接层(FC2)	3 600, ReLU
重新维度调整层(Reshape)	1×60×60
卷积层(Conv3)	filter:64×3×3, stride:1, pad:1, ReLU
卷积层(Conv4)	filter:32×3×3, stride:1, pad:1, ReLU
卷积层(Conv5)	filter:1×3×3, stride:1, pad:1

3.6.3　网络训练和实验结果

1. 网络训练

本节采用 2.3.3 小节中红外热测量技术实验所建立的 AMD Athlon Ⅱ X4 610e 四核处理器的样本温度数据库对网络进行训练和测试。样本温度数据库中每个 SPEC CPU2006 基准测试程序的热图样本为 3 000 个(29 个基准测试程序总共 87 000 个热图样本),随机挑选其中的 2 700 个样本作为训练数据集，剩余的 300 个样本作为测试数据集。每个热图样本的分辨率设置为 60×60，即包含 3 600 个像素点。此外，本节使用 Caffe（Convolutional architecture for fast feature embedding）[55] 框架平台作为训练和测试卷积神经网络模型的实现。Caffe 是一个代码效率高效、网络结构清晰的开源深度学习算法框架，广泛应用于图像分类、图像识别、语音识别等许多问题的研究中[56]。与其他深度学习算法框架相比，Caffe 的主要优点有以下几个：①训练已有网络模型无须编写任何代码；②适合前馈网络和图像处理；③适合微调已有的网络模型；④提供方便的 Python 和 Matlab 接口。在网络模型的训练阶段，采用高斯分布（Gaussian distribution）对训练参数进行初始化，并利用 BP 算法和 SGD 算法实现网络模型参数的更新和优化。在本实例中，初始学习率（initial learning rate）、权值衰减（weight decay）和 SGD 动量（momentum for SGD）分别设定为 0.000 1，0.000 5 和 0.9，网络模型共训练 500 000 次。

2. 实验结果

在本实例中，分别采用随机放置的五组不同数量的热传感器（热传感器数量分别为 9 个、16 个、25 个、36 个和 49 个），从均方根误差（Root - Mean - Square Error，RMSE）、最大误差（Maximum Error，MAXE）等方面给出基于卷积神经网络（CNN - based）的热分布重构方法、3.5 节中曲面样条（Surface Spline）插值算法以及文献[12]中 k - LSE 方法（使用 DCT 变换的频谱技术）的比较结果。假设使用 M 个热图样本 $\{\boldsymbol{T}_i\}_{i=0}^{M-1}$ 进行测试，则均方根误差和最大误差的定义分别为

$$\mathrm{RMSE}=\sqrt{\frac{1}{MHW}\sum_{i=0}^{M-1}\sum_{x=0}^{H-1}\sum_{y=0}^{W-1}\left|\boldsymbol{T}_i(x,y)-\hat{\boldsymbol{T}}_i(x,y)\right|^2} \tag{3.60}$$

$$\mathrm{MAXE}=\max_{x,y,i}\left|\boldsymbol{T}_i(x,y)-\hat{\boldsymbol{T}}_i(x,y)\right| \tag{3.61}$$

式（3.60）和式（3.61）中，$\hat{\boldsymbol{T}}$ 为热图 $\boldsymbol{T}$ 的重构结果。需要说明的是，由于芯片的局部温度峰值会导致热失控，因而最大误差是衡量热感知性能的一个重要指标。SPEC CPU2006 中所有基准测试程序的平均分类准确率和平均重构结果分别见表 3.7 和表 3.8。其中，分类准确率是指正确分类的样本数与总样本数之比。从表 3.7 中可以看出，使用不同数量的热传感器，工作负载分类的准确率均高于 95%，此外，从表 3.8 中可以看出，使用不同数量的热传感器，本节方法的性能明显优于其他两种重构方法。图 3.28 则给出了在使用 36 个

热传感器的情况下，每个基准测试程序重构精度的直观比较。从图 3.28 中可以看出，使用本节方法所有基准测试程序的均方根误差和最大误差均分别被限制在 0.2 ℃和 2 ℃以内。值得注意的是，基于卷积神经网络的热分布重构方法的优越性能是以“牺牲”内存为代价的，该方法需要在内存中存储已经训练好的网络模型。在本实例中，存储分类网络模型和单个重构网络模型大约分别需要 3 206 KB 和 5 208 KB，因此，存储 30 个网络模型(包括 1 个分类网络和 29 个重构网络)共需要 154 238 KB。使用 36 个热传感器上述三种方法对于 mcf 基准测试程序的热分布重构效果如图 3.29 所示。

表 3.7　不同热传感器数量下的平均分类准确率

传感器数量/个	9	16	25	36	49
准确率/(%)	95.98	97.03	98.50	98.57	98.76

表 3.8　不同热传感器数量下的平均重构结果

传感器数量/个	均方根误差(RMSE)/℃			最大误差(MAXE) /℃		
	k - LSE	Surface Spline	CNN - based	*k* - LSE	Surface Spline	CNN - based
9	0.978 4	0.858 6	0.145 8	4.208 1	3.895 4	1.319 7
16	0.914 8	0.828 3	0.131 6	3.681 2	3.666 2	1.146 0
25	0.868 8	0.730 6	0.125 2	3.349 7	3.043 1	1.050 0
36	0.843 2	0.721 0	0.122 1	3.331 9	3.236 9	1.041 7
49	0.835 0	0.705 2	0.120 3	3.099 0	3.390 9	1.026 7

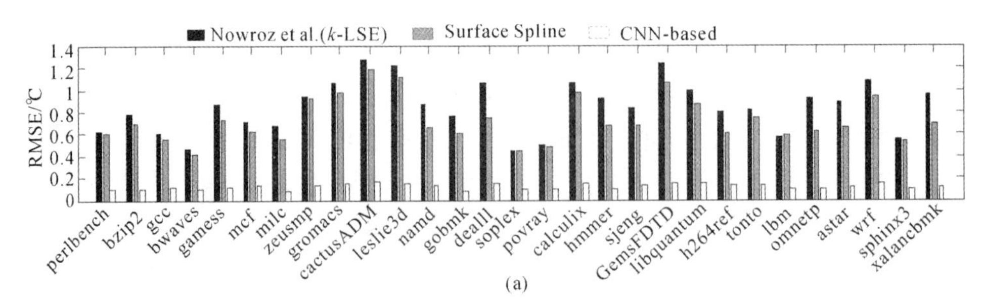

图 3.28　SPEC CPU2006 基准测试程序重构精度比较(使用 36 个热传感器)

(a)均方根误差

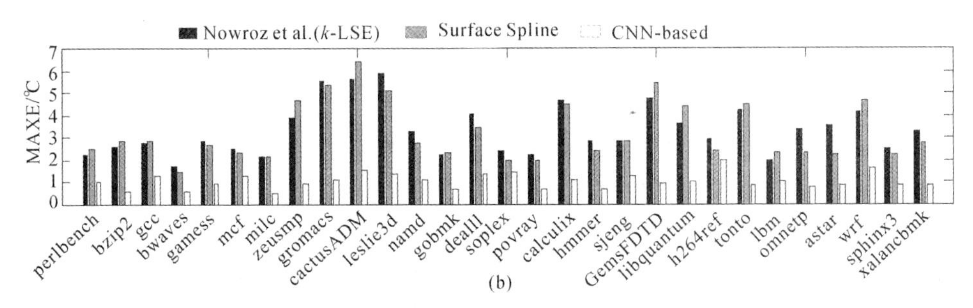

续图 3.28　SPEC CPU2006 基准测试程序重构精度比较(使用 36 个热传感器)

(b)最大误差

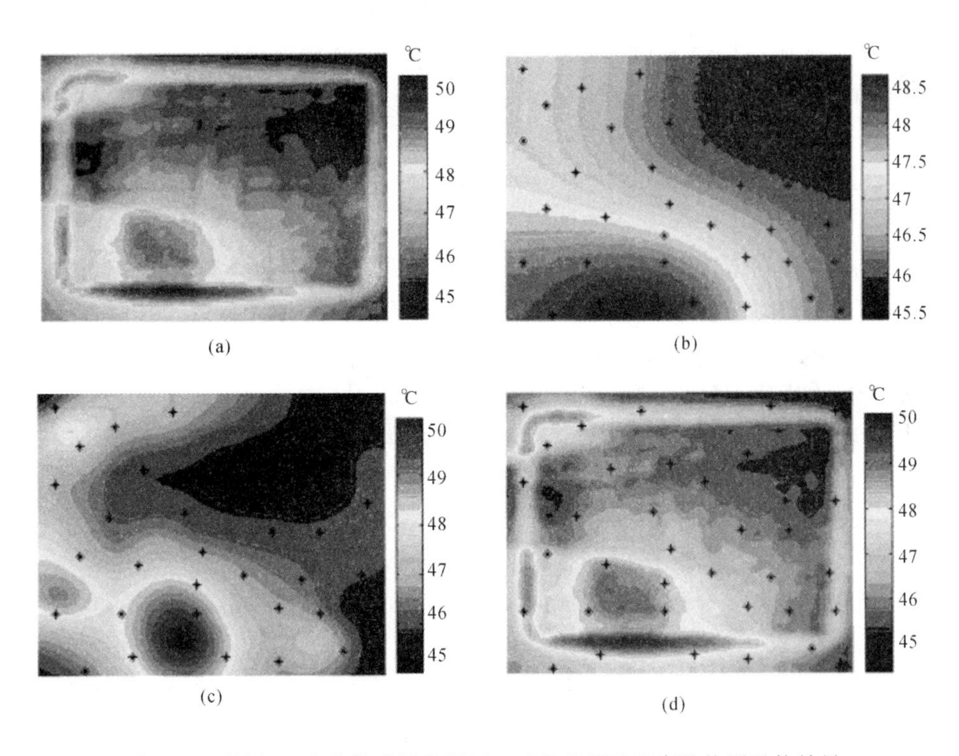

图 3.29　使用 36 个热传感器情况下 mcf 基准测试程序的热图重构效果(热传感器用黑色星号标注)

(a)原始热图；(b)k - LSE 重构热图；

(c)曲面样条重构热图；(d)卷积神经网络重构热图

3.7 本章小结

本章首先介绍了均匀采样热分布重构的一些常用方法，包括邻近插值法、双线性插值法和双三次插值法。在此基础上，重点介绍了几种典型的非均匀采样热分布重构方法，主要包括基于频谱技术、动态 Voronoi 图以及曲面样条的热分布重构方法，给出了基本数学原理、主要设计流程和相应算法实现，并使用基于 Alpha 21264 架构的 16 核处理器的热仿真数据对各个方法的性能进行了综合比较和分析。最后，提出了一种基于卷积神经网络的全局温度感知方法，介绍了卷积神经网络的基本内容、整体框架的设计思路、分类网络和重构网络的结构设计、网络模型的训练方法，并对使用红外测量技术获得的真实四核处理器(AMD Athlon Ⅱ X4 610e)的样本温度数据库进行了实验测试，给出了实验结果和分析。

参考文献

[1] Jayaseelan R, Mitra T. Dynamic thermal management via architectural adaptation[C]// Proceedings of the 46th Design Automation Conference (DAC'09). New York:ACM, 2009:484 - 489.

[2] Skadron K. Hybrid architectural dynamic thermal management[C]// Proceedings of the Design, Automation and Test in Europe Conference and Exhibition (DATE'04). Washington:IEEE, 2004:10 - 15.

[3] Zhang S, Chatha K S. Approximation algorithm for the temperature - aware scheduling problem[C]// IEEE/ACM International Conference on Computer - Aided Design (ICCAD'07). Piscataway:IEEE, 2007:281 - 288.

[4] Yang T, Kim S, Kinget P R, et al. Compact and supply - voltage - scalable temperature sensors for dense on - chip thermal monitoring[J]. IEEE Journal of Solid - State Circuits, 2015, 50(11):2773 - 2785.

[5] Mahfuzul Islam A K M, Shiomi J, Ishihara T, et al. Wide - supply - range all - digital leakage variation sensor for on - chip process and temperature monitoring[J]. IEEE Journal of Solid - State Circuits, 2015, 50(11):2475 - 2490.

[6] Tang X, Ng W T, Pun K P. A resistor - based sub - 1 - v CMOS smart temperature sensor for VLSI thermal management[J]. IEEE Transactions on Very Large Scale Integration (VLSI) Systems, 2015, 23(9):1651 - 1660.

[7] Zhang Y, Shi B, Srivastava A. Statistical framework for designing on - chip thermal sensing infrastructure in nanoscale systems[J]. IEEE Transactions on Very Large Scale Integration (VLSI) Systems, 2014, 22(2):270 - 279.

[8] Zanini F, Atienza D, Jones C N, et al. Temperature sensor placement in thermal management systems for MPSoCs[C]// IEEE International Symposium on Circuits and Systems (ISCAS). Washington: IEEE, 2010:1065 - 1068.

[9] Reda S, Cochran R, Nowroz A N. Improved thermal tracking for processors using hard and soft sensor allocation techniques[J]. IEEE Transactions on Computers, 2011, 60(6):841 - 851.

[10] Ranieri J, Vincenzi A, Chebira A, et al. EigenMaps: algorithms for optimal thermal maps extraction and sensor placement on multicore processors[C]// Proceedings of the 49th Design Automation Conference (DAC'12). New York: ACM, 2012:636 - 641.

[11] Sharifi S, Rosing T S. Accurate direct and indirect on - chip temperature sensing for efficient dynamic thermal management[J]. IEEE Transactions on Computer - Aided Design of Integrated Circuits and Systems, 2010, 29(10):1586 - 1599.

[12] Nowroz A N, Cochran R, Reda S. Thermal monitoring of real processors: techniques for sensor allocation and full characterization [C]// Proceedings of the 47th Design Automation Conference (DAC'10). New York: ACM, 2010:56 - 61.

[13] Li X, Rong M, Wang R, et al. Reducing the number of sensors under hot spot temperature error bound for microprocessors based on dual clustering[J]. IET Circuits, Devices & Systems, 2013, 7(4): 211 - 220.

[14] Memik S O, Mukherjee R, Ni M, et al. Optimizing thermal sensor allocation for microprocessors[J]. IEEE Transactions on Computer - Aided Design of Integrated Circuits, 2008, 27(3):516 - 527.

[15] Mukherjee R, Memik S O. Systematic temperature sensor allocation and placement for microprocessors[C]// Proceedings of the 43rd Design Automation Conference (DAC'06). New York: ACM, 2006: 542 - 547.

[16] Long J, Memik S O, Memik G, et al. Thermal monitoring mechanisms for chip multiprocessors[J]. ACM Transactions on Architecture and Code Optimization, 2008, 5(2):1 - 23.

[17] Cochran R, Reda S. Spectral techniques for high - resolution thermal characterization with limited sensor data[C]// Proceedings of the 46th Design Automation Conference (DAC'09). New York: ACM, 2009:478 - 483.

[18] Grevera G J, Udupa J K. An objective comparison of 3 - D image interpolation methods[J]. IEEE Transactions on Medical Imaging, 1998, 17(4):642 - 652.

[19] 王健，应骏，曾维军，等. 基于邻近插值法还原 Bayer RGB 的 FPGA 实现[J]. 上海师范大学学报(自然科学版), 2016, 45(4):411 - 416.

[20] Gribbon K T, Bailey D G. A novel approach to real - time bilinear interpolation[C]// Proceedings of the Second IEEE International Workshop on Electronic Design, Test and Applications. Washington: IEEE, 2004:126 - 131.

[21] 郭海霞，郭海龙，解凯. 基于边缘信息改进的双线性插值算法[J]. 计算机工程与应用, 2011, 47(31):171 - 174.

[22] 张洋. 基于双线性插值法的图像缩放算法的设计与实现[J]. 电子设计工程, 2016, 24(3):169 - 170.

[23] Nuno - Maganda M A, Arias - Estrada M O. Real - time FPGA - based architecture for bicubic interpolation: an application for digital image scaling[C]// Proceedings of the 2005 International Conference on Reconfigurable Computing and FPGAs. Piscataway: IEEE, 2005: 8 - 11.

[24] 王会鹏，周利莉，张杰. 一种基于区域的双三次图像插值算法[J]. 计算机工程, 2010, 36(19):216 - 218.

[25] Oppenheim A V, Willsky A S, Nawab S H. Signals & systems[M]. Upper Saddle River: Prentice Hall, 1997.

[26] Oppenheim A V, Schafer R W, Buck J R. Discrete - time signal processing[M]. Upper Saddle River:Prentice Hall, 1999.

[27] Aurenhammer F. Voronoi diagrams - a survey of a fundamental geometric data structure[J]. ACM Computing Surveys, 1991, 23(3): 345 - 405.

[28] Bhattacharya P, Gavrilova M L. Voronoi diagram in optimal path planning[C]// 4th International Symposium on Voronoi Diagrams in Science and Engineering (ISVD' 07). Washington: IEEE, 2007: 38 - 47.

[29] Reem D. The geometric stability of Voronoi diagrams with respect to small changes of the sites[C]// Proceedings of the twenty - seventh annual symposium on Computational geometry. New York: ACM, 2011:254 - 263.

[30] Li X, Rong M, Liu T, et al. Inverse distance weighting method based on a dynamic voronoi diagram for thermal reconstruction with limited sensor data on multiprocessors[J]. IEICE Transactions on Electronics, 2011, E94 - C(8):1295 - 1301.

[31] 李鑫，戎蒙恬，刘涛，等. 基于动态 Voronoi 图的多核处理器非均匀采样热重构改进方法[J]. 上海交通大学学报，2013，47(7):1087 - 1092.

[32] 颜辉武，祝国瑞，徐智勇. 基于动态 Voronoi 图的距离倒数加权法的改进研究[J]. 武汉大学学报(信息科学版)，2004，29(11):1017 - 1020.

[33] Wang R, Li X, Liu W, et al. Surface spline interpolation method for thermal reconstruction with limited sensor data of non - uniform placements[J]. Journal of Shanghai Jiaotong University (Science), 2014, 19(1):65 - 71.

[34] Harder R L, Desmarais R N. Interpolation using surface splines[J]. Journal of Aircraft, 1972, 9(2):189 - 191.

[35] Yu Z W. Surface interpolation from irregularly distributed points using surface splines, with Fortran program[J]. Computers & Geosciences, 2001, 27(7):877 - 882.

[36] Franke R. Scattered data interpolation: tests of some methods[J]. Mathematics of Computation, 1982, 38(157):181 - 200.

[37] Attallah S. The generalized rayleigh's quotient adaptive noise subspace algorithm: a householder transformation - based implementa-

tion[J]. IEEE Transactions on Circuits and Systems Ⅱ: Express Briefs, 2006, 53(1):3 - 7.

[38] 芮小平，余志伟，郁福梅. 一种基于超曲面样条函数的三维空间插值方法[J]. 地理与地理信息科学，2006, 22(6):21 - 23.

[39] Clabes J, Friedrich J, Sweet M, et al. Design and implementation of the POWER5™ microprocessor [C]// IEEE International Solid - State Circuits Conference (ISSCC). New York:ACM, 2004:56 - 57.

[40] Zhang Y, Srivastava A. Accurate temperature estimation using noisy thermal sensors[C]// Proceedings of the 46th Design Automation Conference (DAC'09). New York:ACM, 2009:472 - 477.

[41] Zhang Y, Srivastava A. Accurate temperature estimation using noisy thermal sensors for Gaussian and Non - Gaussian cases[J]. IEEE Transactions on Very Large Scale Integration (VLSI) Systems, 2011, 19(9):1617 - 1626.

[42] 常亮，邓小明，周明全，等. 图像理解中的卷积神经网络[J]. 自动化学报，2016, 42(9):1300 - 1312.

[43] 李彦冬，郝宗波，雷航. 卷积神经网络研究综述[J]. 计算机应用，2016, 36(9):2508 - 2515.

[44] Lecun Y, Bottou L, Bengio Y, et al. Gradient - based learning applied to document recognition[J]. Proceedings of the IEEE, 1998, 86(11):2278 - 2324.

[45] Hinton G E, Osindero S, Teh Y W. A fast learning algorithm for deep belief nets[J]. Neural Computation, 2006, 18(7):1527 - 1554.

[46] Lee H, Grosse R, Ranganath R, et al. Unsupervised learning of hierarchical representations with convolutional deep belief networks [J]. Communications of the ACM, 2011, 54(10):95 - 103.

[47] Girshick R, Donahue J, Darrell T, et al. Rich feature hierarchies for accurate object detection and semantic segmentation[C]// Procee - dings of the 2014 IEEE Conference on Computer Vision and Pattern Recognition (CVPR'14). Washington:IEEE, 2014:580 - 587.

[48] Shelhamer E, Long J, Darrell T. Fully convolutional networks for semantic segmentation[J]. IEEE Transactions on Pattern Analysis and Machine Intelligence, 2017, 39(4):640 - 651.

[49] Rumelhart D E, Hinton G E, Williams R J. Learning representations by back - propagating errors[J]. Nature, 1986, 323:533 - 536.

[50] Nair V, Hinton G E. Rectified linear units improve restricted boltzmann machines[C]// Proceedings of the 27th International Conference on International Conference on Machine Learning (ICML'10). Anderson Street Madison:Omnipress, 2010:807 - 814.

[51] Yuan Z, Li J, Li Z, et al. Softmax regression design for stochastic computing based deep convolutional neural networks[C]// Proceedings of the 2017 ACM Great Lakes Symposium on VLSI (GLSVLSI'17). New York:ACM, 2017:467 - 470.

[52] Shi W, Caballero J, Huszár F, et al. Real - time single image and video super - resolution using an efficient sub - pixel convolutional neural network[C]// Proceedings of the 2016 IEEE Conference on Computer Vision and Pattern Recognition (CVPR'16). Washington: IEEE, 2016:1874 - 1883.

[53] Gajera V, Shubham, Gupta R, et al. An effective multi - objective task scheduling algorithm using min - max normalization in cloud computing[C]// Proceedings of the 2nd International Conference on Applied and Theoretical Computing and Communication Technology. Piscataway:IEEE, 2016:812 - 816.

[54] Krizhevsky A, I. Sutskever, G. E. Hinton. ImageNet classification with deep convolutional neural networks[C]// Proceedings of the 25th International Conference on Neural Information Processing Systems (NIPS'12). Red Hook: Curran Associates Inc, 2012: 1097 - 1105.

[55] Jia Y, Shelhamer E, Donahue J, et al. Caffe:convolutional architecture for fast feature embedding[C]// Proceedings of the 22nd ACM international conference on Multimedia. New York:ACM, 2014:675 - 678.

[56] Bottleson J, Kim S, Andrews J, et al. clCaffe:openCL accelerated caffe for convolutional neural networks[C]// IEEE International Parallel and Distributed Processing Symposium Workshops. Piscataway: IEEE, 2016:50 - 57.

第4章　热传感器分配和布局技术

4.1 引　　言

有效的热传感器分配和布局技术不仅可以更好地进行片上局部温度感知，而且可以减少热分布重构的误差，提高全局温度感知的精度[1]。目前热传感器较理想的分配方式是首先找出芯片在不同应用场景下的最热区域，并在每个最热区域放置一个热传感器[2]。早期在微处理器上尝试建立片上温度感知的方法采用了类似的原理。例如，英特尔 Pentium4 处理器在其内部算术逻辑单元(Arithmetic Logic Unit, ALU)附近放置了一个热传感器，该热传感器的放置位置是在处理器经过最严苛的热测试后确定的。90 nm 工艺的英特尔 Itanium 双核处理器共集成了 4 个热传感器，这些热传感器被分别放置在每个核心的整数单元和浮点单元附近[3]。然而，由于高功率密度芯片(如微处理器)的温度特性会受到各种因素的影响，上述这种热传感器放置方法会产生很大的不精准度。例如，工艺变化会直接影响漏电电流器件，从而进一步影响整个芯片的功耗，因此，即使同一批制造的芯片的温度特性也会不一样。此外，动态热管理机制中的局部时钟门控技术和任务迁移技术，也会进一步加剧同一颗芯片上不同区域功率密度不一致现象的发生。为了提高热点温度监测精度，人们自然会想到的一个做法是在芯片上放置大量的热传感器。然而，这种做法会显著增加芯片面积、功耗、成本和设计复杂度[4-6]。此外，由于热传感器需要专门的接口和媒介，例如，集成电路总线(Inter - Integrated Circuit, I^2C)、串行外设接口(Serial Peripheral Interface, SPI)、系统管理总线(System Management Bus, SMBus)等，与芯片内置的微控制器、非内置的外部处理器以及其他电子系统进行通信，因此，如果集成在芯片中的热传感器数量过大，将大量的热传感器采集数据传输到中央处理单元也是一个较大的挑战。

针对上述这些问题，热传感器分配和布局技术逐渐成为片上温度感知领域中的另一个研究热点[7-13]。相关研究成果中，Memik 等[14-15]提出的热传感器位置分布优化算法，可以在热点温度误差估计方面获得较高的精度，被认为是最具潜力的方法之一。对于均匀间隔放置的热传感器，采用虚拟插值方法确定最优的传感器位置；对于非均匀间隔放置的热传感器，在二维 k -均值聚类(k - means clustering)算法的基础上，加入热点的温度信息构造出三维“距离”，并进一步引入感知因子，使得优化的传感器位置向温度高的热点方向移动。上述方法的目的是最大化热点温度误差估计精度，并不考虑全局温度感知的问题，因而在根据该算法获得热传感器的位置分布后，进行热分布重构得到的整体平均温度误差较大。总而言之，在芯片架构配置、工作负载以及其他相关设计参数一定的情况下，芯片设计人员需要从系统的角度来考虑热传感器的分配和放置问题。

本章首先介绍热传感器均匀放置的插值算法和非均匀放置的 k -均值聚类算法。其次，针对热传感器位置分布优化问题，将热梯度计算方法和 k -均值聚类算法相结合，提出三种位置分布策略，即梯度最大化策略、梯度中心策略和梯度分簇策略；针对热传感器数量分配问题，提出一种基于双重聚类的热传感器数量分配方法，在此基础上，发展一种虚拟热传感器计算方法；针对热分布重构的噪声稳定性问题，提出一种基于主成分分析的热传感器放置方法；针对过热检测问题，构建过热检测模型，在此基础上，提出一种基于遗传算法的热传感器放置方法。最后，给出实验结果和分析。

4.2　热传感器监控热点温度的基本方法

4.2.1　均匀放置

为了使热传感器的布局结构不受处理器工作负载的影响，一种较好的方法是将芯片划分成若干等面积的均匀网格，在每个网格内放置一个热传感器。所有热传感器将同时进行温度采样，并选取其中最大的采样值作为计算芯片核心温度的依据。如果芯片网格的尺寸和热传感器的有效测量半径相等，则预计温度估计精度将会是 100%[2]。然而，随着热传感器数量的增加，增加的芯片成本将会变得不可忽略，更重要的是，高度优化的处理器芯片电路布局通常只保留非常有限的空白面积。所以，上述这种精细化的热传感器网格方法是不切实际的。因此，芯片设计人员需要对热传感器网格的尺寸进行限制，同时还需要引入一种修正算法来进一步优化受限后均匀网格的温度测量精度，以更加准确地计算出芯片内的最高温度。

相关学者提出了一种利用均匀网格热传感器温度读数进行插值的方法，用于估计多核处理器芯片的热点温度[12]。给定任意一个热传感器 S_i，可以使用 S_i 及其邻近区域热传感器的温度读数来估计在 S_i 附近区域热点的位置和温度。热传感器 S_i 的邻近区域被定义为

$$N(S_i)=\{(x,y)\mid x_i-r_s/2\leqslant x\leqslant x_i+r_s/2,y_i-r_s/2\leqslant y\leqslant y_i+r_s/2\} \tag{4.1}$$

式中，(x_i,y_i) 为 S_i 的坐标值；r_s 为两个相邻热传感器之间的水平或竖直距离。那么，以 S_i 为中心，边长为 r_s 的矩形区域即为 S_i 的邻近区域。图 4.1 所示为基于网格的插值方法示意图，图中的虚线方框为传感器 S_4 的邻近区域。

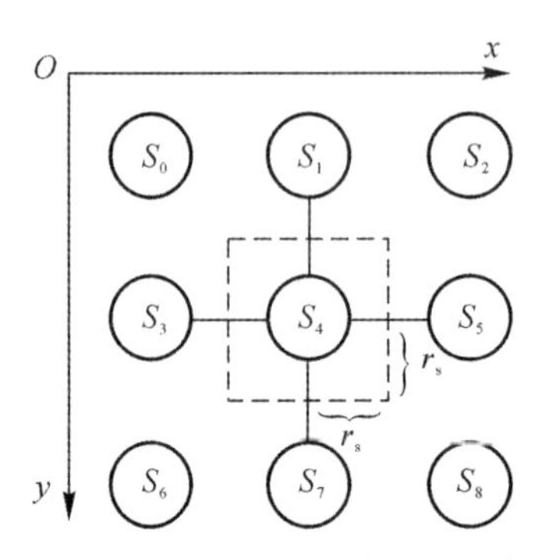

图 4.1　基于网格的插值方法示意图

对于图 4.1 中描述的传感器 S_4 的邻近区域 $N(S_4)$，首先来观察 x 轴方向的温度特性。假设 S_5 的读数大于 S_3 和 S_4 的读数，则邻近区域 $N(S_4)$ 中最热点位置应该接近 S_4 和 S_5 的中心点。尤其当 S_4 和 S_5 之间温度曲线的梯度不变时，最热点的 x 坐标位置应该为 $x_4+r_s/2$。同理，如果 S_3 的读数大于 S_4 和 S_5 的读数，则邻近区域 $N(S_4)$ 中最热点的 x 坐标位置应该为 $x_4-r_s/2$。如果 S_4 的读数大于 S_3 和 S_5 的读数，那么 S_3 和 S_4 以及 S_4 和 S_5 之间的温度梯度都需要被用来估计最热点的位置。需要说明的是，上述的估算方法假定分割区域中最热点及其相邻传感器之间的温度梯度为常量，即分割区域中的温度可以被近似为 x 和 y 坐标的线性函数。假设 S_3，S_4 和 S_5 的温度读数分别为 T_3，T_4 和 T_5，则邻近区域 $N(S_4)$ 中最热点的 x 坐标值可以表示为

$$x_4+\frac{1}{2}\frac{\Delta T_3-\Delta T_5}{\Delta T_3+\Delta T_5}r_s \tag{4.2}$$

式中，$\Delta T_3=T_4-T_3$；$\Delta T_5=T_4-T_5$。对于邻近区域 $N(S_4)$ 中最热点的 y 坐标值估算可采用相似的方法。一般情况下，邻近区域 $N(S_4)$ 中最热点的坐标

位置(x_{est},y_{est})可以通过以下三式进行估算：

$$\Delta x=\begin{cases}\frac{1}{2}\frac{\Delta T_3-\Delta T_5}{\Delta T_3+\Delta T_5}r_s, & T_4\geqslant \max(T_5,T_3)\\ -\frac{1}{2}r_s, & T_3\geqslant \max(T_4,T_5)\\ +\frac{1}{2}r_s, & T_5\geqslant \max(T_3,T_4)\end{cases} \tag{4.3}$$

$$\Delta y=\begin{cases}\frac{1}{2}\frac{\Delta T_1-\Delta T_7}{\Delta T_1+\Delta T_7}r_s, & T_4\geqslant \max(T_7,T_1)\\ -\frac{1}{2}r_s, & T_1\geqslant \max(T_4,T_7)\\ +\frac{1}{2}r_s, & T_7\geqslant \max(T_1,T_4)\end{cases} \tag{4.4}$$

$$(x_{est},y_{est})=(x_4+\Delta x,y_4+\Delta y) \tag{4.5}$$

最热点的温度数值 $T_{N(S_4)}^{\max}$ 可以通过以下三式进行估算：

$$\Delta T_x=\begin{cases}\frac{|\Delta T_5-\Delta T_3|}{\Delta T_5+\Delta T_3}\max(\Delta T_5,\Delta T_3), & T_4>\max(T_5,T_3)\\ \frac{\max(\Delta T_5,\Delta T_3)}{2}-T_4, & T_4\leqslant \max(T_5,T_3)\end{cases} \tag{4.6}$$

$$\Delta T_y=\begin{cases}\frac{|\Delta T_7-\Delta T_1|}{\Delta T_7+\Delta T_1}\max(\Delta T_7,\Delta T_1), & T_4>\max(T_7,T_1)\\ \frac{\max(\Delta T_7,\Delta T_1)}{2}-T_4, & T_4\leqslant \max(T_7,T_1)\end{cases} \tag{4.7}$$

$$T_{N(S_4)}^{\max}=T_4+\Delta T_x+\Delta T_y \tag{4.8}$$

值得注意的是，式(4.3)～式(4.8)的推导是基于 S_4 和被估计最热点之间的温度曲线梯度为常量的假设。然而，由于在峰值温度点附近区域内，温度梯度的变化通常会非常剧烈，所以，上述假设在实际应用的芯片中是不可行的。如果直接使用式(4.6)～式(4.8)进行最热点的温度计算，峰值温度将会被过高地估计。因此，式(4.6)和式(4.7)需要被进一步修正为

$$\Delta T_x=\begin{cases}\kappa\frac{|\Delta T_5-\Delta T_3|}{\Delta T_5+\Delta T_3}\max(\Delta T_5,\Delta T_3), & T_4>\max(T_5,T_3)\\ \beta\left(\frac{\max(\Delta T_5,\Delta T_3)}{2}-T_4\right), & T_4\leqslant \max(T_5,T_3)\end{cases} \tag{4.9}$$

$$\Delta T_y = \begin{cases} \kappa \dfrac{|\Delta T_7 - \Delta T_1|}{\Delta T_7 + \Delta T_1} \max(\Delta T_7, \Delta T_1), & T_4 > \max(T_7, T_1) \\ \beta\left(\dfrac{\max(\Delta T_7, \Delta T_1)}{2} - T_4\right), & T_4 \leqslant \max(T_7, T_1) \end{cases} \tag{4.10}$$

式(4.9)和式(4.10)中,κ 和 β 为温度修正系数。κ 的物理含义可以通过图4.2(a)予以阐述。当 $T_5 > T_3$ 时,κ 为 x_4 和 x_{est} 之间的平均温度梯度除以 x_3 和 x_4 之间的平均温度梯度;当 $T_3 > T_5$ 时,κ 为 x_4 和 x_{est} 之间的平均温度梯度除以 x_5 和 x_4 之间的平均温度梯度。β 的物理含义如图4.2(b)所示,其与 κ 的解释方法相类似。

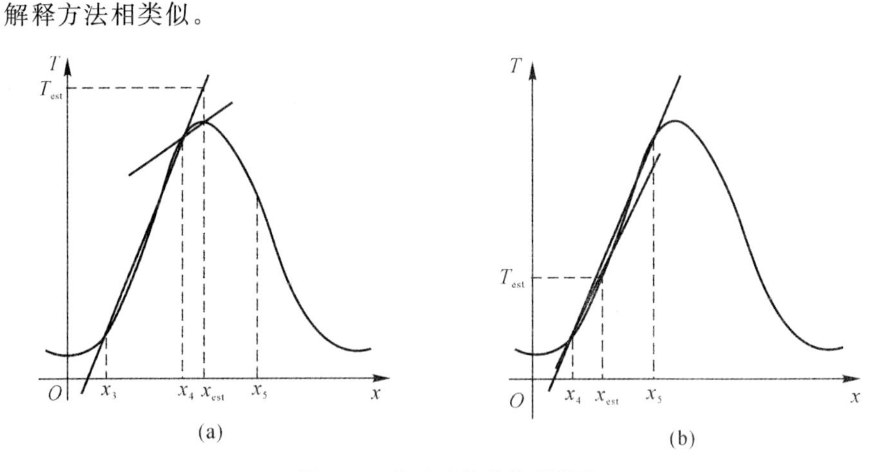

图 4.2 修正系数的物理描述

(a)κ; (b)β

如果芯片热各向同性的假设成立,则 x 轴和 y 轴方向可以采用相同的修正系数 κ 和 β。通常情况下,修正系数 κ 和 β 的数值估算非常困难,因为很难找到一个遵从温度-距离曲线的准确计算公式[7]。然而,通过图4.2(a)可以看出,在接近最高点处的温度曲线梯度快速接近于0,因此,κ 的数值应该趋近于0。同样地,从图4.2(b)可以看出,β 的数值应该接近于1,因为 x_4 和 x_5 之间的温度梯度基本保持不变。尽管 κ 和 β 是传感器坐标(x_i,y_i)以及传感器距离 r_s 的复杂函数,并且它们同处理器架构也有很大的关系,但是通过大量的实验测试可以发现,当 $\kappa = 0.83/\sqrt{N_{sensor}}$ 以及 $\beta = 0.93$ 时可以获得最小的估算误差(N_{sensor} 为每个核心上的热传感器数量)。

4.2.2　非均匀放置

综合考虑到芯片制造成本、设计复杂度等原因,实际微处理器中嵌入的热传感器一般采用非均匀放置。芯片设计人员利用目标应用区域的特征信息来设计相关的非均匀热传感器的分配和布局方法。通常情况下,设计人员首先通过热特性仿真技术来侦测芯片上所有潜在的热点,然后在每个热点附近放置一个热传感器。然而,在实际应用中,这种方法会存在一些问题。首先,热点的位置与芯片的应用场景(工作负载)有很大的关系,由其中一种应用场景下获得的最佳传感器位置不一定适应于其他应用场景。其次,假如可以通过大量充分的基准实验分析出所有应用场景下可能出现的所有热点位置,那么总的热点位置也会非常多,需要布置的传感器数量将会非常惊人。因此,针对上述问题,设计开发一种系统化方法以确定传感器的最佳放置位置变得非常重要。相关学者以此为目标提出了一种解决方案[16],按照如下两个步骤进行:第一,通过热特性仿真等技术生成一个众多应用场景下的全部热点位置分布图。第二,在空间区域内将传感器分配问题归纳为热点聚类问题,聚类数量由可分配的传感器数量确定。每个聚类中心为传感器的物理位置,每个传感器被用来侦测所在聚类中的热点温度。因此,热传感器非均匀放置问题可使用 k -均值聚类(k - means clustering) 算法[17-22] 解决。

k -均值聚类算法是一种典型的将目标距离作为相似度评价指标的硬聚类算法。首先,在目标中选择初始聚类中心;其次,根据相似度评价指标对初始聚类中心与所有目标进行数学处理,并将其分割为 k 个不同的聚类;再次,使用准则函数对聚类性能进行评价;最后,对上述过程进行迭代计算,直到准则函数达到最优为止,从而形成聚类内相似度很高,聚类间相似度很低的效果。此外,MacQueen[17] 使用随机过程方法对 k -均值聚类算法的收敛性给予了证明,进一步验证了 k -均值聚类算法在理论上的可靠性。

k -均值聚类算法的基本思想是:给定一组 d 维空间中的 n 个观测目标 $(o_1, o_2, \cdots, o_n)$ 和一个整数 $k(k \leqslant n)$,将 n 个目标分割为 k 个聚类 $S = \{S_1, S_2, \cdots, S_k\}$,使每个目标到其聚类中心的平均距离最小,即

$$\min \sum_{i=1}^{k} \sum_{o_j \in S_i} \| o_j - c_i \|^2 \tag{4.11}$$

式中,c_i 为 S_i 的聚类中心。k -均值聚类算法一般从 n 个目标 $(o_1, o_2, \cdots, o_n)$ 中随机选择 k 个作为初始聚类中心,并把所有目标与初始聚类中心进行欧氏距

离比较，将观测目标归入与其距离最近的聚类中心所属的一类，即

$$E(o_j, c_i) = (o_{jx} - c_{ix})^2 + (o_{jy} - c_{iy})^2, \quad 1 \leqslant i \leqslant k, \quad 1 \leqslant j \leqslant n \tag{4.12}$$

式中，(o_{jx}, o_{jy}) 和 (c_{ix}, c_{iy}) 分别为观测目标和初始聚类中心的几何坐标。之后，对所有聚类中心进行重新计算，如果发现某个聚类中心位置有所变化，则重复上述的比较过程，进行迭代计算，并更新聚类中心的几何坐标为

$$c_{ix,y} = \sum_{o_i \in S_i} o_{ix,y} / \mathrm{size}(S_i) \tag{4.13}$$

直到 k 个聚类中心均不再发生变化为止。因此，使用 k 个热传感器监控 N 个热点温度的 k-均值聚类算法步骤可以概括为：

输入：处理器芯片中 N 个热点的位置以及非均匀放置的热传感器数目 k。

输出：聚类后 k 个热传感器的位置。

(1) 从 N 个热点中随机选择 k 个作为初始的聚类中心；

(2) 分别计算每个热点到 k 个初始聚类中心的欧氏距离，并将其归入距离最近的聚类中心所属的一类；

(3) 对 k 个聚类中心位置进行重新计算；

(4) 如果所有聚类中心位置都不再发生改变，则算法终止。k 个初始聚类中心位置即为 k 个热传感器的物理位置，否则跳转到第(2)步。

使用 k-均值聚类算法监控热点温度的伪代码见表 4.1。其中，输入参数 $\mathrm{hot}_{x,y}[N]$ 和 $\mathrm{cluster}_{x,y}[k]$ 分别存储 N 个热点和 k 个传感器的几何坐标。输出参数 member[N] 记录热点的聚类信息，即每一个热点属于哪一个聚类，初始设置为一个值为 $M(M \geqslant k)$ 的常数向量。变量 δ 记录是否有聚类中心发生变化，门限 threshold 一般设置为一个非常小的数值，如果没有聚类中心发生变化，那么 δ/N 的值为 0，则跳出循环，程序终止。newsize [n] 记录每一个聚类中所包含热点的个数，$\mathrm{new\_cluster}_{x,y}[n]$ 存储每一个聚类中所包含热点几何坐标的叠加值。

表 4.1　k-均值聚类算法

算法步骤		
输入：	$\mathrm{hot}_{x,y}[N]$,	热点几何坐标矩阵
	$\mathrm{cluster}_{x,y}[k]$,	传感器几何坐标矩阵
输出：	member [N],	热点聚类信息

续表

	算法步骤
0	Initialize cluster $[k]$ to be k points in hot $[N]$
1	WHILE $\delta/N >$ threshold
2	$\delta \leftarrow 0$
3	FOR $i=0$ TO $N-1$
4	FOR $j=0$ TO $k-1$
5	$d \leftarrow \vert \text{hot}_{x,y}[i] - \text{cluster}_{x,y}[j] \vert$
6	IF $d < d_{\min}$
7	$d_{\min} \leftarrow d$
8	$n \leftarrow j$
9	IF member$[i] \neq n$
10	$\delta \leftarrow \delta + 1$
11	member $[i] \leftarrow n$
12	newsize $[n] \leftarrow$ newsize $[n]+1$
13	$\text{new\_cluster}_{x,y}[n] \leftarrow \text{new\_cluster}_{x,y}[n] + \text{hot}_{x,y}[i]$
14	FOR $j=0$ TO $k-1$
15	$\text{cluster}_{x,y}[j] \leftarrow \text{new\_cluster}_{x,y}[j]/\text{newsize}[j]$
16	$\text{new\_cluster}_{x,y}[j] \leftarrow 0$
17	newsize$[j] \leftarrow 0$

4.3　基于热梯度分析的热传感器位置分布方法

针对热传感器位置分布优化问题，本节提出一种基于热梯度分析的热传感器位置分布技术，将热梯度计算方法和 k-均值聚类算法相结合，给出三种简单、有效的热传感器位置分布策略。本方法的主要思路为：引入二分放置策略[23]，根据热梯度比例分配传感器数量。在芯片热梯度较高的区域或者没有热点的区域放置传感器，可以降低热重构后的整体平均温度误差，并且避免由于缺少该区域的温度信息而导致的功能单元损坏；在存在热点的区域采用热梯度感知 k-均值聚类算法[14-15]确定传感器在该区域的最优位置，可以保证较高的热点误差估计精度。

4.3.1 热梯度计算

热梯度是指围绕一个特定的位置，在哪个方向以何种速率，温度的变化最快。热梯度的方向即为温度变化的方向，热梯度的幅度值确定在该方向上温度变化的速率。由于在计算机处理过程中任何连续的变量必须离散化，可以使用图像处理中的边缘检测Sobel算子[24-25]来计算芯片温度分布的热梯度。Sobel算子包含两组 3×3 的矩阵，分别为横向及纵向，即

$$\boldsymbol{M}_x=\begin{bmatrix}-1&0&1\\-2&0&2\\-1&0&1\end{bmatrix},\quad \boldsymbol{M}_y=\begin{bmatrix}-1&-2&-1\\0&0&0\\1&2&1\end{bmatrix} \tag{4.14}$$

将之与温度分布图作平面卷积，即可分别得出横向及纵向的温度差分近似值。如果以 $\boldsymbol{T}_s$ 代表原始温度分布图像，则其热梯度大小的近似值为

$$\boldsymbol{G}=\sqrt{(\boldsymbol{M}_x*\boldsymbol{T}_s)^2+(\boldsymbol{M}_y*\boldsymbol{T}_s)^2} \tag{4.15}$$

式中，$\boldsymbol{G}$ 为原始温度分布的热梯度幅度；$*$ 代表二维卷积运算。

4.3.2 热梯度感知 *k*-均值聚类算法

由于芯片内的温度分布是不均匀的，因此，热点和传感器之间的热梯度不是线性的关系。如果直接使用 k-均值聚类算法计算热传感器位置，必将带来很大的热点温度误差。Memik 等[14-15]在基本 k-均值聚类算法的基础上，提出了一种热梯度感知 k-均值聚类算法（Thermal-Gradient-Aware k-means clustering Algorithm，TGA）。热梯度感知 k-均值聚类算法主要分为两个步骤：首先，加入热点的温度信息，构造三维欧式“距离”。给定 k 个热传感器和 N 个热点，假设第 j 个热点和第 i 个聚类中心的几何坐标和温度信息分别为 (h_{jx},h_{jy},h_{jt}) 和 (c_{ix},c_{iy},c_{it})，则它们的欧式距离为

$$E(h_j,c_i)=(h_{jx}-c_{ix})^2+(h_{jy}-c_{iy})^2+(h_{jt}-c_{it})^2,\quad 1\leqslant i\leqslant k,\quad 1\leqslant j\leqslant N \tag{4.16}$$

其次，引入感知因子 φ，使得新的聚类中心向温度高的热点方向移动。热梯度感知 k-均值聚类算法迭代时，假设第 i 个聚类中当前包括的热点个数为 $\mathrm{cur\_size}(C_i)$，则聚类 i 中所包含热点几何坐标和温度的叠加值分别为

$$\begin{aligned}c_{ix,y}=c_{ix,y}+h_{jx,y}+\varphi(h_{jx,y}-c_{ix,y}/(\mathrm{cur\_size}(C_i)-1))\times\\(h_{jt}-c_{it}/(\mathrm{cur\_size}(C_i)-1))\end{aligned} \tag{4.17}$$

$$c_{it}=c_{it}+h_{jt} \tag{4.18}$$

对聚类 i 中所有热点进行计算后，新的聚类中心几何坐标和温度信息为

$$c_{ix,y,t} = c_{ix,y,t} / \text{size}(C_i) \tag{4.19}$$

式中，$\text{size}(C_i)$ 为算法迭代结束时聚类 i 所包含的热点个数。

使用热梯度感知 k-均值聚类算法监控热点温度的伪代码见表 4.2。其中，输入参数 $\text{hot}_{x,y,t}[N]$ 和 $\text{cluster}_{x,y,t}[k]$ 分别存储 N 个热点和 k 个传感器的几何坐标以及温度信息，输出参数 member [N] 记录热点的聚类信息。newsize [n] 记录每一个聚类中所包含热点的个数，$\text{new\_cluster}_{x,y,t}[n]$ 存储每一个聚类中所包含热点几何坐标和温度的叠加值。φ 为感知因子，Memik 等[14-15] 在实验中确定当 $\varphi = 0.1$ 时，算法的性能最佳。

表 4.2　热梯度感知 k-均值聚类算法

算法步骤		
输入：	$\text{hot}_{x,y}[N]$，	热点几何坐标矩阵
	$\text{cluster}_{x,y}[k]$，	传感器几何坐标矩阵
输出：	member [N]，	热点聚类信息
0	Initialize cluster [k] to be k points in hot [N]	
1	WHILE　$\delta/N >$ threshold	
2	$\delta \leftarrow 0$	
3	FOR　$i = 0$　TO　$N-1$	
4	FOR　$j = 0$　TO　$k-1$	
5	$d \leftarrow \lvert \text{hot}_{x,y,t}[i] - \text{cluster}_{x,y,t}[j] \rvert$	
6	IF　$d < d_{\min}$	
7	$d_{\min} \leftarrow d$	
8	$n \leftarrow j$	
9	IF　member[i] $\neq n$	
10	$\delta \leftarrow \delta + 1$	
11	member [i] $\leftarrow n$	
12	IF　newsize [n] $==$ 0	
13	$\text{new\_cluster}_{x,y,t}[n] \leftarrow \text{hot}_{x,y,t}[i]$	

续 表

	算法步骤
14	ELSE $new\_cluster_{x,y}[n] \leftarrow new\_cluster_{x,y}[n] + hot_{x,y}[i] + \varphi(hot_{x,y}[i] - new\_cluster_{x,y}[n]/newsize[n]) \times (hot_t[i] - new\_cluster_t[n]/newsize[n])$
15	$new\_cluster_t[n] \leftarrow new\_cluster_t[n] + hot_t[i]$
16	$newsize\ [n] \leftarrow newsize\ [n] + 1$
17	FOR $j = 0$ TO $k-1$
18	$cluster_{x,y,t}[j] \leftarrow new\_cluster_{x,y,t}[j]/newsize[j]$
19	$new\_cluster_{x,y,t}[j] \leftarrow 0$
20	$newsize[j] \leftarrow 0$

4.3.3 热传感器位置分布策略

本小节将热梯度计算和热梯度感知 k -均值聚类算法相结合，提出三种热传感器位置分布策略，分别为梯度最大化策略、梯度中心策略和梯度分簇策略。

1. 梯度最大化策略(Gradient - Maximization Strategy)

梯度最大化策略的基本出发点是：保证所放置的每个传感器位置的热梯度最大化。首先，使用热梯度计算方法获得温度分布的热梯度，并且确定实际中所分配的传感器数量 k；其次，使用一个增加的传感器数量 S(一般情况，$S=2k$)，运用热梯度感知 k -均值聚类算法确定这 S 个传感器的位置；再次，根据温度分布的热梯度信息，将 S 个传感器位置处的热梯度值进行排序；最后，从 S 个传感器位置中挑选出热梯度值最大的 k 个作为实际所分配 k 个传感器的优化位置。梯度最大化策略的目的是在降低热重构平均温度误差的同时，保证精确的热点温度估计。

梯度中心策略和梯度分簇策略的基本出发点是：根据二分放置技术[23]，将整个芯片面积分别进行水平和垂直方向逐步二分，在每次二分时计算这两部分热梯度大小的比例，按照该比例分配传感器数量。

2. 梯度中心策略(Gradient - Center Strategy)

在梯度中心策略中，热传感器放置在每一个二分区域的几何中心。梯度中心策略的目的是最大限度地降低热重构平均温度误差。但是,如果在该区域中的热点位置没有在几何中心,将会导致很大的热点温度估计误差。

3. 梯度分簇策略(Gradient - Cluster Strategy)

梯度分簇策略的基本思想是将梯度最大化策略和梯度中心策略相结合。如果在芯片二分区域中没有热点,则在该区域的几何中心放置一个传感器;如果在芯片二分区域中存在热点,则通过梯度最大化策略确定传感器在该区域的位置。梯度分簇策略的目的是兼顾热重构平均温度误差和热点温度估计误差,在二者之间达到一种折中。

以芯片中分配4个热传感器为例,上述三种热传感器位置分布策略的示意图如图4.3所示。

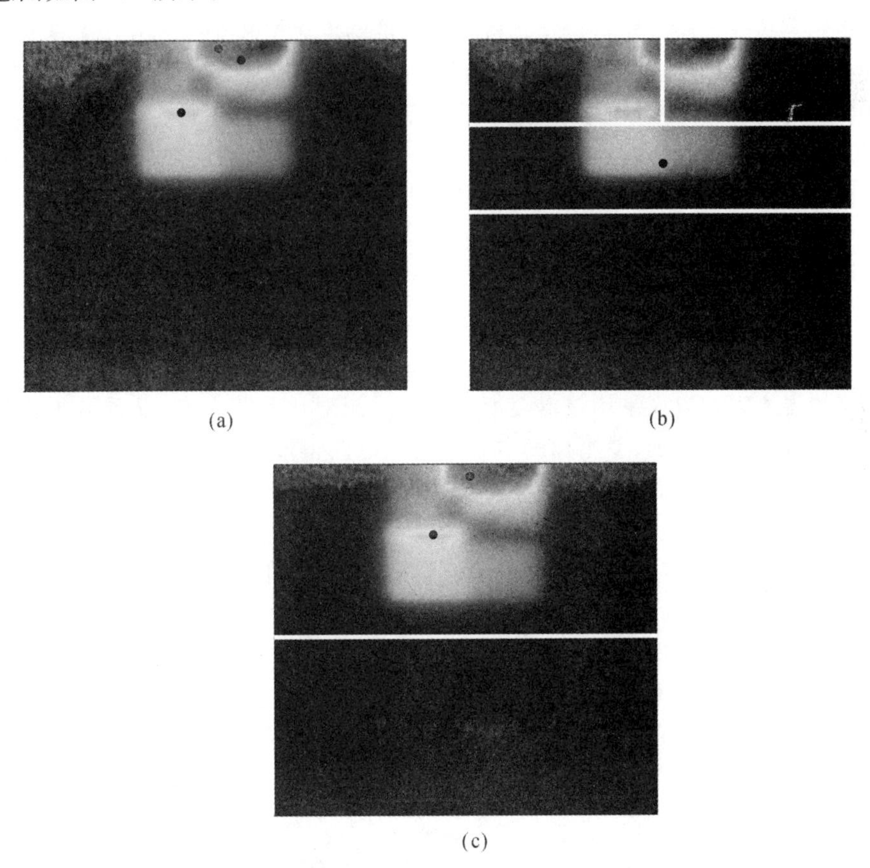

(a) (b)

(c)

图4.3 热传感器位置分布策略示意图(用黑色圆点标注)

(a)梯度最大化策略; (b)梯度中心策略; (c)梯度分簇策略

4.3.4 实验结果和分析

为了测试本节方法的性能，以 2.2.4 小节中实验 1 所得到基于 Alpha 21264 架构的单核处理器温度分布数据为基础，使用图 2.9 所示的热点位置分布(共有 132 个热点，包含所有 26 个 SPEC CPU2000 基准程序在处理器中存在的热点)，分别从热重构平均温度误差和平均热点温度误差两个方面，给出本节方法与文献[15]中热梯度感知 k -均值聚类算法(TGA)的比较结果。其中，热重构平均温度误差是指所有 26 个 SPEC CPU2000 基准程序热重构平均温度误差的平均值。每一个基准程序的热重构平均温度误差为：使用3.4 节中提出的基于动态 Voronoi 图的距离倒数加权算法(IDW - DV)，根据不同的传感器位置分布策略进行热重构后得到的温度数据和在 2.2.4 小节实验 1 中相应基准程序温度数据误差比率的平均值。平均热点温度误差是指所有 26 个 SPEC CPU2000 基准程序热点温度误差的平均值。每一个基准程序的热点温度误差为：热点位置分布图中属于该基准程序的所有热点温度和根据不同传感器位置分布策略获得的传感器温度读数误差比率的平均值。实验中所有程序均在物理内存为 2GB，主频为 2.53GHz 的 Intel E7200 双核处理器上由 Matlab 编写完成。

图 4.4 所示为设定处理器中所分配的传感器数量分别为 4，8，12 时，使用本节提出的三种传感器位置分布策略和文献[15]中 TGA 方法所得到的热重构平均温度误差以及平均热点温度误差的结果对比。首先，可以看出在热重构平均温度误差方面，使用梯度中心策略可以获得最小的热重构平均温度误差，本节提出的其余两种传感器位置分布策略也明显优于 TGA 方法。这是因为 TGA 方法试图最大限度地让传感器放置在靠近热点的位置，从而忽略了其他位置的温度信息。此外，虽然梯度最大化策略以 TGA 方法为基础，但是与之不同的是，梯度最大化策略保证所放置的每个传感器位置处具有最高的热梯度，因此，使用梯度最大化策略获得的热重构平均温度误差明显低于 TGA 方法。其次，在平均热点温度误差方面，使用 TGA 方法可以获得最小的热点温度误差，而梯度中心策略的效果最差。这是由于在梯度中心策略中，传感器被放置在每一个二分区域的几何中心，如果在该区域中的热点位置没有在几何中心处，必将导致很大的热点温度估计误差。此外，使用梯度最大化策略和梯度分簇策略获得的平均热点温度误差稍微高于 TGA 方法，但是在热重构平均温度误差方面却远低于 TGA 方法。

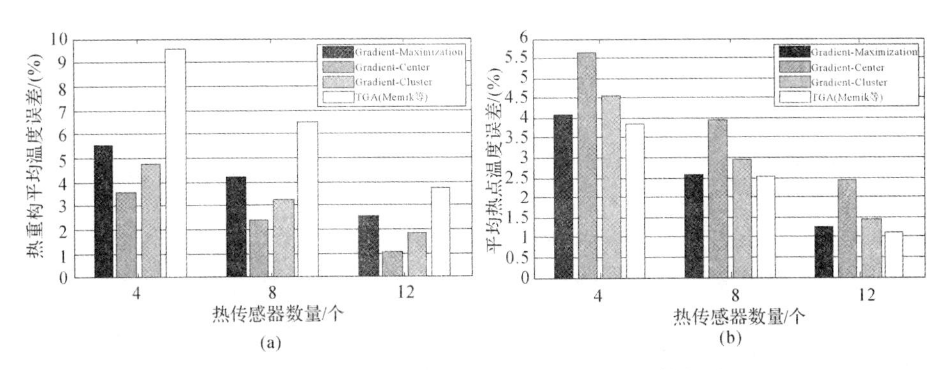

图 4.4　本节方法与文献[15]中 TGA 方法的结果对比

如图 4.5 所示为本节提出的三种传感器位置分布策略与 TGA 方法在热重构平均温度误差和平均热点温度误差方面的综合对比。由图可见，相对于 TGA 方法，梯度最大化策略和梯度分簇策略可以在热重构平均温度误差和平均热点温度误差之间获得一种折中。二者的区别是：梯度最大化策略在平均热点温度误差方面优于梯度分簇策略，但是在热重构平均温度误差方面却不及梯度分簇策略。总体而言，本节提出的梯度最大化策略和梯度分簇策略兼顾了热重构平均温度误差和平均热点温度误差。一方面，在芯片热梯度较高的区域或者没有热点的区域放置传感器，有效地降低了热重构后的整体平均温度误差；另一方面，在存在热点的区域采用 TGA 方法确定传感器在该区域的最优位置，保证了较高的平均热点温度误差精度。因此，可以在全局温度感知和局部温度感知之间达到一种平衡。

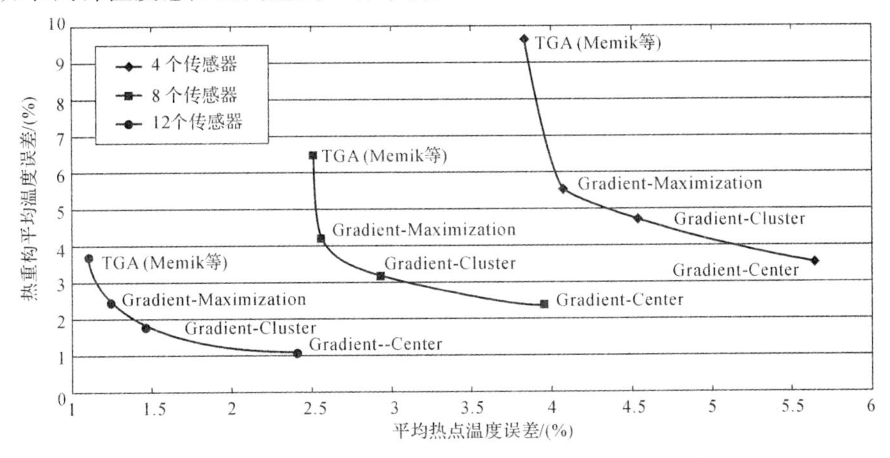

图 4.5　本节方法与 TGA 方法在热重构平均温度误差和平均热点温度误差方面的综合对比

4.4 基于双重聚类的热传感器数量分配方法

针对热传感器数量分配问题，本节提出一种基于双重聚类(Dual Clustering)的静态热传感器数量分配方法。本方法的主要思想为：根据给定的热点温度误差上限对芯片中所有热点进行优化的双重聚类，并按照所得的聚类结果给每一个聚类分配一个热传感器，其位置为该聚类中所有热点的几何中心或质心处。本方法能够保证在给定的最大热点温度误差范围内，使用最少数量的热传感器监控所有热点的温度值。此外，在静态热传感器数量分配方法的基础上，发展了一种虚拟热传感器计算方法，可以在热传感器数量不变的情况下进一步减少热点温度误差。

4.4.1 双重聚类模型

由于执行不同基准程序出现的热点位置分布和温度差异比较大，一些在温度上比较接近的热点，在位置分布上可能会比较分散。如果直接使用常规的聚类算法，很难实现将温度上比较接近的热点，在空间域中聚为一类。因此，可以将热传感器数量分配问题看成一个在空间域(例如几何坐标)和非空间域(例如温度)同时聚类的双重聚类过程，其具有空间连续和非空间域属性相近的特点。首先，使用双重聚类将所有热点在空间域中分割成不同的非重叠区域，使得每一个区域中的热点在非空间域(温度)的属性具有最大的相似度。其次，在每一个区域中放置一个热传感器，用于监控该区域中的所有热点温度。

双重聚类[26-28]模型可以描述为：给定一组 n 个观测目标 $\{o_1, o_2, \cdots, o_n\}$，每一个目标同时具有空间域和非空间域的两种属性，即

$$o_i = \{g_i^{(1)}, \cdots, g_i^{(L)}, a_i^{(1)}, \cdots, a_i^{(T)}\} \quad 1 \leqslant i \leqslant n \tag{4.20}$$

式中，$\{g_i^{(1)}, \cdots, g_i^{(L)}\}$ 为空间位置坐标(L 通常设置为 1,2 或 3)，$\{a_i^{(1)}, \cdots, a_i^{(T)}\}$ 为非空间域属性值(T 为非空间域属性个数)。目标 o_i 和 o_j 之间的空间距离用欧式距离表示，非空间域属性距离 $D_{ij}^{(A)}$ 可以表示为

$$D_{ij}^{(A)} = \sqrt{\sum_{t=1}^{T} w_t \, (a_i^{(t)} - a_j^{(t)})^2} \tag{4.21}$$

式中，$a_i^{(t)}$ 和 $a_j^{(t)}$ 分别为目标 o_i 和 o_j 非空间域属性 t 的值；w_t 为非空间域属性 t 的权重，一般 $\sum_{t=1}^{T} w_t = 1$。

4.4.2　静态热传感器数量分配算法

在双重聚类的基础上，本小节提出一种静态热传感器数量分配算法（Rigid Sensor Allocation Algorithm）。首先，根据芯片中所有热点的位置构造一个 Voronoi 图[29-30]。以平面空间为例，各个热点在二维空间中将呈现不规则的排列，所生成的 Voronoi 图为彼此紧邻的平面多边形，每个多边形中含有一个热点，如图 4.6 所示。其次，通过以下给出的定义，判定热点之间能否合并为一个聚类。

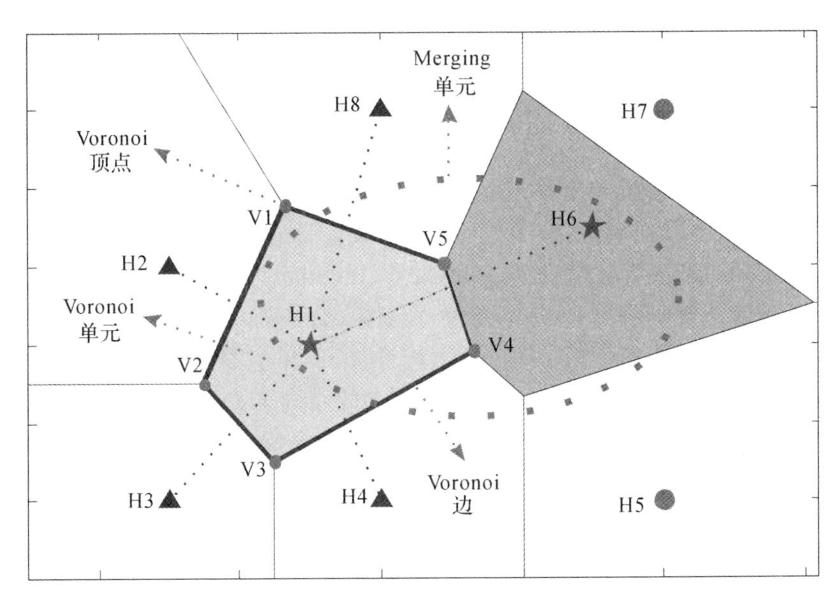

图 4.6　使用 Voronoi 图检测和合并邻近热点单元示意图

定义一：如果两个热点分别所在的 Voronoi 图多边形共边，则定义这两个热点为邻近点。图 4.6 中，热点 H1 的邻近点分别为 H2，H3，H4，H6 和 H8。

定义二：设定非空间域属性个数 T 为 1，非空间域属性定义为热点的温度。

定义三：如果两个热点彼此相邻且它们之间的非空间域属性距离小于给定的门限 $D_{\max}^{(A)}$，则这两个热点可以合并为一个聚类。图 4.6 中，如果热点 H1 和 H6 的非空间域属性距离 $D_{\mathrm{H1,H6}}^{(A)}<D_{\max}^{(A)}$，则将其合并为一个聚类。

定义四：设定非空间域属性距离门限 $D_{\max}^{(A)}$ 为

$$D_{\max}^{(A)}=\alpha\times\varepsilon_{\max}\times\frac{1}{n}\sum_{i=1}^{n}a_i \tag{4.22}$$

式中，α 为矫正系数；$\varepsilon_{\max}$ 为给定的热点温度误差上限；n 为该聚类中的热点个数；a_i 为聚类中热点 i 的非空间域属性值(即温度值)。

在此基础上，静态热传感器数量分配算法步骤可以概括为：

(1) 在所有热点中选择一个热梯度值最大的热点作为初始聚类中心；

(2)根据定义三获得一个新的聚类 C_{new}；

(3)把聚类 C_{new} 中的所有热点作为新的聚类中心，返回第(2)步；

(4)如果聚类 C_{new} 无法再与周边其他热点合并，则定义为一个完整的聚类，并给其分配一个热传感器；

(5)在剩余的热点中重新循环执行第(1)～(4)步，直到所有热点都属于某个聚类为止。

静态热传感器数量分配算法的伪代码见表 4.3。其中，输入参数 $\text{hot}_{x,y,t,g}[N]$ 存储 N 个热点的几何坐标、温度和梯度信息，$\varepsilon_{\max}$ 为给定的热点温度误差上限。输出参数 s_{number} 记录分配的传感器数量，member 记录热点的聚类信息。h_{number} 为未聚类热点的数量，作为算法结束标志。$\text{cluster}_{\text{center}}$ 为当前聚类中心标号，$\text{cluster}_{\text{member}}$ 为当前聚类中的热点标号，find_flag 用于判定每次聚类是否结束，控制循环。函数 voronoin 用于生成离散热点 Voronoi 图多边形的顶点关系，函数 find_max_gradient 用于寻找热梯度值最大的热点标号，函数 neighbor 用于判定两个热点是否相邻，函数 merge 用于合并聚类。

表 4.3　静态热传感器数量分配算法

算法步骤		
输入：	$\text{hot}_{x,y,t,g}[N]$，	热点几何坐标、温度和梯度矩阵
	$\varepsilon_{\max}$，	给定的热点温度误差上限
输出：	s_{number}，	分配的传感器数量
	member，	热点聚类信息
0	Initialize $s_{\text{number}}\leftarrow 0$ and $h_{\text{number}}\leftarrow N$	
1	$C\leftarrow$voronoin ($\text{hot}_{x,y}[N]$)	
2	WHILE $h_{\text{number}}>0$	
3	$\text{cluster}_{\text{center}}\leftarrow$ find_max_gradient (hot_g)	
4	$h_{\text{number}}\leftarrow h_{\text{number}}-1$	

续表

算法步骤	
5	$cluster_{member} \leftarrow C\{cluster_{center}\}$
6	Delete　$C\{cluster_{center}\}$
7	find_flag ← 1　&&　$i \leftarrow 1$
8	WHILE　find_flag == 1　&&　$h_{number} \neq 0$
9	$d \leftarrow distance_{attribute}(hot_t[cluster_{center}], hot_t[i])$
10	IF　$d < D_{max}$　&&　$neighbor(cluster_{member}, C\{i\})$
11	$cluster_{member} \leftarrow merge(cluster_{member}, C\{i\})$
12	Delete　$C\{i\}$
13	$h_{number} \leftarrow h_{number} - 1$
14	ELSE $i \leftarrow i + 1$
15	IF　$i \geqslant h_{number}$
16	find_flag ← 0
17	$s_{number} \leftarrow s_{number} + 1$
18	$member\{s_{number}\} \leftarrow cluster_{member}$

4.4.3　静态热传感器位置分布策略

在对芯片中所有热点进行上述的双重聚类后，可以确定处理器中实际所需要分配的传感器数量。对于每个聚类中所分配的传感器位置，本小节提出以下两种位置分布策略进行确定。

1. 几何中心策略(Geometric - Center Strategy, GC)

在几何中心策略中，热传感器放置在每个聚类的几何中心。

为了有效地降低热点温度误差，实际中热传感器应该尽量放置在温度值较高的热点附近(如 TGA 方法)。但是，这样会忽略一些其他位置的温度信息，如果在热梯度值较大的位置没有放置传感器，则会造成很大的热重构平均温度误差。为此，本小节对 TGA 方法进行改进，提出一种新的热传感器位置分布方法——热梯度吸引策略。热梯度吸引策略和 TGA 方法的区别是：热梯度吸引策略使传感器尽可能地放置在热梯度值较大的热点附近，而 TGA

方法则使传感器尽可能地放置在温度值较高的热点附近。

2. 热梯度吸引策略(Thermal - Gradient - Traction Strategy, TGT)

在热梯度吸引策略中,热传感器放置在每个聚类的质心处。对于一个已经包含了 n 个热点的聚类 C_j,当其增加第 $n+1$ 个的热点 h_i 时,该聚类中当前所包含热点的几何坐标叠加值 $s_{jx,y}^{n+1}$ 和热梯度叠加值 s_{jg}^{n+1} 分别为

$$s_{jx,y}^{n+1}=s_{jx,y}^{n}+h_{ix,y}+\beta(h_{ix,y}-s_{jx,y}^{n}/n)\times(h_{ig}-s_{jg}^{n}/n) \tag{4.23}$$

$$s_{jg}^{n+1}=s_{jg}^{n}+h_{ig} \tag{4.24}$$

式(4.23)和式(4.24)中,$h_{ix,y}$ 和 h_{ig} 分别为热点 h_i 的几何坐标和热梯度值;$s_{jx,y}^{n}$ 和 s_{jg}^{n} 分别为聚类 C_j 没有加入热点 h_i 时所包含热点的几何坐标和热梯度的叠加值;β 为吸引系数(通过实验发现当 $\beta=0.3$ 时性能最佳)。

在对加入聚类 C_j 中的所有热点进行计算后,聚类 C_j 的聚类中心(即质心)为

$$s_{jx,y}=s_{jx,y}^{\mathrm{size}(C_j)}/\mathrm{size}(C_j) \tag{4.25}$$

式中,$\mathrm{size}(C_j)$ 为双重聚类结束时,聚类 C_j 中所包含的热点总数;$s_{jx,y}^{\mathrm{size}(C_j)}$ 为第 $\mathrm{size}(C_j)$ 个热点加入聚类 C_j 时,该聚类当前所包含热点几何坐标叠加值;$s_{jx,y}$ 为聚类 C_j 中所放置的热传感器位置。

图 4.7 所示为当第 $n+1$ 个热点 h_i 加入聚类 C_j 时,热梯度吸引策略的示意图[$\gamma=\beta(h_{ig}-s_{jg}^{n}/n)$]。由图 4.7 可见,如果热点 h_i 的热梯度值大于聚类 C_j 中已存在的 n 个热点的平均梯度值(即 $h_{ig}>s_{jg}/n$),则当其加入聚类 C_j 时,该聚类中当前所包含热点的几何坐标叠加值 $s_{jx,y}^{n+1}$ 将向热点 h_i 靠近,反之则远离热点 h_i。由于聚类 C_j 中所放置的热传感器位置是该聚类中所有热点几何坐标叠加值的平均,因此,其会靠近热梯度值较大的热点。

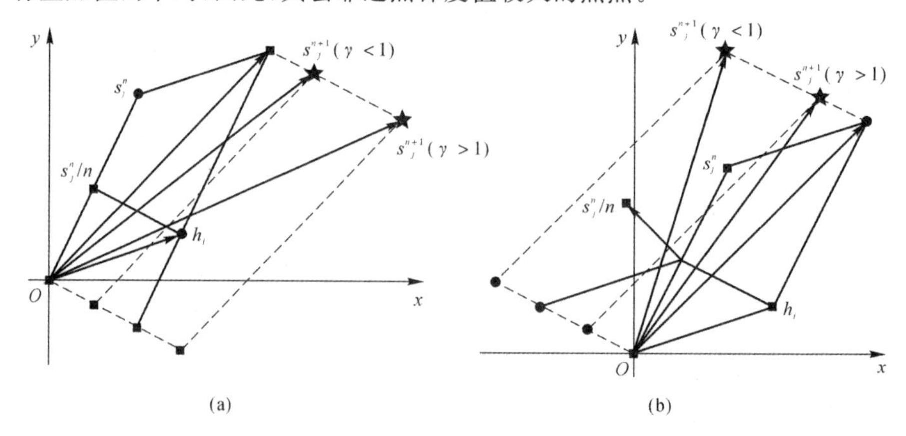

图 4.7　热梯度吸引策略示意图

(a)$h_{ig}>s_{jg}/n$;　(b)$h_{ig}<s_{jg}/n$

4.4.4　虚拟热传感器计算方法

实际中由于制造成本、设计复杂度等原因，芯片设计者往往不能在处理器中最理想的位置植入足够数量的热传感器。另一方面，在静态热传感器数量分配算法中可能会出现某些聚类包含的热点数目远大于其他聚类的情况。在这种情况下，聚类中心会距离该聚类中所包含的热点位置较远，即使聚类结果满足给定热点温度误差上限，还是可能降低热点温度误差的精度。针对上述两种情况，本小节在静态热传感器数量分配和位置分布方法的基础上，发展一种虚拟热传感器计算方法(Flexible Sensor Computation Method)，可以在热传感器数量不变的情况下进一步减少热点温度误差。

虚拟热传感器计算方法通过静态热传感器的温度读数，使用 3.4 节中 IDW - DV - PD 方法的插值计算获得芯片中没有放置传感器地方的温度。假设在芯片中的任意位置(x,y)处放置一个虚拟热传感器 P，则其温度 $T(x,y)$ 可以表示为

$$T(x,y)=\begin{cases}\dfrac{\sum_{D_i\in C}w_i d_i^{-2}(z_i+\Delta z_i)}{\sum_{D_i\in C}w_i d_i^{-2}}, & d_i\neq 0\\ z_i, & d_i=0\end{cases} \tag{4.26}$$

式中，C 为虚拟热传感器 P 的 1 级和 2 级邻域中静态热传感器的集合；w_i 为影响程度系数($w_i=\mathrm{e}^{-n}$，n 为 P 的邻域级数)；D_i 为第 i 个静态热传感器；z_i 为 D_i 的温度读数；d_i 为 P 与 D_i 之间的距离；Δz_i 为属于 C 中的每一个 D_i 关于 P 的温度函数增量，即

$$\Delta z_i=[A_i(x-x_i)+B_i(y-y_i)]\frac{\mu}{\mu+d_i} \tag{4.27}$$

式中，x_i 和 y_i 为 D_i 的位置坐标；A_i 和 B_i 分别为 D_i 在 x 轴方向与 y 轴方向上偏导数的近似值，即

$$\left.\begin{aligned}A_i&=\frac{\sum_{D_j\in C_i}w_j d_{ij}^{-2}\dfrac{(z_j-z_i)(x_j-x_i)}{d_{ij}^2}}{\sum_{D_j\in C_i}w_j d_{ij}^{-2}}\\ B_i&=\frac{\sum_{D_j\in C_i}w_j d_{ij}^{-2}\dfrac{(z_j-z_i)(y_j-y_i)}{d_{ij}^2}}{\sum_{D_j\in C_i}w_j d_{ij}^{-2}}\end{aligned}\right\} \tag{4.28}$$

$\mu/(\mu+d_i)$ 为插入因子，可以保证当 d_i 从 0 变到无穷大时，其单调地从 1 变到

0,从而控制远距离静态热传感器对偏导数的影响程度。本小节参考文献[31]选取 μ 为

$$\mu=\frac{0.1[\max\{z_i\}-\min\{z_i\}]}{[\max\limits_i\{(A_i^2+B_i^2)\}]^{\frac{1}{2}}} \tag{4.29}$$

式(4.28)中,C_i 表示 D_i 的邻近静态热传感器集合;x_j 和 y_j 为 D_j 的位置坐标;z_j 为 D_j 的温度读数;d_{ij} 表示 D_i 与 D_j 的距离;w_j 为影响程度系数($w_j=e^{-m}$,m 为 D_i 的邻域级数)。

4.4.5 实验结果和分析

为了测试本节方法的性能,以 2.2.4 小节中实验 1 所得到的基于 Alpha 21264 架构的单核处理器温度分布数据为基础,使用图 2.9 所示的热点位置分布(共有 132 个热点,包含所有 26 个 SPEC CPU2000 基准程序在处理器中存在的热点),分别从平均热点温度误差和热重构平均温度误差两个方面,给出本节方法与文献[15]中的全局 TGA(TGA - Global)分配方法,局部混合(Hybrid - Local)分配方法以及均匀插值(Uniform - Interpolation)方法的比较结果。其中,平均热点温度误差是指所有 26 个 SPEC CPU2000 基准程序热点温度误差的平均值。每一个基准程序的热点温度误差为:热点位置分布图中属于该基准程序的所有热点温度和根据静态热传感器数量分配和位置分布方法得到的传感器温度读数(或虚拟传感器温度读数)误差比率的平均值。热重构平均温度误差是指所有 26 个 SPEC CPU2000 基准程序热重构平均温度误差的平均值。每一个基准程序的热重构平均温度误差为:运用 3.4 节中提出的使用偏导数改进的基于动态 Voronoi 图的距离倒数加权算法(IDW - DV - PD),根据静态热传感器数量分配和位置分布方法得到的传感器数量和位置,进行热重构后得到的温度数据和在 2.2.4 小节实验 1 中相应基准程序温度数据误差比率的平均值。实验中所有程序均在物理内存为 2GB,主频为 2.53GHz 的 Intel E7200 双核处理器上用 Matlab 编写完成。

图 4.8 所示为在给定不同的热点温度误差上限(ε_{max})时,使用本节提出的静态热传感器数量分配算法(Rigid Sensor Allocation Algorithm)结合两种静态热传感器位置分布策略(GC 和 TGT)和文献[15]中的 TGA - Global 以及 Hybrid - Local 方法,针对 SPEC CPU2000 基准程序在热点温度误差方面的比较。给定一个热点温度误差上限(ε_{max}),TGA - Global 方法使用热梯度感知 k -均值聚类算法(Thermal - Gradient - Aware k - means clustering Algorithm)对整个芯片内的热点进行迭代计算(传感器数量 k 的初始值设定为

1)，直到平均热点温度误差低于 ε_{max} 为止，最终的 k 值即为 TGA - Global 方法所分配的传感器数量；而 Hybrid - Local 方法使用热梯度感知 k -均值聚类算法对芯片每个模块单元内的热点进行迭代计算(每个模块单元初始分配一个传感器)，直到每个模块单元内的平均热点温度误差低于 ε_{max} 为止，所有模块单元中的传感器数量之和即为 Hybrid - Local 方法所分配的传感器数量；Rigid - GC 和 Rigid - TGT 方法则首先使用静态热传感器数量分配算法确定完整聚类的总数(即所分配的传感器数量)，再使用几何中心或热梯度吸引策略在每个完整聚类中放置一个传感器。

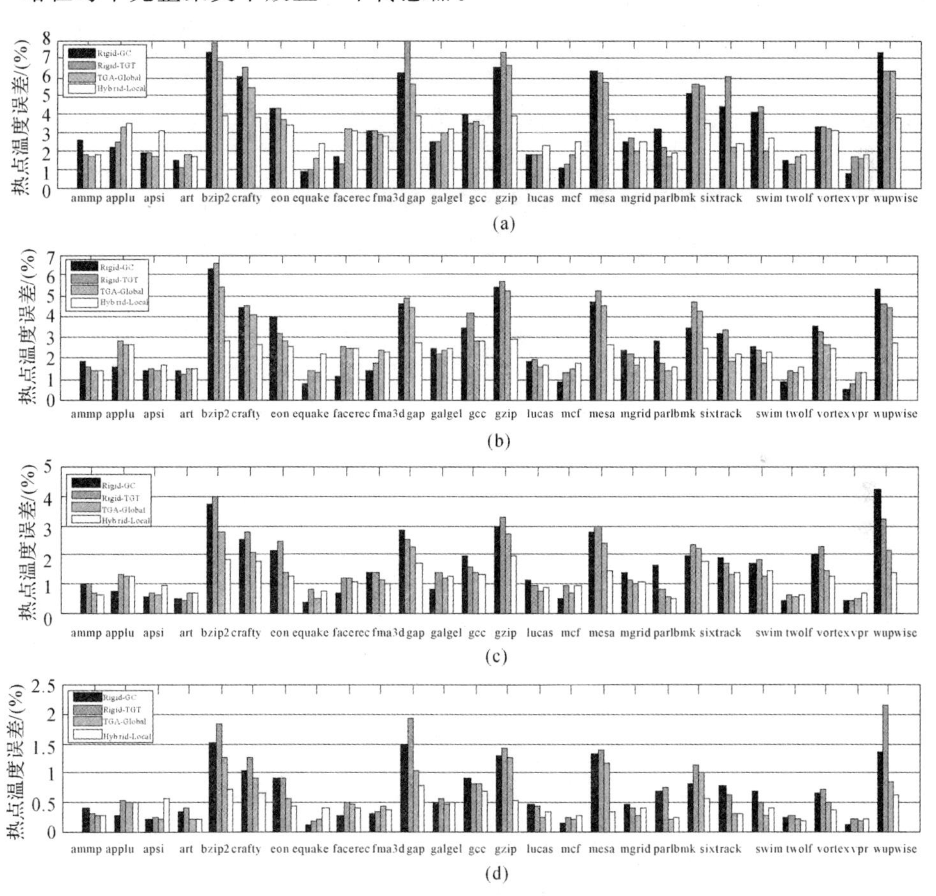

图 4.8　不同传感器数量分配和位置分布方法针对 SPEC CPU2000 基准程序在热点温度误差方面的对比

(a)热点温度误差上限为 4%；(b)热点温度误差上限为 3%；
(c)热点温度误差上限为 2%；(d)热点温度误差上限为 1%

表 4.4 给出了本节提出的 Rigid - GC 以及 Rigid - TGT 方法和文献[15]中的 TGA - Global 以及 Hybrid - Local 方法，针对 SPEC CPU2000 基准程序在最大热点温度误差、平均热点温度误差和所分配传感器数量三个方面的综合对比。由表 4.4 可见，首先，在给定不同的热点温度误差上限时，Hybrid - Local 方法均可以获得最低的平均热点温度误差，而 Rigid - TGT 方法则可以分配最少数量的热传感器。其次，虽然 Rigid - GC 和 Rigid - TGT 方法在平均热点温度误差方面不及 TGA - Global 和 Hybrid - Local 方法，但却可以在相同的热点温度误差上限内，减少传感器的分配数量。微处理器芯片中植入过多的热传感器不仅会增加制造成本和增大设计复杂度，而且会给传感器的组网问题带来挑战[12]。因此，在保证平均热点温度误差低于工业要求的热点温度误差上限时，尽可能地减少芯片中所植入的热传感器数量具有很大的实用价值。

表 4.4 不同传感器数量分配和位置分布方法在最大热点温度误差、平均热点温度误差和所分配传感器数量方面的对比

传感器数量分配和位置分布方法	热点温度误差上限/(%)	最大热点温度误差/(%)	平均热点温度误差/(%)	所分配的传感器数量/个
Rigid - GC	4	7.37	3.55	12
	3	6.27	2.78	20
	2	4.26	1.61	27
	1	1.52	0.66	39
Rigid - TGT	4	7.92	3.69	8
	3	6.60	2.93	15
	2	3.96	1.68	24
	1	2.14	0.76	35
TGA - Global	4	6.81	3.33	13
	3	5.40	2.64	24
	2	2.78	1.32	32
	1	1.26	0.53	46

续表

传感器数量分配和位置分布方法	热点温度误差上限/(%)	最大热点温度误差/(%)	平均热点温度误差/(%)	所分配的传感器数量/个
Hybrid - Local	4	3.96	2.96	18
	3	2.92	2.23	34
	2	1.94	1.17	40
	1	0.78	0.43	52

图 4.9 所示为不同热点温度误差上限(ε_{max})中优化的矫正系数(α)。由图 4.9 可见,优化的矫正系数和热点温度误差上限之间呈现为一个增函数的关系。在式(4.22)中,矫正系数可以用来控制非空间域属性距离门限,从而保证双重聚类后的平均热点温度误差低于给定的热点温度误差上限。一般来说,如果给定的热点温度误差上限越大,则优化的矫正系数越大,双重聚类后获得的完整聚类个数越少(即分配的传感器数量越少),反之亦然。通常选择矫正系数的基本思路是:给定一个热点温度误差上限,使用一个不断增大的矫正系数对双重聚类算法进行迭代计算,直到静态传感器数量分配和位置分布方法获得的平均热点温度误差低于 ε_{max} 为止。在选择矫正系数的初始值时,一般只要保证非空间域属性距离门限值稍微高于每个聚类中的非空间域属性距离即可。

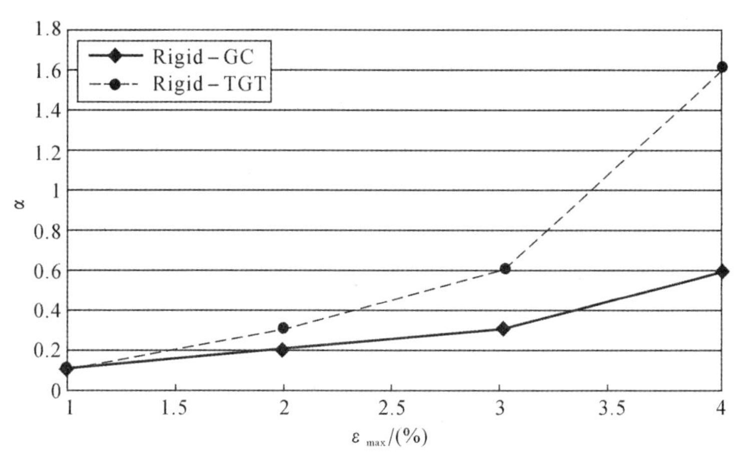

图 4.9　不同热点温度误差上限中优化的矫正系数

图 4.10 所示为在给定不同的热点温度误差上限时，针对 SPEC CPU2000 基准程序，使用本节提出的 Rigid - GC 以及 Rigid - TGT 方法结合虚拟热传感器计算方法(Flexible Sensor Computation Method)和文献[15]中的均匀插值(Uniform - Interpolation)方法在热点温度误差方面的比较，表 4.5 对结果进行了总结。相对于图 4.8 可以看出，在静态热传感器数量分配和位置分布方法的基础上使用虚拟热传感器计算方法可以进一步降低绝大多数 SPEC CPU2000 基准程序的热点温度误差。

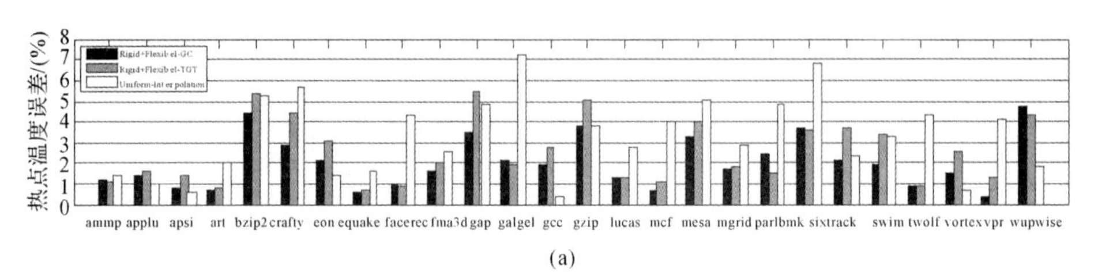

(a)

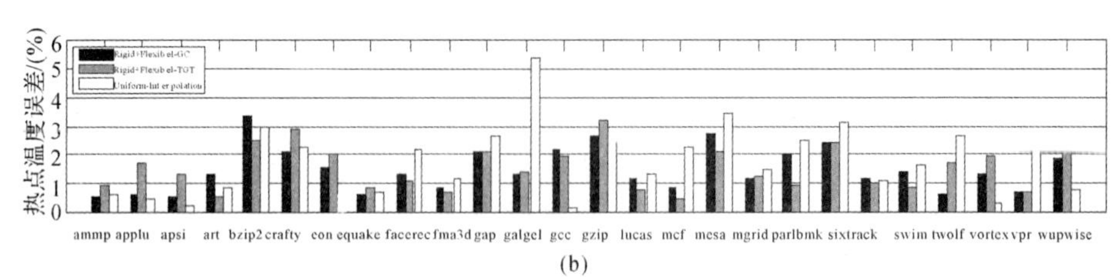

(b)

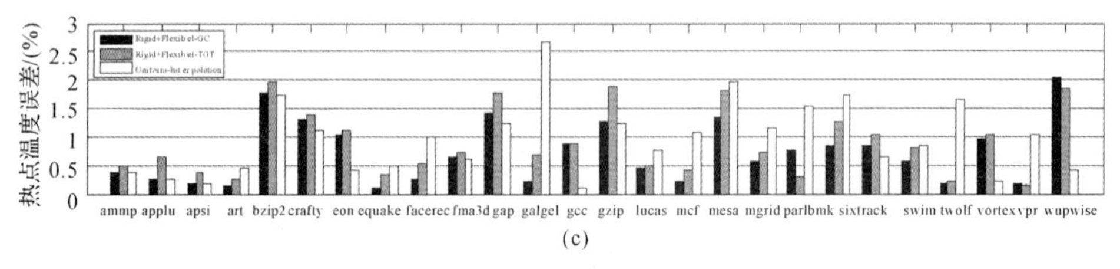

(c)

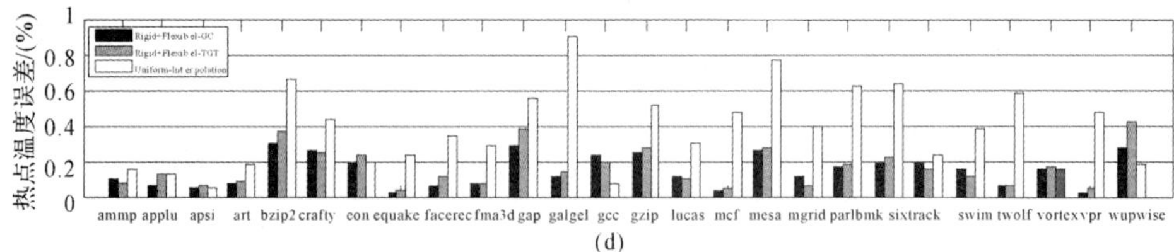

(d)

图 4.10 不同插值方法针对 SPEC CPU2000 基准程序在热点温度误差方面的对比

(a)热点温度误差上限为 4%； (b)热点温度误差上限为 3%；

(c)热点温度误差上限为 2%； (d)热点温度误差上限为 1%

表 4.5　不同插值方法在最大热点温度误差、平均热点温度误差和所分配传感器数量方面的对比

插值方法	热点温度误差上限/(%)	最大热点温度误差/(%)	平均热点温度误差/(%)	所分配的传感器数量/个
Rigid+Flexibel-GC	4	4.75	2.04	12
	3	3.35	1.45	20
	2	2.06	0.72	27
	1	0.31	0.13	39
Rigid+Flexibel-TGT	4	5.46	2.56	8
	3	3.22	1.53	15
	2	1.98	0.89	24
	1	0.43	0.17	35
Uniform-Interpolation	4	7.22	3.28	9
	3	5.33	1.95	16
	2	2.64	1.06	25
	1	0.91	0.36	36

图 4.11 所示为在不同静态热传感器位置分布策略中，使用虚拟热传感器计算方法对平均热点温度误差的影响。从图 4.11 中可以看出，在静态热传感器数量分配和位置分布方法(Rigid-GC 和 Rigid-TGT)的基础上，根据静态热传感器的温度读数，使用虚拟热传感器计算方法对没有放置静态热传感器的区域或者静态热传感器监控范围外的区域的温度进行插值计算，可以在所分配的静态热传感器数量不变的情况下进一步降低平均热点温度误差。

图 4.12 所示为本节提出的 Rigid+Flexibel-GC 和 Rigid+Flexibel-TGT 方法与文献[15]中的 TGA-Global，Hybrid-Local 以及 Uniform-Interpolation方法在平均热点温度误差和所分配热传感器数量方面的比较结果。首先，从图 4.12(a)可以看出，Rigid+Flexibel-GC 和 Rigid+Flexibel-TGT 方法均优于 TGA-Global 和 Hybrid-Local 方法，可以在分配较少数量热传感器的情况下获得更低的平均热点温度误差。其次，从图 4.12 (b)中可以看出，Rigid+Flexibel-TGT 方法在平均热点温度误差和所分配热传感

器数量两个方面均优于 Uniform－Interpolation 方法；Rigid＋Flexibel－GC 方法与 Uniform－Interpolation 方法相比可以获得更低的平均热点温度误差，但所分配热传感器数量要多于后者。最后，由于实际微处理器芯片中一般采用非均匀放置的热传感器，因此相对于 Uniform－Interpolation 方法，Rigid＋Flexibel－GC 和 Rigid＋Flexibel－TGT 方法更加实用。

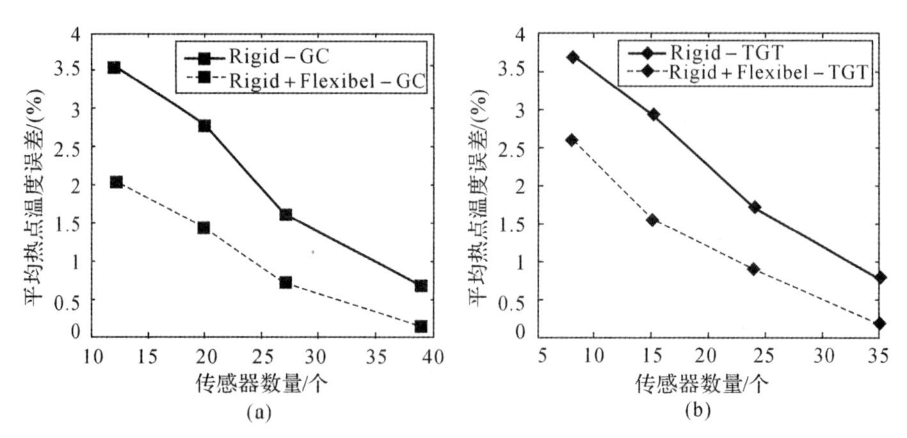

图 4.11 虚拟热传感器计算方法对平均热点温度误差的影响

(a)几何中心策略；(b)热梯度吸引策略

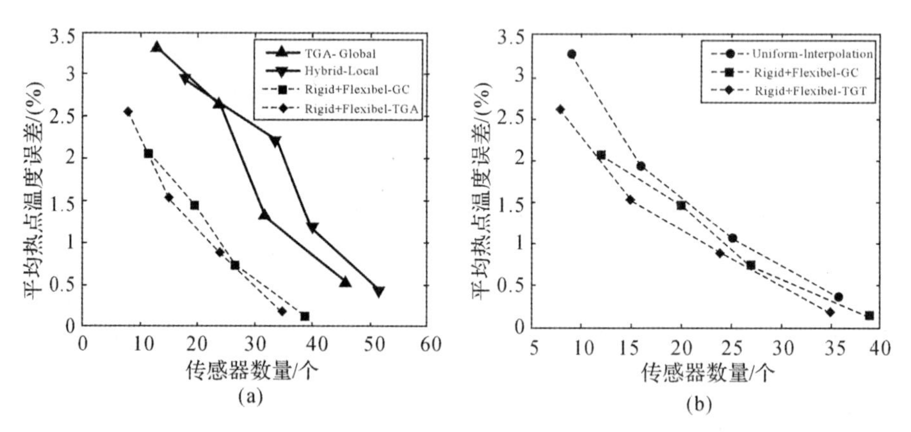

图 4.12 本节方法与文献[15]方法在平均热点温度误差和所分配传感器数量方面的对比

(a)与 TGA－Global 及 Hybrid－Local 方法的对比；(b)与 Uniform－Interpolation 方法的对比

图 4.13 所示为在 2.2.4 小节实验 1 基于 Alpha 21264 架构的单核处理器中随机放置不同数量的热传感器，分别使用 3.4 节中提出的 IDW - DV 和 IDW - DV - PD 热分布重构方法以及文献[32]中的频谱技术（Spectral Techniques）对 26 个 SPEC CPU2000 基准程序的温度分布进行重构获得的热重构平均温度误差。由图 4.13 可见，IDW - DV - PD 方法的性能要优于 IDW - DV 方法以及频谱技术，进一步验证了 3.4 节中的实验结果。

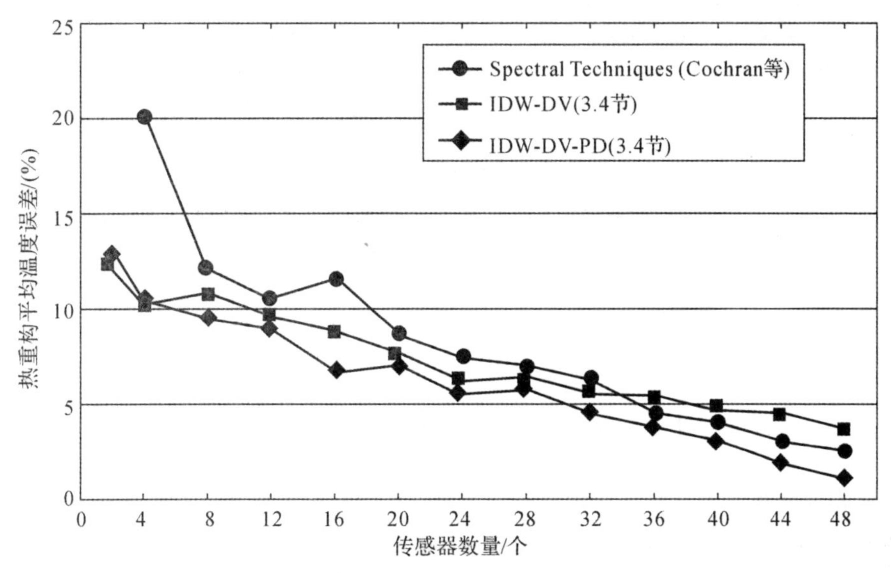

图 4.13　不同热传感器数量下使用不同热分布重构方法在热重构平均温度误差方面的对比

图 4.14 所示为在给定不同的热点温度误差上限（ε_{max}）时，使用本节提出的 Rigid - GC 和 Rigid - TGT 方法与文献[15]中的 TGA - Global 以及 Hybrid - Local方法在热重构平均温度误差和所分配热传感器数量方面的综合对比（热分布重构使用 IDW - DV - PD 方法）。由图 4.14 可见，Rigid - TGT 方法要明显优于其他三种传感器数量分配和位置分布方法：在分配最少数量热传感器的情况下，获得较低的热重构平均温度误差。其原因是 Rigid - TGT 方法使传感器尽可能地放置在热梯度值较大的热点附近。

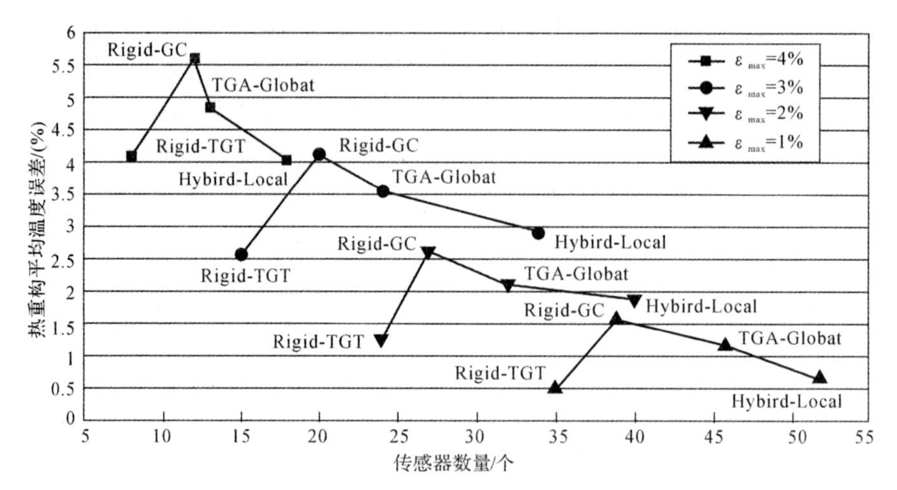

图 4.14　使用不同传感器数量分配和位置分布方法在热重构平均温度误差和所分配传感器数量方面的综合对比

4.5　基于主成分分析的热传感器放置方法

实际微处理器芯片中所嵌入的热传感器不可避免地伴随有多种噪声，这会严重影响片上温度感知的可靠性，在一定程度上会加剧动态热管理机制运行中错误的预警和不必要的响应，给系统性能带来不必要的损失。针对热传感器的噪声稳定性问题，本节首先运用主成分分析(Principal Component Analysis, PCA)技术以最小的信息损失实现热图的可靠降维，在此基础上，提出一种基于模拟退火算法的热传感器优化位置分布方法，能够在很大程度上减小噪声的影响、降低热点的误警率以及提高热分布重构的性能。

4.5.1　热图降维方法

4.5.1.1　主成分分析

主成分分析，又称 K－L 变换(Karhunen－Loeve Transform)，是一种最常用的降维方法[33]，已成功应用于信号处理、数据压缩、人脸识别等领域。主成分分析通过正交变换将一组可能存在相关性的变量转换为一组线性不相关的变量，转换后的这组变量称为主成分。假设有样本数据集 $D=\{\boldsymbol{x}_1, \boldsymbol{x}_2, \cdots,$

$\boldsymbol{x}_m\}$，对其进行中心化处理后使样本均值为零；假定将中心化后的样本投影变换到新坐标系$\{\boldsymbol{w}_1,\boldsymbol{w}_2,\cdots,\boldsymbol{w}_d\}$中，其中$\boldsymbol{w}_i$为标准正交基向量，满足$\|\boldsymbol{w}_i\|_2=1$且$\boldsymbol{w}_i^{\mathrm{T}}\boldsymbol{w}_j=0(i\neq j)$；现若丢弃新坐标系中的部分坐标，即将维度降低到$d'$ $(d'<d)$，则$\boldsymbol{x}_i$在低维坐标系中的投影为$\boldsymbol{y}_i=[y_{i1}\quad y_{i2}\quad\cdots\quad y_{id'}]$，其中$y_{ij}=\boldsymbol{w}_j^{\mathrm{T}}\boldsymbol{x}_i$是$\boldsymbol{x}_i$在低维坐标系下第$j$维的坐标；如果使用$\boldsymbol{y}_i$来重构$\boldsymbol{x}_i$，则会得到$\hat{\boldsymbol{x}}_i=\sum_{j=1}^{d'}y_{ij}\boldsymbol{w}_j$。那么考虑到整个样本数据集，原样本点$\boldsymbol{x}_i$与基于投影重构的样本点$\hat{\boldsymbol{x}}_i$之间的距离可以表示为

$$\begin{aligned}\sum_{i=1}^{m}\left\|\sum_{j=1}^{d'}y_{ij}\boldsymbol{w}_j-\boldsymbol{x}_i\right\|_2^2&=\sum_{i=1}^{m}\boldsymbol{y}_i^{\mathrm{T}}\boldsymbol{y}_i-2\sum_{i=1}^{m}\boldsymbol{y}_i^{\mathrm{T}}\boldsymbol{W}^{\mathrm{T}}\boldsymbol{x}_i+\mathrm{const}\\&\propto-\mathrm{tr}\left(\boldsymbol{W}^{\mathrm{T}}\left(\sum_{i=1}^{m}\boldsymbol{x}_i\boldsymbol{x}_i^{\mathrm{T}}\right)\boldsymbol{W}\right)\end{aligned}\tag{4.30}$$

式中，$\|\ \|_2$为二范数运算；tr(•)为矩阵的迹。根据最近重构性[34]，式(4.30)应该被最小化，且考虑到$\boldsymbol{w}_i$是标准正交基，$\sum_{i=1}^{m}\boldsymbol{x}_i\boldsymbol{x}_i^{\mathrm{T}}$是协方差矩阵，则有

$$\left.\begin{aligned}&\min_{\boldsymbol{W}}-\mathrm{tr}(\boldsymbol{W}^{\mathrm{T}}\boldsymbol{X}\boldsymbol{X}^{\mathrm{T}}\boldsymbol{W})\\&\mathrm{s.t.}\quad\boldsymbol{W}^{\mathrm{T}}\boldsymbol{W}=\boldsymbol{I}\end{aligned}\right\}\tag{4.31}$$

式(4.31)即为主成分分析的优化目标。对式(4.31)进一步使用拉格朗日乘子法，可得

$$\boldsymbol{X}\boldsymbol{X}^{\mathrm{T}}\boldsymbol{W}=\lambda\boldsymbol{W}\tag{4.32}$$

根据式(4.32)，对协方差矩阵$\boldsymbol{X}\boldsymbol{X}^{\mathrm{T}}$作特征值分解，并将求得的特征值进行排序$\lambda_1\geqslant\lambda_2\geqslant\cdots\geqslant\lambda_d$，再取前$d'$个特征值所对应的特征向量构成$\boldsymbol{W}=[\boldsymbol{w}_1\quad\boldsymbol{w}_2\quad\cdots\quad\boldsymbol{w}_{d'}]$，即为主成分分析的解。需要说明的是，数据经过主成分分析后从原始的高维空间投影至低维空间，在这个过程中舍弃最小的$d'-d$个特征值所对应的特征向量往往是必要的。其原因在于，一方面，舍弃的这部分信息之后能够使样本数据的采样密度增大；另一方面，当数据受到噪声影响时，最小的特征值所对应的特征向量往往与噪声有关，将其舍弃能在一定程度上起到降噪的效果[34]。主成分分析算法的伪代码见表 4.6。

表 4.6 主成分分析算法

算法步骤
输入：样本数据集 $D=\{\boldsymbol{x}_1,\boldsymbol{x}_2,\cdots,\boldsymbol{x}_m\}$ 低维空间维数 d'
输出：投影矩阵 $\boldsymbol{W}=[\boldsymbol{w}_1\quad\boldsymbol{w}_2\quad\cdots\quad\boldsymbol{w}_{d'}]$

续表

	算法步骤
1	对所有样本进行中心化：$\boldsymbol{x}_i \leftarrow \boldsymbol{x}_i - \frac{1}{m}\sum_{i=1}^{m}\boldsymbol{x}_i$
2	计算中心化后样本的协方差矩阵：$\boldsymbol{XX}^{\mathrm{T}}$
3	对协方差矩阵 $\boldsymbol{XX}^{\mathrm{T}}$ 作特征值分解，并对特征值进行排序
4	取最大的 d' 个特征值所对应的特征向量 $\boldsymbol{w}_1, \boldsymbol{w}_2, \cdots, \boldsymbol{w}_{d'}$

4.5.1.2 热图降维

下面使用主成分分析方法来对热图进行降维。由于在计算机处理过程中任何连续的变量都必须离散化，因此，首先需要将整个芯片区域中的温度信号离散化为 $L\times W$ 的网格表述，其中 L 和 W 分别为离散热图的长和宽。假设 $t[x,y]$ 为定义在坐标(x,y)上的离散温度，其中 $0\leqslant x\leqslant L-1$ 且 $0\leqslant y\leqslant W-1$。通过提取热图的列来获得向量化的热图 $v[i]$，其中 $0\leqslant i\leqslant N-1$ 且 $N=L\times W$。提取公式为

$$v[i]=t\left[i \bmod L,\quad \left\lfloor\frac{i}{L}\right\rfloor\right] \tag{4.33}$$

式中，$\lfloor\ \rfloor$表示取下整函数；mod 为求余运算。假定在芯片设计阶段，根据热仿真等技术已经获得了 M 幅已知工作负载下的热图样本，根据式(4.33)可以得到向量化热图集合 $\{\boldsymbol{v}_j\}_{j=0}^{M-1}$，其中第 j 幅热图 $\boldsymbol{v}_j$ 的均值为 $\boldsymbol{\mu}_j=\frac{1}{N}\sum_{i=1}^{N}\boldsymbol{v}_j$。因此，中心化(零均值)热图向量集合为 $\boldsymbol{\psi}=\{\boldsymbol{v}_j-\boldsymbol{\mu}_j\}_{j=0}^{M-1}$，计算其协方差矩阵为 $\boldsymbol{C}=E[\boldsymbol{\psi}\,\boldsymbol{\psi}^{\mathrm{T}}]$，其中 E 为数学期望。利用式 $\boldsymbol{C\Phi}_i=\lambda_i\boldsymbol{\Phi}_i$，可求协方差矩阵 $\boldsymbol{C}$ 的特征值 λ_i 和其所对应的特征向量 $\boldsymbol{\Phi}_i$。通过上述步骤后可得主成分分析的处理结果 $\boldsymbol{\Omega}$，其定义为

$$\boldsymbol{\Omega}=\begin{bmatrix}\Phi[0,0] & \cdots & \Phi[N-1,0]\\ \vdots & & \vdots\\ \Phi[0,N-1] & \cdots & \Phi[N-1,N-1]\end{bmatrix}\begin{bmatrix}\Psi[0,0] & \cdots & \Psi[0,M]\\ \vdots & & \vdots\\ \Psi[N-1,0] & \cdots & \Psi[N-1,M]\end{bmatrix} \tag{4.34}$$

将协方差矩阵 $\boldsymbol{C}$ 的特征值从大到小进行排序 $\lambda_0\geqslant\lambda_1\geqslant\cdots\geqslant\lambda_{N-1}\geqslant0$，然后选取使下式成立的最小 K 值：

$$\sum_{i=0}^{K-1}\lambda_i \Big/ \sum_{i=0}^{N-1}\lambda_i \geqslant \eta \tag{4.35}$$

式中，η 为能量阈值（通常取 $\eta=90\% \sim 99\%$）。因此，在满足均方误差（Mean Square Error，MSE）最小的条件下，选取所占能量比例最大的 K 个特征值所对应的特征向量 $\{\boldsymbol{\Phi}_i\}_{i=0}^{K-1}$，即为最佳近似正交向量子空间。经过降维处理后，低维空间投影重构的热图向量集合 $\{\hat{\boldsymbol{v}}_j\}_{j=0}^{M-1}$ 可表示为

$$\{\hat{\boldsymbol{v}}_j\}_{j=0}^{M-1} = \begin{bmatrix} \Phi[0,0] & \cdots & \Phi[0,K-1] \\ \vdots & & \vdots \\ \Phi[N-1,0] & \cdots & \Phi[N-1,K-1] \end{bmatrix} \begin{bmatrix} \Omega[0,0] & \cdots & \Omega[0,M] \\ \vdots & & \vdots \\ \Omega[K-1,0] & \cdots & \Omega[K-1,M] \end{bmatrix} + \{\boldsymbol{\mu}_j\}_{j=0}^{M-1} = \boldsymbol{\Phi}_K\boldsymbol{\Omega}_K + \{\boldsymbol{\mu}_j\}_{j=0}^{M-1} \tag{4.36}$$

这样，每幅热图样本都可以投影到 $\boldsymbol{\Phi}_K$ 的子空间中，以获取其主要的特征信息。需要注意的是，投影矩阵 $\boldsymbol{\Phi}_K$ 需要存储在内存中，以实现可靠的热图降维。

4.5.2　热传感器放置优化方法

本小节针对热传感器噪声问题，结合上述热图降维方法，首先建立热传感器优化位置分布理论，在此基础上，分别给出基于贪心算法和模拟退火算法的热传感器放置方法。

4.5.2.1　热传感器优化位置分布理论

假定电路设计人员在芯片坐标 $\{(x_n, y_n)\}_{n=1}^{P}$ 上共放置了 P 个热传感器，根据式(4.33)可获得向量化的热传感器位置 $\{l_n\}_{n=1}^{P}$，进一步由式(4.36)可计算得到热传感器的测量矩阵 $\{\boldsymbol{vs}_j\}_{j=0}^{M-1}$ 为

$$\{\boldsymbol{vs}_j\}_{j=0}^{M-1} = \begin{bmatrix} \Phi[l_1,0] & \cdots & \Phi[l_1,K-1] \\ \vdots & & \vdots \\ \Phi[l_P,0] & \cdots & \Phi[l_P,K-1] \end{bmatrix} \begin{bmatrix} \Omega[0,0] & \cdots & \Omega[0,M] \\ \vdots & & \vdots \\ \Omega[K-1,0] & \cdots & \Omega[K-1,M] \end{bmatrix} + \{\boldsymbol{\mu s}_j\}_{j=0}^{M-1} = \widetilde{\boldsymbol{\Phi}}_K\boldsymbol{\Omega}_K + \{\boldsymbol{\mu s}_j\}_{j=0}^{M-1} \tag{4.37}$$

式中，$\widetilde{\boldsymbol{\Phi}}_K$ 为从 $\boldsymbol{\Phi}_K$ 中抽取热传感器位置所对应的行组成的 $P \times K$ 维传感矩阵。由于矩阵 $\{\boldsymbol{\mu}_j\}_{j=0}^{M-1}$ 中每行的数值相同，因此 $\{\boldsymbol{\mu s}_j\}_{j=0}^{M-1}$ 为由 $\{\boldsymbol{\mu}_j\}_{j=0}^{M-1}$ 中任意 P 行所组成的 $P \times M$ 维均值矩阵。

通常情况下，热传感器的读数易于受到多种噪声的影响，例如电源电压噪声、制造随机性噪声等[35]。因此，对热传感器的测量值加入噪声，式(4.37)可以修正为

$$\{\boldsymbol{\nu s}_j\}_{j=0}^{M-1} + \boldsymbol{\delta} = \widetilde{\boldsymbol{\Phi}}_K(\boldsymbol{\Omega}_K + \boldsymbol{\varepsilon}) + \{\boldsymbol{\mu s}_j\}_{j=0}^{M-1} \tag{4.38}$$

式中，$\boldsymbol{\delta}$ 为热传感器读数的噪声项；$\boldsymbol{\varepsilon}$ 为降维过程中产生的误差项。如果令 $\boldsymbol{\psi s} = \{\boldsymbol{\nu s}_j\}_{j=0}^{M-1} - \{\boldsymbol{\mu s}_j\}_{j=0}^{M-1}$，则式(4.38)可以改写为

$$\boldsymbol{\psi s} + \boldsymbol{\delta} = \widetilde{\boldsymbol{\Phi}}_K(\boldsymbol{\Omega}_K + \boldsymbol{\varepsilon}) \tag{4.39}$$

通过分析式(4.39)，可以推导出以下结论：

$$\frac{\|\boldsymbol{\varepsilon}\|_2}{\|\boldsymbol{\Omega}_K\|_2} \leqslant \|\widetilde{\boldsymbol{\Phi}}_K^{-1}\|_2 \cdot \|\widetilde{\boldsymbol{\Phi}}_K\|_2 \cdot \frac{\|\boldsymbol{\delta}\|_2}{\|\boldsymbol{\psi s}\|_2} = \mathrm{Cond}_2(\widetilde{\boldsymbol{\Phi}}_K) \cdot \frac{\|\boldsymbol{\delta}\|_2}{\|\boldsymbol{\psi s}\|_2} \tag{4.40}$$

式中，$\mathrm{Cond}_2(\cdot)$ 为矩阵二范数下的条件数。由式(4.40)可知，在热传感器读数含有给定噪声值的情况下，为了提高热图重构的精度和稳定性，必须使 $\widetilde{\boldsymbol{\Phi}}_K$ 的条件数最小。这个结论可以用来确定热传感器的最优放置位置，即从矩阵 $\boldsymbol{\Phi}_K$ 中挑选 P 行得到的传感矩阵 $\widetilde{\boldsymbol{\Phi}}_K$ 具有最小的条件数且满秩，其相应行所在的位置即为热传感器的最优位置。然而，这相当于一个 NP 困难问题，因为从 N 行中挑选 P 行的所有可能组合数等于 C_N^P。下面将给出两种不同的智能算法以获得上述问题的近似最优解。

4.5.2.2 基于贪心算法的热传感器放置方法

贪心算法(又称贪婪算法)是一种能够得到某种度量意义下最优解的分级处理方法，它总是做出在当前看来最优的选择[36]。也就是说，贪心算法并不是从整体最优上加以考虑，它所做出的选择只是在某种意义上的局部最优解。贪心算法不是对所有问题都能得到整体最优解，关键是贪心策略的选择，选择的贪心策略必须具备无后效性，即某个状态以前的过程不会影响以后的状态，只与当前状态有关。贪心算法的基本思路是用局部解构造全局解，即从问题的某一个初始解出发，逐步逼近给定的目标，以尽可能快地求得更好的解[37]。

文献[5]使用贪心算法对热传感器的优化放置问题进行求解，即如何从矩阵 $\boldsymbol{\Phi}_K$ 中挑选 P 行能得到具有最小条件数且满秩的传感矩阵 $\widetilde{\boldsymbol{\Phi}}_K$。该算法的主要步骤是：首先将矩阵 $\boldsymbol{\Phi}_K$ 的所有行进行归一化处理，进而得到归一化矩

阵 $\boldsymbol{U}$；其次计算矩阵 $\boldsymbol{U}$ 中所有行之间的相关性，并逐个移除与其他行相关性最高的行；最后剩余的 P 行即为热传感器的优化放置位置。使用贪心算法求解热传感器优化放置问题的伪代码见表 4.7。

表 4.7　贪心算法

算法步骤
输入：子空间投影矩阵 $\boldsymbol{\Phi}_K$，热传感器数量 $P(P \geqslant K)$
输出：传感矩阵 $\widetilde{\boldsymbol{\Phi}}_K$，向量化热传感器位置 $\{l_n\}_{n=1}^{P}$
1　对投影矩阵 $\boldsymbol{\Phi}_K$ 的所有行进行归一化，得到归一化矩阵 $\boldsymbol{U}$
2　计算 $\boldsymbol{G} = \boldsymbol{U}\boldsymbol{U}^{\mathrm{T}} - \boldsymbol{I}$，其中 $\boldsymbol{I}$ 为单位矩阵
3　循环执行下面步骤，直到剩余 P 行： (a) 找出矩阵 $\boldsymbol{G}$ 中的最大值，即 $G[i,j] = \max\boldsymbol{G}$ (b) 移除矩阵 $\boldsymbol{G}$ 中的第 i 行和列 (c) 在矩阵 $\boldsymbol{G}$ 的剩余行中挑选 P 行构建传感矩阵 $\widetilde{\boldsymbol{\Phi}}_K$ (d) 若传感矩阵 $\widetilde{\boldsymbol{\Phi}}_K$ 满秩，即 $\mathrm{rank}(\widetilde{\boldsymbol{\Phi}}_K) == K$，则存储传感矩阵 $\widetilde{\boldsymbol{\Phi}}_K$，并且跳出循环

4.5.2.3　基于模拟退火算法的热传感器放置方法

模拟退火（Simulated Annealing，SA）算法[38]是由 Kirkpatrick 等于 1983 年首次提出的一种求解大规模组合优化问题的有效算法。该算法是基于蒙特卡洛（Monte Carlo，MC）迭代求解策略的随机寻优算法，源于热力学中固体物质的退火过程与一般组合优化问题之间的相似性，其通常从某一较高初温出发，伴随温度参数的不断下降，在解空间中随机寻找目标函数的全局最优解[39]。模拟退火算法的特点在于通过赋予搜索过程一种时变的概率突跳特性，从而可以有效避免陷入局部最优解，并最终趋于全局最优解。由于该算法在理论上具有概率性的全局优化能力，目前已在工程中得到了广泛应用，诸如信号处理、机器学习、神经网络、控制工程等领域。

本小节在热传感器优化位置分布理论的基础上，提出一种基于模拟退火算法的热传感器放置方法[40]，该方法步骤可以概括为：

(1) 设置冷却进度表参数，包括初始温度 T、终止温度 T_{stop}、温度衰减因子 σ 以及马尔可夫链（Markov Chain）长度 L_{M}。

(2) 从投影矩阵 $\boldsymbol{\Phi}_K$ 的 N 行中随机挑选两组 $P(P \geqslant K)$ 行，得到向量化热传感器位置 $\{l_n\}_{n=1}^{P}$ 和 $\{l_n^c\}_{n=1}^{P}$，并形成传感矩阵 $\widetilde{\boldsymbol{\Phi}}_K$ 和 $\widetilde{\boldsymbol{\Phi}}_K^c$。如果上述传感矩

阵满秩，即 $\text{rank}(\widetilde{\boldsymbol{\Phi}}_K)=K$ 且 $\text{rank}(\widetilde{\boldsymbol{\Phi}}_K^c)=K$，则计算 $\widetilde{\boldsymbol{\Phi}}_K$ 和 $\widetilde{\boldsymbol{\Phi}}_K^c$ 的条件数，分别作为最优解 X 和当前解 X^c。

(3) 按照以下过程作 L_M 次试探性搜索：

1) 生成一个随机整数偏移量 $\{m_n\}_{n=1}^P$，并且令 $\{\overrightarrow{l_n^c}\}_{n=1}^P=\{l_n^c\}_{n=1}^P+\{m_n\}_{n=1}^P$ 作为新的向量化热传感器位置，进而形成一个新的传感矩阵 $\overrightarrow{\widetilde{\boldsymbol{\Phi}}_K^c}$。

2) 计算传感矩阵 $\overrightarrow{\widetilde{\boldsymbol{\Phi}}_K^c}$ 的条件数作为新解 $\overrightarrow{X^c}$。

3) 如果 $\overrightarrow{X^c}<X$，则令 $X=\overrightarrow{X^c}$，$\widetilde{\boldsymbol{\Phi}}_K=\overrightarrow{\widetilde{\boldsymbol{\Phi}}_K^c}$ 且 $\{l_n\}_{n=1}^P=\{\overrightarrow{l_n^c}\}_{n=1}^P$。

4) 产生一个在(0,1)区间上均匀分布的随机数 θ，并根据 Metropolis 接受准则，计算转移概率为

$$\rho=\begin{cases}1, & \overrightarrow{X^c}<X^c\\ \exp\left(\dfrac{X^c-\overrightarrow{X^c}}{T}\right), & \overrightarrow{X^c}>X^c\end{cases} \tag{4.41}$$

如果 $\theta<\rho$，则接受新解，并令 $X^c=\overrightarrow{X^c}$ 和 $\{l_n^c\}_{n=1}^P=\{\overrightarrow{l_n^c}\}_{n=1}^P$；否则，当前解不变。

5) 重复执行步骤 1) ~ 4)，直到搜索次数等于 L_M 为止。

(4) 如果 $T>T_{\text{stop}}$，则令 $T=\sigma\times T$，并且跳转至步骤(3)。

(5) 如果 $\text{rank}(\widetilde{\boldsymbol{\Phi}}_K)=K$，则存储最优传感矩阵 $\widetilde{\boldsymbol{\Phi}}_K$ 和最优热传感器位置 $\{l_n\}_{n=1}^P$；否则，跳转至步骤(2)。

模拟退火算法求解热传感器优化放置问题的伪代码见表 4.8。值得注意的是，使用上述算法(贪心算法和模拟退火算法) 计算获得的均是向量化热传感器最优位置，其需要根据式(4.33) 的逆变换进而找到热传感器的实际最优放置位置。

表 4.8　模拟退火算法

算法步骤
输入：子空间投影矩阵 $\boldsymbol{\Phi}_K$，热传感器数量 $P(P\geqslant K)$ 冷却进度表参数：T，T_{stop}，σ，L_M
输出：传感矩阵 $\widetilde{\boldsymbol{\Phi}}_K$，向量化热传感器位置 $\{l_n\}_{n=1}^P$
1　Initialize：$\{l_n\}_{n=1}^P$，$\{l_n^c\}_{n=1}^P$，$\widetilde{\boldsymbol{\Phi}}_K$，$\widetilde{\boldsymbol{\Phi}}_K^c$，$X$，$X^c$
2　while $T>T_{\text{stop}}$ do
3　　for $i=1$ to L_M do
4　　　$\{\overrightarrow{l_n^c}\}_{n=1}^P=\{l_n^c\}_{n=1}^P+\{m_n\}_{n=1}^P$ and $\overrightarrow{X^c}=\text{cond}_2(\overrightarrow{\widetilde{\boldsymbol{\Phi}}_K^c})$

续表

算法步骤	
5	if $\overrightarrow{X^c} < X$ then
6	$X=\overrightarrow{X^c}$, $\widetilde{\boldsymbol{\Phi}}_K=\overrightarrow{\widetilde{\boldsymbol{\Phi}}_K^c}$ and $\{l_n\}_{n=1}^P=\overrightarrow{\{l_n^c\}}_{n=1}^P$
7	end if
8	if $\theta<\rho$ then
9	$X^c=\overrightarrow{X^c}$ and $\{l_n^c\}_{n=1}^P=\overrightarrow{\{l_n^c\}}_{n=1}^P$
10	end if
11	end for
12	$T=\sigma\times T$
13	end while
14	return $\{l_n\}_{n=1}^P$ and $\widetilde{\boldsymbol{\Phi}}_K$

4.5.3 基于特征图的热分布重构方法

在对热图样本使用主成分分析进行降维的基础上，文献[5]提出了一种基于特征图(EigenMaps)的热分布重构方法。该方法可以描述为：给定一组M幅向量化热图集合$\{\boldsymbol{v}_j\}_{j=0}^{M-1}$，根据式(4.36)获得子空间投影矩阵$\boldsymbol{\Phi}_K$，在此基础上，采用上述算法(贪心算法和模拟退火算法)计算出$P(P\geqslant K)$个热传感器的最优位置$\{l_n\}_{n=1}^P$和最优传感矩阵$\widetilde{\boldsymbol{\Phi}}_K$，则重构的向量化热图集合$\{\tilde{\boldsymbol{v}}_j\}_{j=0}^{M-1}$可以表示为

$$\{\tilde{\boldsymbol{v}}_j\}_{j=0}^{M-1}=\boldsymbol{\Phi}_K(\widetilde{\boldsymbol{\Phi}}_K^{\mathrm{T}}\widetilde{\boldsymbol{\Phi}}_K)^{-1}\widetilde{\boldsymbol{\Phi}}_K^{\mathrm{T}}(\boldsymbol{\psi}\boldsymbol{s})+\{\boldsymbol{\mu}_j\}_{j=0}^{M-1} \tag{4.42}$$

然而，EigenMaps重构方法的使用前提是需要知道热图的平均值，即需要预先获取热图在各个空间分布处的温度信息。因此，该方法不能可靠地恢复未知应用或工作负载产生的热图。针对这一问题，本小节对EigenMaps重构方法进行了改进，进而提出了一种基于非训练特征图(Untrained EigenMaps)的热分布重构方法。

定理1：给定一个N维随机列向量$\boldsymbol{x}=(x_0,x_2,\cdots,x_{N-1})^{\mathrm{T}}$，其相关矩阵为$\boldsymbol{R}_x=E[\boldsymbol{x}\boldsymbol{x}^{\mathrm{T}}]$，在满足均方误差(MSE)最小的情况下，$\boldsymbol{x}$的最佳低维投影子空间$\boldsymbol{\varphi}_K$也可由相关矩阵$\boldsymbol{R}_x$进行特征值分解后，所占能量比例最大的$K$个特征

值所对应的特征向量组成。

证明:定义一个标准正交矩阵$\boldsymbol{\varphi}=\{\boldsymbol{\varphi}_i\}_{i=0}^{N-1}$,$\boldsymbol{\varphi}$中每个元素都是一个$N\times1$维的列向量。然后,$N$维列向量$\boldsymbol{x}$可以作以下转换:

$$\boldsymbol{y}=\boldsymbol{\varphi}^{\mathrm{T}}\boldsymbol{x}=(\boldsymbol{\varphi}_0\boldsymbol{\varphi}_1\cdots\boldsymbol{\varphi}_{N-1})^{\mathrm{T}}\boldsymbol{x}=(\boldsymbol{y}_0,\boldsymbol{y}_2,\cdots,\boldsymbol{y}_{N-1})^{\mathrm{T}} \tag{4.43}$$

由式(4.43)可知,$\boldsymbol{y}_i=\boldsymbol{\varphi}_i^{\mathrm{T}}\boldsymbol{x}$,$0\leqslant i\leqslant N-1$。此外,式(4.43)的逆变换可以表示为

$$\boldsymbol{x}=(\boldsymbol{\varphi}^{\mathrm{T}})^{-1}\boldsymbol{y}=\boldsymbol{\varphi}\boldsymbol{y}=\sum_{i=0}^{N-1}\boldsymbol{y}_i\boldsymbol{\varphi}_i \tag{4.44}$$

因此,N维列向量$\boldsymbol{x}$的K维近似可以定义为$\hat{\boldsymbol{x}}=\sum_{i=0}^{K-1}\boldsymbol{y}_i\boldsymbol{\varphi}_i$,在此基础上,均方误差可以表达为

$$\boldsymbol{\xi}(K)=E[(\boldsymbol{x}-\hat{\boldsymbol{x}})^{\mathrm{T}}(\boldsymbol{x}-\hat{\boldsymbol{x}})]=\sum_{i=K}^{N-1}E[\boldsymbol{y}_i^2]=\sum_{i=K}^{N-1}E[\boldsymbol{y}_i\boldsymbol{y}_i^{\mathrm{T}}] \tag{4.45}$$

由于$\boldsymbol{y}_i=\boldsymbol{\varphi}_i^{\mathrm{T}}\boldsymbol{x}$,因此式(4.45)可以更新为

$$\boldsymbol{\xi}(K)=\sum_{i=K}^{N-1}\boldsymbol{\varphi}_i^{\mathrm{T}}E[\boldsymbol{x}\boldsymbol{x}^{\mathrm{T}}]\boldsymbol{\varphi}_i=\sum_{i=K}^{N-1}\boldsymbol{\varphi}_i^{\mathrm{T}}\boldsymbol{R}_x\boldsymbol{\varphi}_i \tag{4.46}$$

为了最小化均方误差,可以定义准则函数:

$$\boldsymbol{J}=\sum_{i=K}^{N-1}\boldsymbol{\varphi}_i^{\mathrm{T}}\boldsymbol{R}_x\boldsymbol{\varphi}_i-\sum_{i=K}^{N-1}\lambda_i(\boldsymbol{\varphi}_i^{\mathrm{T}}\boldsymbol{\varphi}_i-1) \tag{4.47}$$

令$(\partial\boldsymbol{J}/\partial\boldsymbol{\varphi}_i)=\boldsymbol{0}$,可得$(\boldsymbol{R}_x-\lambda_i\boldsymbol{I})\boldsymbol{\varphi}_i=\boldsymbol{0}$,即$\boldsymbol{R}_x\boldsymbol{\varphi}_i=\lambda_i\boldsymbol{\varphi}_i$,$K\leqslant i\leqslant N-1$。其中,$\partial$为偏导数运算,$\boldsymbol{I}$为单位矩阵。相应地,均方误差的最小值为

$$\boldsymbol{\xi}(K)=\sum_{i=K}^{N-1}\boldsymbol{\varphi}_i^{\mathrm{T}}\boldsymbol{R}_x\boldsymbol{\varphi}_i=\sum_{i=K}^{N-1}\boldsymbol{\varphi}_i^{\mathrm{T}}\lambda_i\boldsymbol{\varphi}_i=\sum_{i=K}^{N-1}\lambda_i \tag{4.48}$$

因此,$\boldsymbol{x}$的最佳低维投影子空间$\boldsymbol{\varphi}_K=\{\boldsymbol{\varphi}_i\}_{i=0}^{K-1}$可由相关矩阵$\boldsymbol{R}_x$进行特征值分解后,所占能量比例最大的$K$个特征值$\{\lambda_i\}_{i=0}^{K-1}$所对应的特征向量组成。证毕。

定理1是本小节提出的热分布重构方法的关键所在。假定同样有一组M幅向量化热图集合$\{\boldsymbol{v}_j\}_{j=0}^{M-1}$,根据上述降维方法,首先使用$\{\boldsymbol{v}_j\}_{j=0}^{M-1}$的相关矩阵$\boldsymbol{R}$代替其协方差矩阵$\boldsymbol{C}$来计算获得最佳$K$维子空间$\boldsymbol{\Gamma}_K$,在此基础上,使用投影矩阵$\boldsymbol{\Gamma}_K$通过所提出的模拟退火算法确定$P(P\geqslant K)$个热传感器的最优位置$\{l_n\}_{n=1}^{P}$和最优传感矩阵$\widetilde{\boldsymbol{\Gamma}}_K$。如果需要利用热传感器的观测矩阵$\{\boldsymbol{us}_j\}_{j=0}^{U-1}$来对另一组$U$幅未知的热图集合$\{\boldsymbol{u}_j\}_{j=0}^{U-1}$进行重构,则重构结果可以表示为

$$\{\hat{\boldsymbol{u}}_j\}_{j=0}^{U-1}=\boldsymbol{\Gamma}_K(\widetilde{\boldsymbol{\Gamma}}_K^{\mathrm{T}}\widetilde{\boldsymbol{\Gamma}}_K)^{-1}\widetilde{\boldsymbol{\Gamma}}_K^{\mathrm{T}}\{\boldsymbol{us}_j\}_{j=0}^{U-1} \tag{4.49}$$

值得注意的是,重构的向量化热图集合$\{\hat{\boldsymbol{u}}_j\}_{j=0}^{U-1}$也需要使用式(4.33)的逆变

换进而获得最终的全局热分布重构结果。

4.5.4　实验结果和分析

为了测试本节所提出方法的性能，以2.2.4小节中热特性仿真实验1所获得的基于Alpha 21264架构的单核处理器的温度分布数据为基础，分别给出以下性能指标的实验结果。实验中所有程序均在物理内存为2GB，主频为3.3GHz的Intel i5－6500四核处理器上由Matlab编写完成。

(1) 平均热重构误差(Average Thermal Reconstruction Error)。给定一组M幅热图集合$\boldsymbol{T}=\{\boldsymbol{T}_j\}_{j=0}^{M-1}$，重构后热图集合为$\tilde{\boldsymbol{T}}=\{\tilde{\boldsymbol{T}}_j\}_{j=0}^{M-1}$，$\boldsymbol{T}$和$\tilde{\boldsymbol{T}}$中每个元素都是一个$L\times W$维的矩阵，则平均热重构误差定义为

$$E_{\text{avg}}=\frac{1}{MLW}\sum_{j=0}^{M-1}\sum_{x=0}^{L-1}\sum_{y=0}^{W-1}\left|\boldsymbol{T}_j(x,y)-\tilde{\boldsymbol{T}}_j(x,y)\right| \tag{4.50}$$

(2) 最大热重构误差(Maximum Thermal Reconstruction Error)。最大热重构误差可相应地定义为

$$E_{\max}=\max_{x,y,j}\left|\boldsymbol{T}_j(x,y)-\tilde{\boldsymbol{T}}_j(x,y)\right| \tag{4.51}$$

(3) 均方误差(Mean Square Error, MSE)。均方误差的表达式为

$$\text{MSE}=\frac{1}{MLW}\sum_{j=0}^{M-1}\sum_{x=0}^{L-1}\sum_{y=0}^{W-1}\left|\boldsymbol{T}_j(x,y)-\tilde{\boldsymbol{T}}_j(x,y)\right|^2 \tag{4.52}$$

(4) 误警率(False Alarm Rate, FAR)。误警率的定义为漏报和假报的热点总数除以总的离散温度点数目。其中，漏报情况为热点的实际温度已达到DTM中设置的阈值温度(本实验中设定为60 ℃)，但其估计温度却低于阈值温度；假报情况为热点的实际温度尚未达到阈值温度，但其估计温度却高于阈值温度。误警率的表达式为

$$\text{FAR}=\left(\frac{1}{MLW}\sum_{j=0}^{M-1}F_j\right)\times 100\% \tag{4.53}$$

式中，F_j为热图$\boldsymbol{T}_j$中漏报或假报的热点总数。

4.5.4.1　热传感器放置方法性能

本小节将首先对基于主成分分析的热传感器放置方法的性能进行验证。随机从SPEC CPU2006所有29个基准测试程序产生的热图中选择$M=22$个样本图像(离散热图的长和宽分别设置为$L=W=32$，且$N=L\times W=1\ 024$)，根据式(4.33)获得向量化热图集合，能量阈值η设定为95%，通过主成分分析可以确定能量占比最大的特征值个数为4(即$K=4$)。图4.15(a)所

示为在放置不同热传感器数量(即 P=4,9,16,25,36 和 49)的情况下,模拟退火算法(SA)、贪心算法[5](Greedy)、能量中心算法[1](Energy - Center, EC)以及热梯度感知 k-均值聚类算法[15](TGA)计算得到的传感矩阵 $\widetilde{\boldsymbol{\Phi}}_K$ 条件数的比较结果。从图 4.15(a)可以看出,与其他算法相比,使用模拟退火算法可以找到传感矩阵的最小条件数。根据热传感器优化位置分布理论,对于给定的热传感器读数噪声值,传感矩阵的条件数越小,则热分布重构的精度越高,因此,使用模拟退火算法确定的热传感器优化放置位置具有较高的全局温度感知噪声稳定性。图 4.15(b)所示为上述四种热传感器放置算法的平均寻优时间。从图 4.15(b)可以观察到,当热传感器的数量显著增加时,模拟退火算法需要更长的寻优时间。这是因为模拟退火算法是一种全局优化方法,其在理论上可以通过渐近收敛获得全局最优解,因而运行时间相对较长。幸运的是,由于热传感器的放置位置在实际应用中已经固定,因此在芯片设计阶段,设计人员只需要执行一次模拟退火算法即可。

为了对热传感器优化位置分布理论进行数值验证,下面一组实验使用 EigenMaps 重构方法[5],根据上述四种算法获得的热传感器位置,利用含有正态分布噪声的热传感器读数,对热图进行温度分布重构。噪声均值为热传感器位置的真实温度,标准差分别设置为其均值的 2%和 5%。10 000 次热重构实验获得的平均结果见表 4.9。图 4.16 所示为噪声标准差为 2%时,根据不同热传感器放置算法得到的热重构性能结果。从图 4.16 可以明显看出,在使用相同热重构方法的情况下,模拟退火算法获得的热重构性能最佳,这是因为其可以得到更小的传感矩阵条件数。

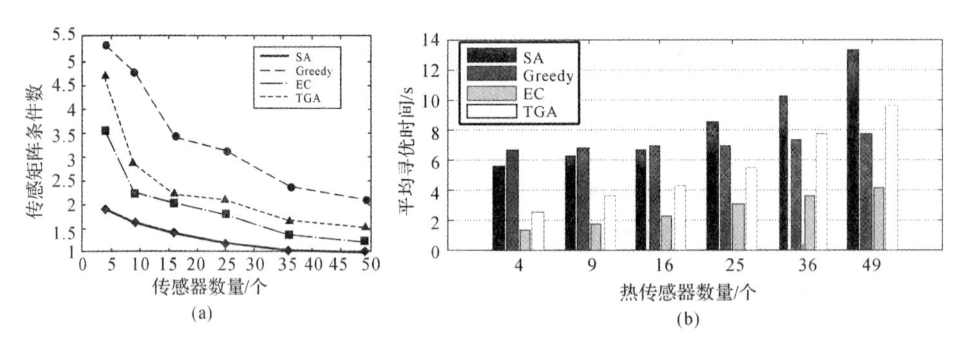

图 4.15 不同热传感器放置算法在传感矩阵条件数和平均寻优时间方面的对比

表 4.9　EigenMaps 重构方法结合不同热传感器放置算法的平均性能对比

方法	噪声标准差 2%					噪声标准差 5%				
	热传感器数量	E_{avg}/℃	E_{max}/℃	MSE	FAR(%)	热传感器数量	E_{avg}/℃	E_{max}/℃	MSE	FAR(%)
EigenMaps+SA	4	1.03	5.75	1.82	8.03	4	2.39	12.74	9.73	18.85
	9	0.57	3.07	0.54	4.38	9	1.21	6.29	2.48	9.79
	16	0.53	2.89	0.48	4.06	16	1.13	5.96	2.15	9.06
	25	0.43	2.83	0.32	3.05	25	0.84	4.50	1.19	6.52
	36	0.38	2.63	0.24	2.80	36	0.73	3.92	0.90	5.71
	49	0.35	2.47	0.21	2.42	49	0.61	3.43	0.64	4.68
EigenMaps+Greedy	4	1.18	7.58	2.62	8.99	4	2.77	17.27	14.31	20.55
	9	0.79	5.18	1.15	5.82	9	1.81	11.36	5.97	14.19
	16	0.63	3.58	0.67	4.52	16	1.40	7.96	3.39	11.46
	25	0.51	2.95	0.45	3.87	25	1.07	6.11	1.99	8.77
	36	0.42	2.68	0.29	2.88	36	0.81	4.39	1.10	6.07
	49	0.37	2.63	0.24	2.52	49	0.66	3.74	0.75	4.96
EigenMaps+EC	4	1.84	9.21	8.31	15.42	4	4.32	22.59	49.58	30.75
	9	1.28	6.16	7.74	10.51	9	3.01	14.10	42.51	24.35
	16	0.85	4.01	4.62	6.38	16	1.93	8.93	22.09	14.19
	25	0.78	4.35	3.16	5.81	25	1.58	7.73	13.52	13.87
	36	0.53	3.28	1.04	4.47	36	0.98	5.22	4.09	10.91
	49	0.48	2.97	0.78	3.96	49	0.89	5.09	2.72	8.55
EigenMaps+TGA	4	2.86	13.36	39.87	18.42	4	6.54	31.72	224.15	34.55
	9	1.77	11.24	26.53	12.69	9	4.13	25.87	148.52	28.78
	16	1.51	7.19	9.31	9.31	16	3.29	14.84	48.78	22.02
	25	1.03	5.64	6.89	7.52	25	2.15	9.73	28.09	17.48
	36	0.84	5.03	2.86	6.95	36	1.69	9.95	10.51	14.08
	49	0.69	3.85	1.65	5.53	49	1.28	5.56	5.31	11.94

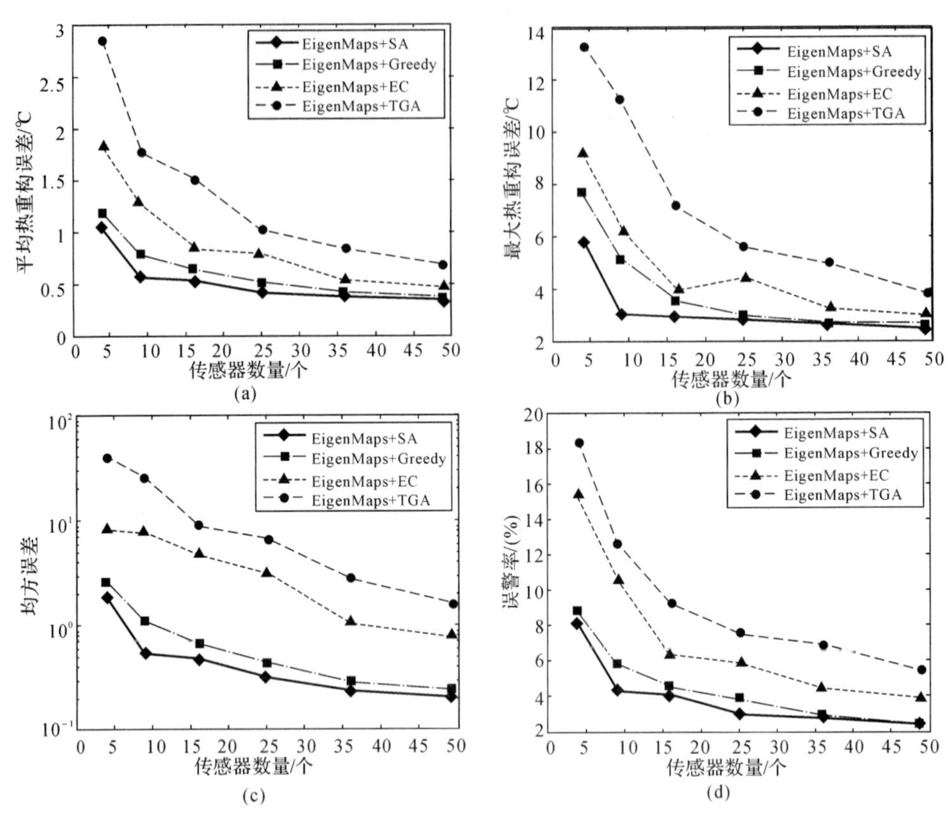

图 4.16　不同热传感器放置算法得到的热重构性能直观对比(噪声标准差 2%)

4.5.4.2　热分布重构方法性能

本小节将对所提出的基于非训练特征图(Untrained EigenMaps)的热分布重构方法的性能进行验证。选择 SPEC CPU2006 剩余的 $U=7$ 个基准测试程序产生的热图作为测试对象,利用含有正态分布噪声的热传感器读数对其进行 10 000 次温度分布重构实验。实验中,噪声均值为热传感器位置的真实温度,标准差分别设置为其均值的 2%和 5%,热传感器的优化放置位置由模拟退火算法予以确定。表 4.10 所示为 EigenMaps 重构方法和 Untrained EigenMaps 重构方法的平均实验结果。需要说明的是,由于 EigenMaps 重构方法需要预知被重构热图的均值,因此,实验采用已经训练的 $M=22$ 个热图样本的均值作为替代。从表 4.10 可以明显看出,在任何一组实验情况下,Untrained EigenMaps 重构方法的所有性能指标均优于 EigenMaps 重构方法。并且，当热传感器的数量显著增加时，EigenMaps 重构方法的性能提高也不是很明显。

表 4.10　Untrained EigenMaps 和 EigenMaps 重构方法的平均性能对比

方法	噪声标准差 2%					噪声标准差 5%				
	热传感器数量	E_{avg}/℃	E_{max}/℃	MSE	FAR(%)	热传感器数量	E_{avg}/℃	E_{max}/℃	MSE	FAR(%)
Untrained EigenMaps +SA	4	1.50	5.54	4.18	11.49	4	2.19	6.41	7.76	17.36
	9	1.18	4.39	2.33	6.23	9	1.59	5.07	3.99	12.90
	16	1.05	4.28	2.05	5.48	16	1.37	4.64	2.96	9.06
	25	1.01	4.32	1.84	4.51	25	1.22	4.55	2.28	7.93
	36	0.93	4.11	1.57	4.28	36	1.19	4.36	1.97	7.41
	49	0.68	3.46	0.75	3.02	49	1.06	3.83	1.76	5.32
Eigen Maps +SA	4	2.25	8.87	8.47	17.72	4	2.98	10.54	14.49	19.52
	9	2.03	6.72	6.12	16.87	9	2.27	7.02	7.73	17.92
	16	1.99	4.82	5.23	17.01	16	2.24	6.42	7.30	17.89
	25	1.98	4.79	5.08	15.24	25	2.06	5.50	5.82	17.09
	36	1.96	4.44	4.74	14.91	36	2.03	4.89	5.41	15.71
	49	1.95	4.41	4.97	15.66	49	2.02	5.19	5.48	16.65

下面一组实验将在使用模拟退火算法确定热传感器最优位置的基础上，综合给出 Untrained EigenMaps 方法、k - LSE 方法[1]、频谱(Spectral)技术[32]以及 3.5 节中曲面样条(Surface Spline)插值方法的重构性能，平均实验结果见表 4.11。热传感器的数量和噪声设置均与上述实验相同。从表 4.11 可以观察到，Untrained EigenMaps 方法的重构性能均优于其他三种方法，特别是在噪声标准差为 5%的情况下。图 4.17 进一步给出了噪声标准差为 5%时，上述四种重构方法平均实验结果的直观比较。此外，曲面样条插值方法的噪声稳定性较差，当热传感器的读数含有噪声时，使用曲面样条插值方法进行温度分布重构会产生较大的误差。这里需要说明的是，由于 k - LSE 方法和频谱技术分别依赖于 DCT 和 FFT 变换，所以这两种重构方法不需要额外的存储空间，而 Untrained EigenMaps 方法和曲面样条插值方法则需要在内存

中存储相应的计算系数。在本案例中，Untrained EigenMaps 方法需要在内存中存储降维获得的传感矩阵，大约需要 $8\times N\times K$ 个字节；曲面样条插值方法需要在内存中存储样条系数，大约需要 $8\times(P+3)$个字节。其中，N 为热图离散化温度点个数，K 为低维子空间特征向量个数，P 为热传感器数量。表 4.12 对 Untrained EigenMaps 方法和曲面样条插值方法的内存需求进行了总结。从表 4.12 可以看出，Untrained EigenMaps 方法的优越性能是以"牺牲"内存为代价的。图 4.18 所示为噪声标准差为 5%时，在使用 16 个热传感器的情况下，上述四种方法对于两种不同热图重构效果的视觉比较。

表 4.11　模拟退火算法结合不同热分布重构方法的平均性能对比

方法	噪声标准差 2%					噪声标准差 5%				
	热传感器数量	E_{avg}/℃	E_{max}/℃	MSE	FAR(%)	热传感器数量	E_{avg}/℃	E_{max}/℃	MSE	FAR(%)
Untrained EigenMaps +SA	4	1.50	5.54	4.18	11.49	4	2.19	6.41	7.76	17.36
	9	1.18	4.39	2.33	6.23	9	1.59	5.07	3.99	12.90
	16	1.05	4.28	2.05	5.48	16	1.37	4.64	2.96	9.06
	25	1.01	4.32	1.84	4.51	25	1.22	4.55	2.28	7.93
	36	0.93	4.11	1.57	4.28	36	1.19	4.36	1.97	7.41
	49	0.68	3.46	0.75	3.02	49	1.06	3.83	1.76	5.32
k-LSE +SA	4	2.48	10.05	12.22	22.29	4	2.97	12.01	13.07	25.28
	9	1.38	8.16	3.65	9.12	9	1.82	10.73	6.06	13.96
	16	1.11	6.03	2.49	9.29	16	1.42	7.22	3.54	11.52
	25	1.06	5.99	2.01	8.03	25	1.31	6.51	2.83	10.88
	36	1.04	5.75	1.83	7.78	36	1.24	6.17	2.74	9.97
	49	0.79	4.54	1.19	5.04	49	1.16	5.84	2.23	7.74

续 表

方法	噪声标准差 2%					噪声标准差 5%				
	热传感器数量	E_{avg}/℃	E_{max}/℃	MSE	FAR(%)	热传感器数量	E_{avg}/℃	E_{max}/℃	MSE	FAR(%)
Spectral +SA	4	2.58	10.19	12.33	23.42	4	3.25	12.52	13.66	26.36
	9	1.41	8.18	3.73	10.20	9	2.02	11.24	7.01	15.96
	16	1.14	6.47	2.64	9.48	16	1.65	8.12	4.39	13.34
	25	1.07	6.14	2.11	8.14	25	1.56	8.11	4.07	11.16
	36	1.06	5.92	1.91	8.05	36	1.29	6.62	3.15	10.79
	49	0.98	5.13	1.37	6.38	49	1.21	5.91	2.76	9.33
Surface Spline +SA	4	3.23	12.77	17.99	33.98	4	4.28	15.52	30.32	38.19
	9	1.65	8.43	7.85	15.45	9	3.22	12.84	18.08	25.79
	16	1.36	7.37	5.35	10.77	16	2.06	9.05	8.52	17.81
	25	1.12	6.88	4.54	9.92	25	2.13	9.56	8.74	18.03
	36	1.09	6.66	2.27	9.38	36	1.74	8.78	9.37	19.21
	49	1.05	6.21	1.93	8.45	49	1.69	8.35	7.66	15.44

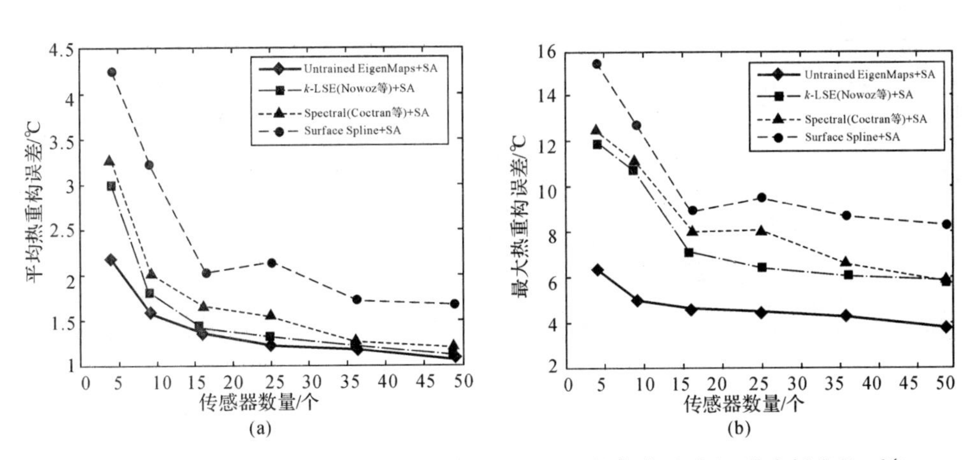

图 4.17　模拟退火算法结合不同热分布重构方法的性能直观对比(噪声标准差 5%)

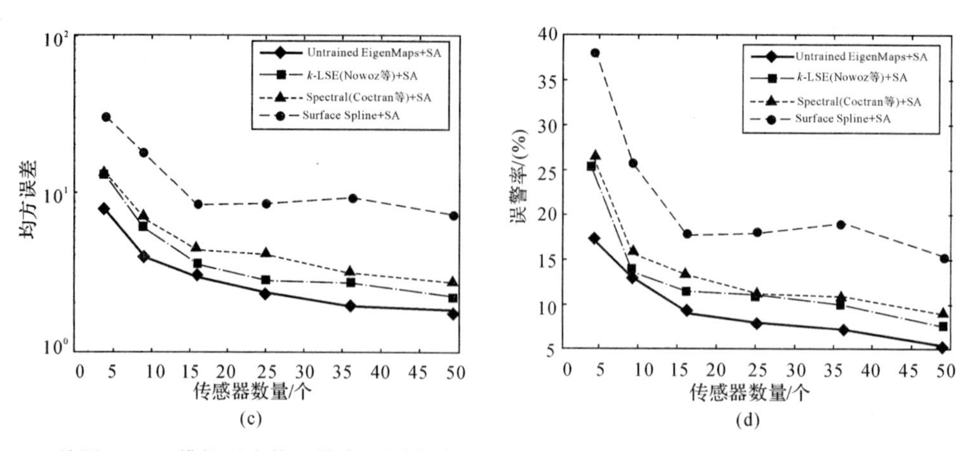

续图 4.17　模拟退火算法结合不同热分布重构方法的性能直观对比(噪声标准差 5%)

表 4.12　Untrained EigenMaps 方法和曲面样条插值方法的内存需求

Untrained EigenMaps	最大特征值个数					
	1	2	3	4	5	6
内存需求/B	8 192	16 384	24 576	32 768	40 960	49 152
Surface Spline	传感器数量/个					
	4	9	16	25	36	49
内存需求/B	56	96	152	224	312	416

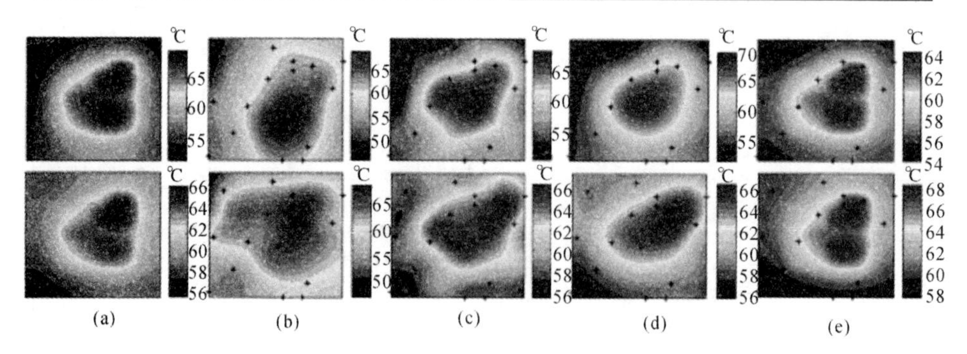

图 4.18　使用 16 个热传感器情况下不同方法对于两种热图重构效果的视觉比较
(热传感器用黑色星号标注,噪声标准差 5%)

(a)原始热图；(b)曲面样条插值方法重构效果；(c)频谱技术重构效果；
(d)k - LSE 方法重构效果；(e)Untrained EigenMaps 方法重构效果

4.6　基于过热检测的热传感器放置方法

随着新型应用层出不穷，芯片上的热点数量不断增多，并且其位置分布还随时间而变化。此外，为了提高温度感知性能，多核系统中热传感器数量不断增加，使得热传感器的分配近似为一个 NP 困难问题，其时间复杂度随芯片面积和热传感器数量的增加呈指数型增长。为此，本节将首先利用数据融合技术构建两种不同情形的过热检测模型，即检测概率最大化模型和热传感器数量最小化模型。其中，检测概率最大化模型是指给定热传感器数量，在误报率约束下最大化检测概率；热传感器数量最小化模型是指给定检测概率，在误报率约束下最小化热传感器数量。在此基础上，提出一种近似线性时间复杂度的启发式遗传算法，以确定热传感器的优化放置位置，从而使温度感知性能得到有效提升。数据融合技术可将多传感器的数据和信息加以联合、相关，从而获得更为精确的温度估计。遗传算法是求解最优化问题的高度并行的全局随机搜索算法，它能在搜索过程中自动获取和积累有关搜索空间的知识，并自适应地控制搜索过程以求得最优解。本节提出的基于过热检测的热传感器放置方法大致研究思路如图 4.19 所示。

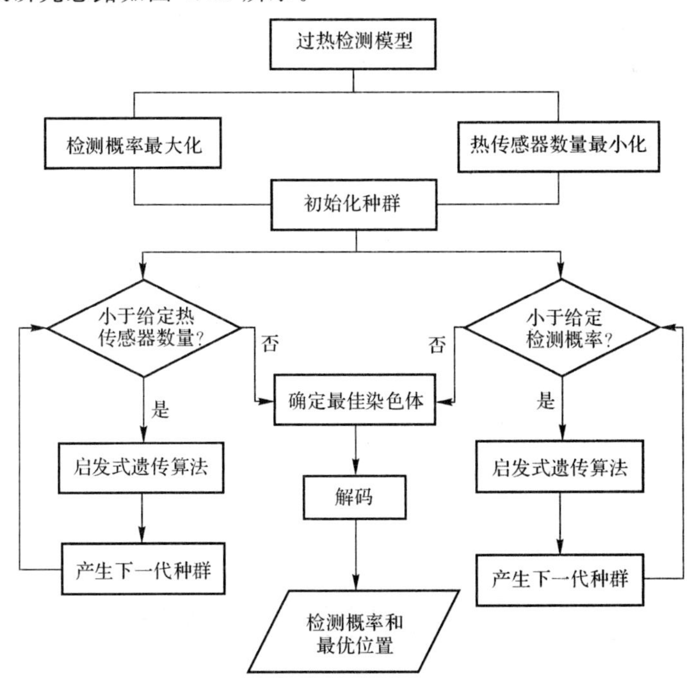

图 4.19　基于过热检测的热传感器放置方法设计流程

4.6.1 过热检测模型

通常情况下，片上热传感器的温度读数容易受到多种噪声源的影响，包括制造随机性噪声、电源电压噪声、温度与电路参数交叉耦合和非线性关系引起的噪声等。这些噪声源一般可分为两类，即静态噪声和动态噪声。静态噪声主要由诸如宽长比、氧化电容、负载电容等电路参数的变化引起，工艺变化是其主要因素；动态噪声则由电源电压和环境温度的波动引起，在动态噪声的影响下热传感器的温度读数精度会随时间而变化。在本案例中，热传感器的噪声假定为静态噪声。

假设监控区域内所有热传感器的噪声均服从正态分布(Normal Distribution)，则热传感器 i 的噪声强度可以表示为 $N_s(i)$，其均值为零，方差为 σ^2。由于热传感器感知到的热量是以能量形式表现出来的，所以噪声项也应该以能量形式展现[41]。因此，由热传感器 i 在芯片位置(x_i, y_i)处感知到的最终温度 $T_f(x_i, y_i)$ 可以表示为

$$T_f(x_i, y_i) = T_r(x_i, y_i) + N_s(i)^2 \tag{4.54}$$

式中，$T_r(x_i, y_i)$ 为芯片位置(x_i, y_i)处的真实温度。假设在监控区域内共分配有 N 个热传感器，则平均过热检测概率 $\overline{P}_d$ 可以定义为

$$\overline{P}_d = \text{prob}\left(\frac{1}{N}\sum_{i=1}^{N} T_f(x_i, y_i) > \eta\right) \tag{4.55}$$

式中，η 为有噪声情况下的过热检测阈值。根据式(4.54)，$\overline{P}_d$ 可进一步更新为

$$\begin{aligned} \overline{P}_d &= \text{prob}\left(\frac{1}{N}\sum_{i=1}^{N}(T_r(x_i, y_i) + N_s(i)^2) > \eta\right) = \\ & 1 - \text{prob}\left(\frac{1}{N}\sum_{i=1}^{N}(T_r(x_i, y_i) + N_s(i)^2) \leqslant \eta\right) = \\ & 1 - \text{prob}\left[\sum_{i=1}^{N}\left(\frac{N_s(i)}{\sigma}\right)^2 \leqslant \frac{N\eta - \sum_{i=1}^{N} T_r(x_i, y_i)}{\sigma^2}\right] \end{aligned} \tag{4.56}$$

然而，由于热传感器噪声的存在，温度感知系统很可能会做出错误的报警决策。在本案例中，误报率 P_f 的定义为

$$\begin{aligned} P_f &= \text{prob}\left(\frac{1}{N}\sum_{i=1}^{N}(\delta + N_s(i)^2) > \eta\right) = \\ & 1 - \text{prob}\left(\frac{1}{N}\sum_{i=1}^{N}(\delta + N_s(i)^2) \leqslant \eta\right) = \end{aligned}$$

$$1-\mathrm{prob}\left(\sum_{i=1}^{N}\left(\frac{N_s(i)}{\sigma}\right)^2 \leqslant \frac{N(\eta-\delta)}{\sigma^2}\right) \tag{4.57}$$

式中，δ 为无噪声情况下的报警温度门限。值得注意的是，由于 $N_s(i)/\sigma$ 服从标准正态分布，假设热传感器噪声变量之间相互独立，则 $\sum_{i=1}^{N}(N_s(i)/\sigma)^2$ 服从自由度为 N 的卡方分布[42]（Chi-square Distribution），表示为 $\chi_N(\cdot)$。因此，式(4.56)和式(4.57)可相应地更新为

$$\bar{P}_d = 1-\chi_N\left[\frac{N\eta-\sum_{i=1}^{N}T_r(x_i,y_i)}{\sigma^2}\right] \tag{4.58}$$

$$P_f = 1-\chi_N\left(\frac{N(\eta-\delta)}{\sigma^2}\right) \tag{4.59}$$

1. 检测概率最大化

对于监控区域内放置的 N 个热传感器，检测概率最大化问题是指在误报率约束下最大化过热检测概率，其数学表达式为

$$\underset{S=\{(x_i,y_i)\mid 1\leqslant i\leqslant N\}}{\arg\max} P_d = N\bar{P}_d,\quad P_f \leqslant \alpha \tag{4.60}$$

式中，$\alpha \in (0,1)$ 为预期的误报率，S 表示 N 个热传感器的位置坐标集合。这里需要说明的是，$P_f \leqslant \alpha$ 对于温度感知系统来说是保证其可靠性的一个必要条件。如果不对误报率进行限制，系统可能会报告错误的检测结果，从而导致处理和计算资源的浪费。根据式(4.59)，误报率约束 $P_f \leqslant \alpha$ 可以进一步转换为

$$\eta \geqslant \frac{\sigma^2\chi_N^{-1}(1-\alpha)}{N}+\delta \tag{4.61}$$

式中，$\chi_N^{-1}(\cdot)$ 为 $\chi_N(\cdot)$ 的反函数。此外，通过分析式(4.58)可知，$\bar{P}_d$ 随着 η 的降低而增加，也就是说，当热传感器的数量给定时，为了最大化过热检测概率 P_d，η 应该设置为式(4.61)中的最小值，即

$$\eta = \frac{\sigma^2\chi_N^{-1}(1-\alpha)}{N}+\delta \tag{4.62}$$

由式(4.62)可知，根据预期的误报率 α 即可获得最佳的过热检测阈值 η，进而可以计算出过热检测概率。

2. 热传感器数量最小化

正如4.1节中所述，芯片中植入数量过多的热传感器会显著增加芯片面积、功耗、成本和设计复杂度。因此，温度感知系统中另一个值得关注的问题是，在给定过热检测概率和误报率的情况下最小化热传感器数量。针对这一

问题,可通过改变上述检测概率最大化模型的目标函数和约束条件来予以解决。热传感器数量最小化问题的数学描述可表示为

$$\underset{S=\{(x_i,y_i)\mid 1\leqslant i\leqslant N\}}{\arg\min} N,\quad P_{\mathrm{f}}(S)\leqslant\alpha, P_{\mathrm{d}}(S)\geqslant\beta \tag{4.63}$$

式中,$\beta\in(0,1)$ 为期望获得的过热检测概率。

4.6.2 遗传算法设计

遗传算法(Genetic Algorithm, GA)是由美国 Holland 教授于 1975 年在其专著《自然界和人工系统的适应性》[43]中首先提出的,它是模拟生物在自然环境中优胜劣汰、适者生存的遗传和进化过程而形成的一种具有自适应能力、全局性的随机搜索算法[44]。遗传算法基于自然选择和遗传过程中发生的繁殖、交叉和基因突变等现象,在每次迭代中都保留一组候选解,并按照某种指标从候选解中选取较优的个体,利用遗传算子(选择、交叉和变异)对这些个体进行组合,进而产生新一代的候选解群,重复此过程,直到满足某种收敛指标为止[45]。遗传算法的基本流程如图 4.20 所示。与其他启发式优化搜索算法相比,遗传算法主要具有以下特点:①遗传算法以参数的编码集作为运算对象,并且在执行搜索过程中,不受优化函数连续性及其导数求解的限制,因而具有很强的通用性。②遗传算法直接使用由目标函数确定的适应度信息,并以群体为单位执行搜索过程,可以加快搜索到适应度较好的候选解群,因而具有较强的全局寻优能力。③遗传算法简单通用、普适性好、鲁棒性强,并且易于与其他算法结合构成混合智能算法,因而在诸如组合优化、机器学习、信号处理、自适应控制、人工生命等众多领域得到了广泛应用。

为了有效解决上述过热检测问题,本小节对遗传算法进行了以下几方面的独特设计[46]:

1. 染色体编码(Chromosome Encoding)

由于温度信号是连续的变量,而在计算机处理过程中任何连续的变量必须离散化,因此需要将整个芯片区域中的温度信号离散化为 $L\times W$ 的网格表述,其中 L 和 W 分别为离散热图矩阵 $\boldsymbol{T}_{\mathrm{r}}$ 的长和宽。此外,为了便于编码,还需通过下式对 $\boldsymbol{T}_{\mathrm{r}}$ 的列进行提取,进而将其转换为向量 $\mathbf{V}_{\mathrm{r}}[j]$,其中,$0\leqslant j\leqslant M-1$ 且 $M=L\times W$。

$$\mathbf{V}_{\mathrm{r}}[j]=\boldsymbol{T}_{\mathrm{r}}\left(j \bmod L,\quad \left\lfloor\frac{j}{L}\right\rfloor\right) \tag{4.64}$$

式中,$\lfloor\ \rfloor$表示取下整函数;mod 为求余运算。经过上述转换后,本案例使用简

单的二进制编码方法对染色体进行编码。二进制编码是遗传算法中最常用的一种编码方法，它采用最小字符编码原则，编 / 解码操作简单易行，且利于交叉、变异等操作的实现。经过二进制编码后，每个染色体（个体）的长度为 NC_l。其中，N 为热传感器的数量，C_l 是一个满足 $M < 2^{C_l}$ 的最小正整数。本案例中，二进制染色体编码的示意图如图 4.21 所示。

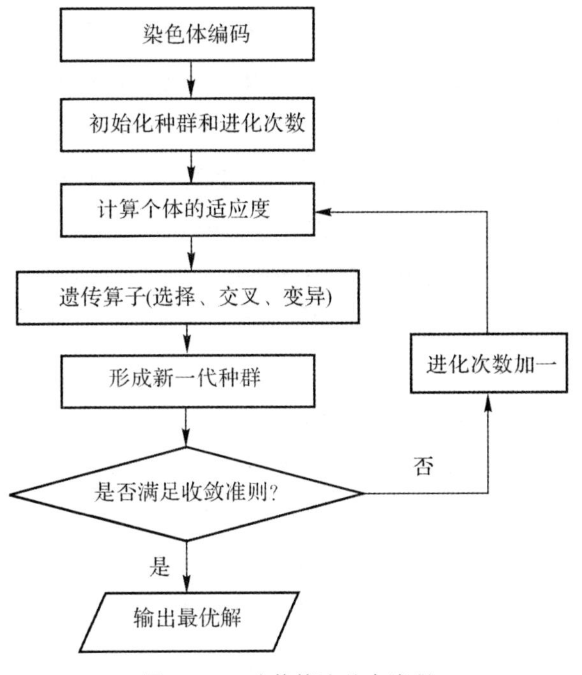

图 4.20　遗传算法基本流程

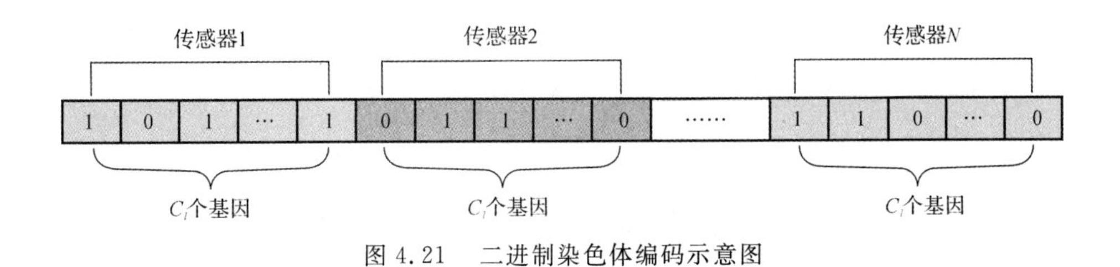

图 4.21　二进制染色体编码示意图

2. *初始化种群*(Initialization Population)

初始种群是指生物进化过程开始时的给定种群，其规模大小直接关系着算法性能的好坏。如果初始种群规模较大，则势必会带来计算时间的增加，进而降低算法的速度；如果初始种群规模较小，则群体的多样性就不丰富，在此情况下，不仅有效等位基因不充分，而且个体之间的竞争力度不大，进而导致算法优化的质量不高。因此，选取合适的种群规模非常关键。在本案例中，随机选择种群个体总数的 80％作为初始种群。

3. 选择算子(Selection Operator)

选择算子通过适应度选择优质个体而抛弃劣质个体，体现了“适者生存”的原理，其主要作用是避免基因缺失，提高全局收敛性和计算效率。文献[47]中对大约 23 种选择算子进行了介绍。在本案例中，选择算子使用轮盘赌的选择方法[48]。轮盘赌选择又称为适应度比例选择，其基本思想是假想一个空间轮盘，根据个体的适应度分配其所占的轮盘面积，个体的适应度越高，在轮盘上占据的面积就越大，被选中的概率就越高。由于轮盘赌的选择方法是基于概率选择的，因而存在一定的随机性，为了避免失去相对优秀的个体，本案例采用了精英机制，将上一代最优秀的个体直接选择给下一代。

4. 交叉算子(Crossover Operator)

交叉是指两个相互配对的个体按照某种特定的方式交换其部分基因，从而形成两个新的个体。因而，可以看出交叉算子是产生新个体的主要手段，其推动了候选解群向最优解靠近，在遗传算法中起到了关键作用。文献[47] 中对大约 17 种交叉算子进行了介绍。在本案例中，交叉算子使用单点交叉的方法[48]，其具体实现步骤为：产生一个均匀分布的随机数 $r_c \in (0,1)$，并将其与预先设置的交叉率 $c_r \in (0,1)$ 相比较；如果 $r_c < c_r$，则两个相邻个体之间进行单点交叉操作，交叉点根据 $l_c = \lfloor r_c NC_l \rfloor$计算得出；如果 $l_c \neq 0$，则两个相邻个体交叉点后的所有基因进行互换。本案例中单点交叉算子的示意图如图4.22所示，其伪代码见表 4.13。

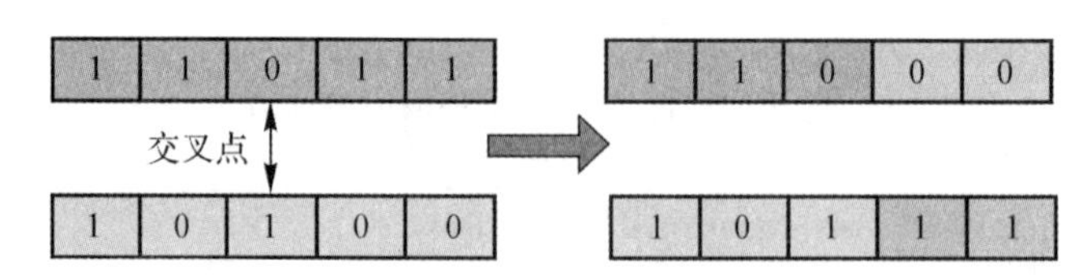

图 4.22　单点交叉算子示意图

表 4.13　单点交叉算子

算法步骤
输入：初始种群大小 population_size，染色体向量 **chromosome**，交叉率 c_r
1　if (population_size mod 2) = = 0 then L = population_size − 1
2　else L = population_size − 2
3　for $i = 1, 3, 5, \cdots, L$ do
4　　产生一个均匀分布的随机数 $r_c \in (0,1)$
5　　if $r_c < c_r$ then $l_c = \lfloor r_c NC_l \rfloor$
6　　　if $l_c \neq 0$ then
7　　　　for $j = (l_c + 1)$ to NC_l do
8　　　　　$g = \mathbf{chromosome}_i[j]$
9　　　　　$\mathbf{chromosome}_i[j] = \mathbf{chromosome}_{i+1}[j]$
10　　　　　$\mathbf{chromosome}_{i+1}[j] = g$

5. 变异算子(Mutation Operator)

基因突变是指由于一些偶然因素引起基因结构的改变。变异算子的机理类似于基因突变，其通过将个体染色体编码串中的某位基因替换为其他等位基因，从而造成染色体的变化，进而形成新的个体。因此，变异算子也是产生新个体的一种辅助手段，其可使群体保持多样性，防止早熟现象的发生，避免寻优过程停滞在局部最优解，提高遗传算法的搜索能力。在本案例中，变异算子使用单点变异的方法[49]，其具体实现步骤为：产生一个均匀分布的随机数 $r_m \in (0,1)$，并将其与预先设置的变异率 $m_r \in (0,1)$ 相比较；如果 $r_m < m_r$，则个体染色体进行单点变异操作，变异位置根据 $l_m = \lfloor r_m NC_l \rfloor$ 计算得出；如果 $l_m \neq 0$，则变异位置处的基因反转，即若原基因为 1，反转后变为 0，反之亦然。这里需要说明的是，变异率 m_r 应该取一个较小的数，否则会加大基因突变的程度，使得群体中个体不是往最优解的方向再进一步，而是往背离最优解的方向突变，减弱算法的收敛性能。本案例中单点变异算子的示意图如图 4.23 所示，其伪代码见表 4.14。

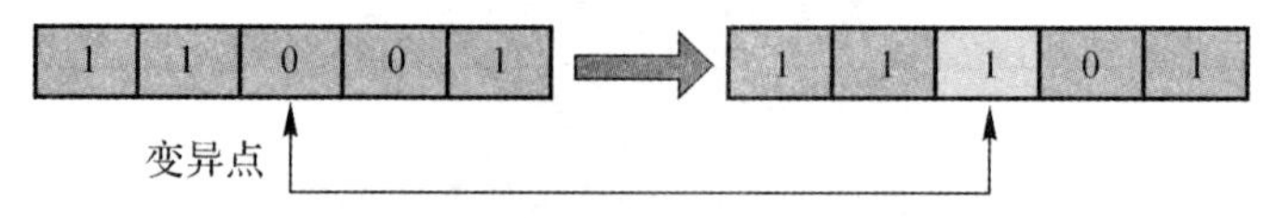

图 4.23　单点变异算子示意图

表 4.14　单点变异算子

算法步骤
输入：初始种群大小 population_size，染色体向量 **chromosome**，变异率 m_r
1　for $i=1$ to population_size do
2　　产生一个均匀分布的随机数 $r_m \in (0,1)$
3　　if $r_m < m_r$ then $l_m = \lfloor r_m NC_l \rfloor$
4　　　if $l_m \neq 0$ then
5　　　　$\mathbf{chromosome}_i[l_m] = 1 - \mathbf{chromosome}_i[l_m]$

6. 适应度评估(Fitness Evaluation)

适应度的概念源于自然界中"优胜劣汰"的进化理论，其反映了个体适应环境的能力。适应度好的个体将会有很高的概率生存下来，并且通过遗传机制使其后代依然具有较好的适应性；适应度差的个体具有相对较低的竞争力，将会被逐渐淘汰。由此看来，适应度是遗传算法中一个很关键的概念。类似于自然进化过程中物种朝着适应度改善的方向进化，遗传算法进化过程中群体则向着目标函数更优的方向进化。因此，适应度与目标函数之间存在着对应的关系。在本案例中，个体适应度的确定依据是基于多传感器数据融合的过热检测概率。给定一组U个在已知工作负载或特定应用下产生的热图矩阵$\{\boldsymbol{T}_r^{(k)}\}_{k=1}^U$，个体适应度$F$可定义为

$$F=\frac{1}{U}\sum_{k=1}^{U}\overline{P}_d^{(k)} \tag{4.65}$$

式中，$\overline{P}_d^{(k)}$为热图矩阵$\boldsymbol{T}_r^{(k)}$所对应的平均过热检测概率。需要说明的是，如果个体的解码串中出现任意传感器的解码值$d_i > M-1(1 \leqslant i \leqslant N)$，或者个体的解码串中出现传感器的解码值有彼此相同的情况，则该个体的适应度设置为0。

7. 终止条件(Termination Condition)

算法的终止条件主要有以下几种：①算法已达到最大的迭代次数或者运行时间；②优化解已达到可接受的误差范围；③优化解不再发生变化，或者只有很小的变化。在本案例中，遗传算法如果已达到预先设置的进化次数G_s，则算法终止。

4.6.3　基于启发式遗传算法的热传感器放置方法

对于基于过热检测模型的热传感器优化放置问题，最直接的解决方法是使用上述的遗传算法。然而，由于热传感器的分配可近似为一个 NP 困难问题，例如在本案例中，当离散热图的分辨率为 $M(M=L\times W)$，分配热传感器的数量为 N 时，则所有可能解的个数等于 C_M^N。那么如果直接使用遗传算法，其时间复杂度会随搜索空间(M)和变量个数(N)的增加呈指数型增长。当需要分配数百个热传感器时，遗传算法的运行时间可能长达数年之久[50]。为此，本小节在上述遗传算法设计的基础上，提出一种启发式遗传算法(Heuristic Genetic Algorithm, HGA)，其可在巨大的搜索空间中，以一个近似线性的时间复杂度，寻找到近似最优的热传感器放置方案。该算法的基本思想是使用贪婪方法将热传感器逐个分配到整个监控区域中，并且在先前遗传算法执行过程中已经确定分配的热传感器，可以在当前算法寻优过程中重复使用，以实现协同过热检测。在每次运行遗传算法时，只确定一个热传感器的最优位置，这意味着总种群(即解空间)的大小等于 C_M^1，因此可大幅降低算法的时间复杂度。启发式遗传算法的设计流程如图 4.24 所示，其伪代码见表 4.15。值得注意的是，使用启发式遗传算法获得的是向量化热传感器最优位置，还需根据式(4.64)的逆变换进而转换为热传感器的实际位置。

4.6.4　基于混合式遗传算法的热传感器放置方法

虽然从理论上来说，在一些温度相对较低的处理器模块(例如缓存)中，几乎不可能触发热控制机制，但是这些模块的过热检测对于热引起的漏电功耗控制仍然非常重要[15]。针对这一问题，本小节在上述启发式遗传算法的基础上，进一步提出一种混合算法(Hybrid Algorithm)来确定每个芯片模块或组件中的最优热传感器位置。该算法的基本思想是：首先根据处理器架构将整个芯片面积划分为 B 个子监控区域，因而可以在很大程度上减少算法的搜索范围；其次使用启发式遗传算法将热传感器逐一分配到每一个处理器模块中。这一步骤的难点在于应该将新分配的热传感器放置在哪一个模块中。为了解决该问题，对于一个新分配的热传感器，本案例使用启发式遗传算法计算出每一个处理器模块中相应的过热检测概率增量，并将新的热传感器分配给过热检测概率增量最大的模块。值得说明的是，在这一步骤中不再需要对每一个模块的过热检测结果进行重新计算，因为在分配上一个热传感器的过程中，没有被选择的模块的过热检测概率已经进行了计算，所以算法的运行时间可以进一步缩短。对于检测概率最大化问题，混合算法在分配完所有可用的热传感器时终止；对于热传感器数量最小化问题，当过热检测概率达到要求时，则混合算法终止。求解检测概率最大化问题的混合算法如图 4.25 所示，其伪代码见表

4.16。求解热传感器数量最小化问题的混合算法的设计流程和伪代码这里没有给出，因为其和检测概率最大化问题相类似，只需要进行稍微修改即可。

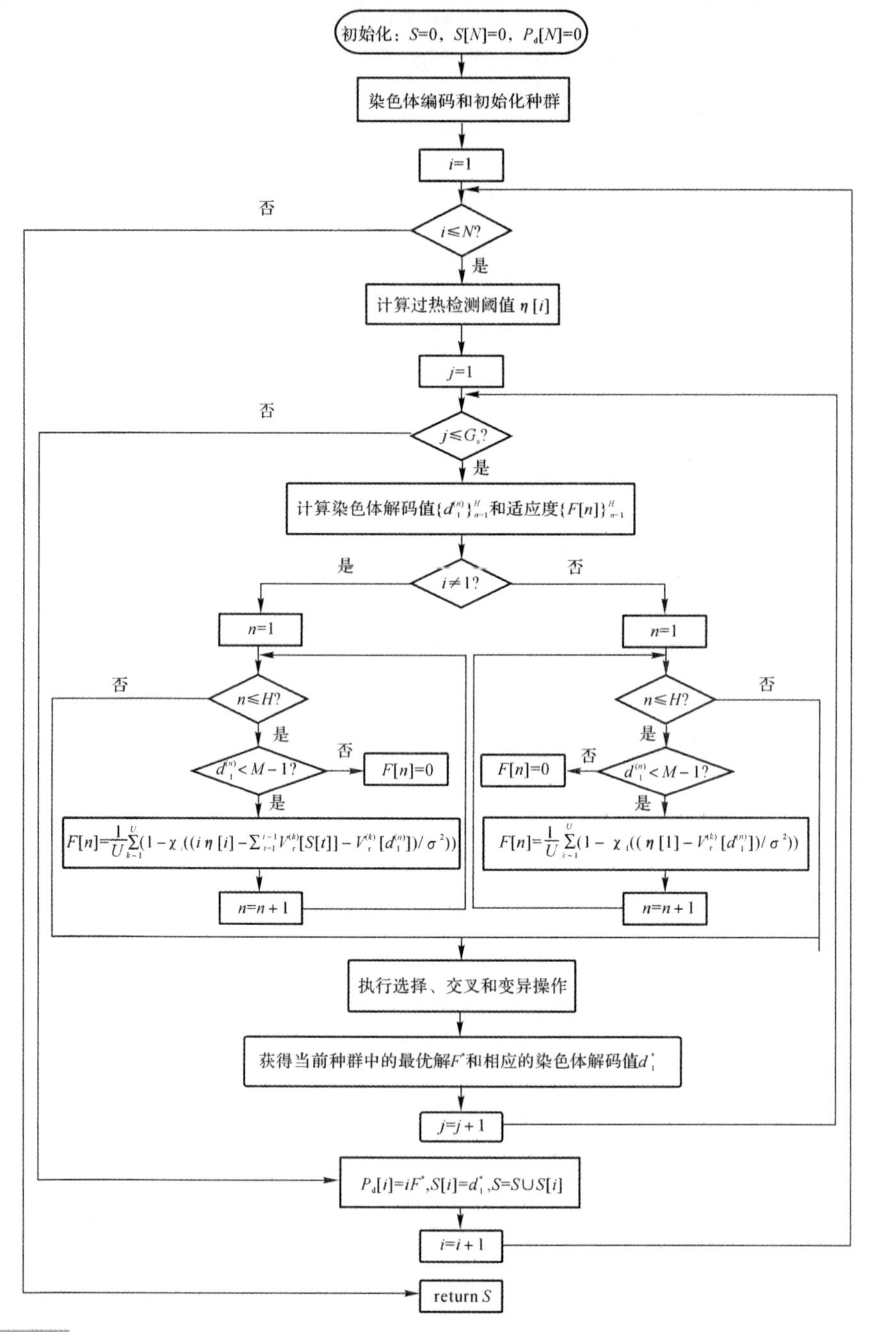

图 4.24 启发式遗传算法流程图

表 4.15　启发式遗传算法

算法步骤
输入:温度向量集 $\{\boldsymbol{V}_r^{(k)}\}_{k=1}^{U}$,热传感器数量 N,参数 $\sigma,\alpha,\delta,c_r,m_r,G_s$
输出:热传感器优化位置 S
1　初始化:$S=0,S[N]=0,P_d[N]=0$,染色体编码(每个染色体长度为 C_l)产生随机初始种群(种群大小 H 设置为 $0.8\times C_M^1$)
2　for $i=1$ to N do
3　　根据式(4.62)计算过热检测阈值 $\eta[i]$,并执行下面的遗传算法
4　　for $j=1$ to G_s do
5　　　计算每个染色体的解码值 $\{d_1^{(n)}\}_{n=1}^{H}$ 和适应度 $\{F[n]\}_{n=1}^{H}$
6　　　if $i\neq 1$ then
7　　　　for $n=1$ to H do
8　　　　　if $d_1^{(n)}>M-1$ 或 $d_1^{(n)}$ 和 $\{S[t]\}_{t=1}^{i-1}$ 中的任何值相同,则 $F[n]=0$
9　　　　　else $F[n]=\frac{1}{U}\sum_{k=1}^{U}(1-\chi_i((i\eta[i]-\sum_{t=1}^{i-1}V_r^{(k)}[S[t]]-V_r^{(k)}[d_1^{(n)}])/\sigma^2))$
10　　　else
11　　　　for $n=1$ to H do
12　　　　　if $d_1^{(n)}>M-1$,则 $F[n]=0$
13　　　　　else $F[n]=\frac{1}{U}\sum_{k=1}^{U}(1-\chi_1((\eta[1]-V_r^{(k)}[d_1^{(n)}])/\sigma^2))$
14　　　执行选择、交叉和变异操作
15　　　获得当前种群中的最优解 F^* 和相应的染色体解码值 d_1^*
16　　$P_d[i]=iF^*,S[i]=d_1^*,S=S\cup S[i]$
17　return $\boldsymbol{S}$

4.6.5　实验结果和分析

本小节以 2.3.3 小节中红外热测量技术实验所获得的 Athlon X2 5000 双核处理器的温度数据为基础,对所提出方法的性能进行验证。离散热图的长和宽分别设置为 $L=120$ 和 $W=70$,即离散热图的分别率为 $M=8\ 400$。实验中所有程序均在物理内存为 4GB,主频为 3.3GHz 的 Intel i5－6500 四核处理器上由 Matlab 编写完成。

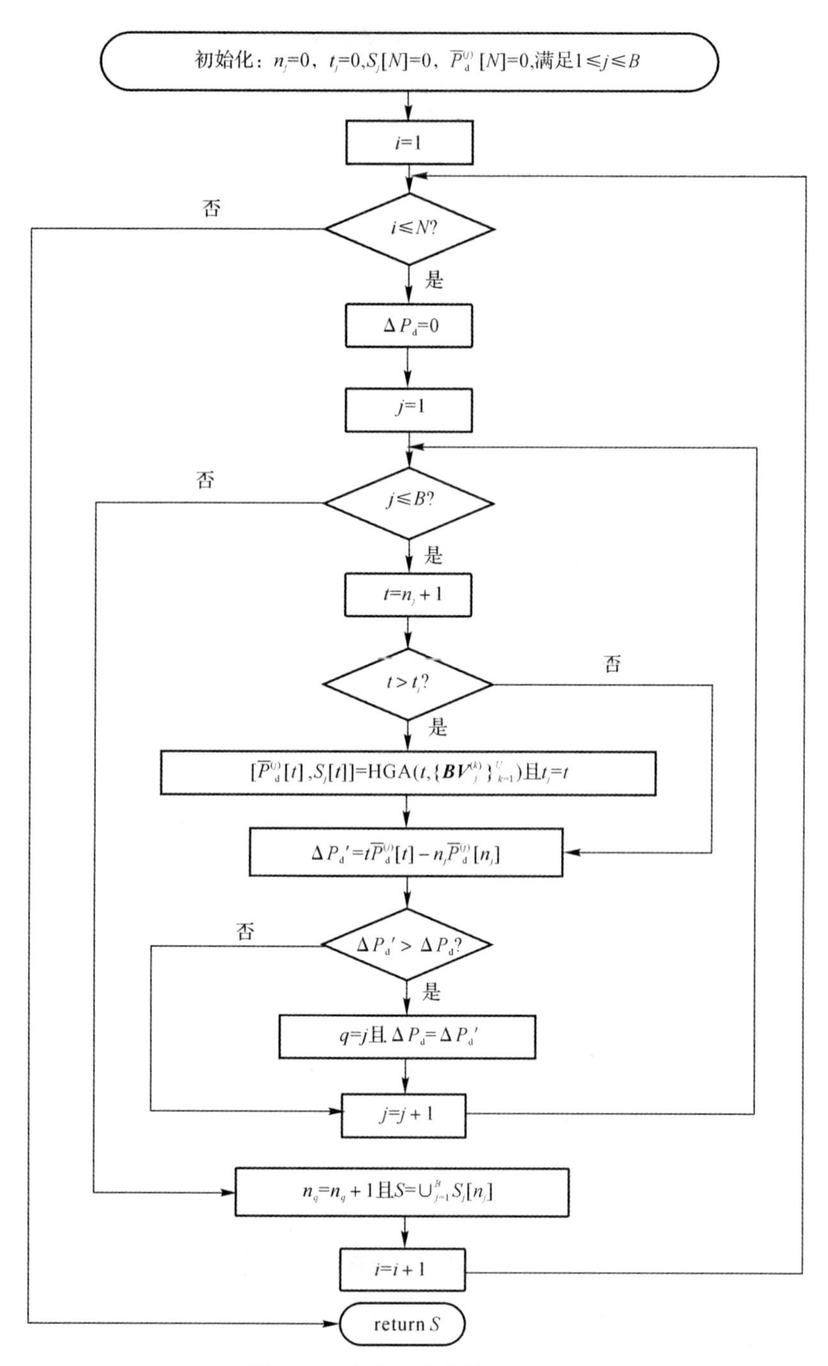

图 4.25　混合式遗传算法流程图

表 4.16　混合式遗传算法

算法步骤
输入:芯片模块数量 B,热传感器数量 N,满足 $N<B$
芯片模块温度向量集 $\{\boldsymbol{BV}_j^{(k)}\}_{k=1}^{U}$,满足 $1\leqslant j\leqslant B$
输出:热传感器优化位置 S
1　初始化:$n_j=0,t_j=0,S_j[N]=0,\bar{P}_{\mathrm{d}}^{(j)}[N]=0$
2　for $i=1$ to N do
3　　$\Delta P_{\mathrm{d}}=0$
4　　for $j=1$ to B do
5　　　$t=n_j+1$
6　　　if $t>t_j$ then
7　　　　$[\bar{P}_{\mathrm{d}}^{(j)}[t],S_j[t]]=\mathrm{HGA}(t,\{\boldsymbol{BV}_j^{(k)}\}_{k=1}^{U})$ 且 $t_j=t$
8　　　　$\Delta P'_{\mathrm{d}}=t\bar{P}_{\mathrm{d}}^{(j)}[t]-n_j\bar{P}_{\mathrm{d}}^{(j)}[n_j]$
9　　　if $\Delta P'_{\mathrm{d}}>\Delta P_{\mathrm{d}}$ then
10　　　　$q=j$ 且 $\Delta P_{\mathrm{d}}=\Delta P'_{\mathrm{d}}$
11　　$n_q=n_q+1$ 且 $S=\bigcup_{j=1}^{B}S_j[n_j]$
12　return S

本小节第一组实验是在使用不同数量热传感器的情况下,验证启发式遗传算法对于整个芯片监控区域的过热检测性能。实验分别对以下四种不同的热传感器分配和放置算法进行了比较,分别是:启发式遗传算法(Heuristic Genetic Algorithm, HGA)、热点分而治之算法(Hot Spot Divide - and - Conquer Algorithm, HS D&C)、热点随机分配算法(Hot Spot Random Allocation Algorithm, HS Random)以及热点 k -均值聚类分配算法(Hot Spot k - means Clustering Allocation Algorithm, HS Clustering)。给定需要分配的热传感器:对于 HS D&C 算法,热传感器将被依次放置在温度最高的热点位置处;对于 HS Random 算法,热传感器将被随机放置在热点位置处;对于 HS Clustering 算法,热传感器将被放置在各自聚类的质心处。图 4.26 所示为上述四种算法在使用不同热传感器数量时过热检测概率的直观比较。从图4.26 可以看出,HGA 算法明显优于其他三种热传感器分配算法,并且在相同的预

期误报率 α 约束情况下，HGA 算法的过热检测性能还会随着噪声方差 σ^2 的增大而显著提高。其次，HS D&C 算法和 HS Random 算法过热检测性能较差的主要原因是它们试图将热传感器直接放置在潜在的热点位置处。然而，热点位置并不固定，其随着工作负载的变化而变化。因此，虽然 HS D&C 算法和 HS Random 算法可以在某些应用产生的热图中获得相对较高的过热检测概率，但其是以"牺牲"其他应用产生的热图的过热检测为代价的。此外，与其他三种算法相比，HS Clustering 算法的过热检测性能最差。其原因是该算法通过 k-均值聚类得到的质心偏离了各自覆盖区域内热点的物理位置，尤其是在可用热传感器数量明显少于热点总数的情况下，这种现象更加明显。值得注意的是，当所分配的热传感器数量等于潜在的热点数目时，HS Clustering 算法的运行结果是将热传感器精确地放置在每个热点的物理位置处，从而获得与 HS D&C 算法和 HS Random 算法相同的检测概率。基于以上原因，在接下来的实验中，本案例将不再选择 HS Clustering 算法作为比较对象。

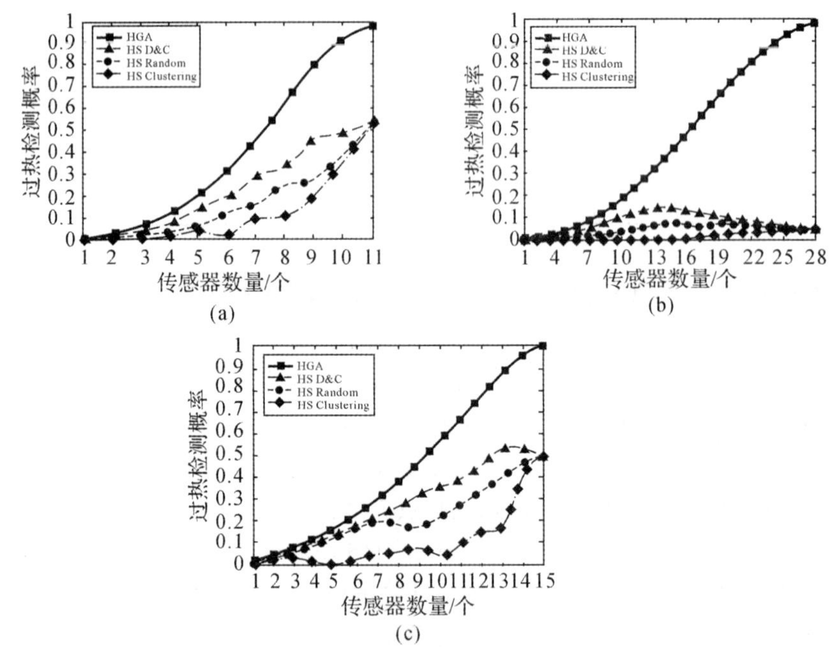

图 4.26　不同热传感器放置算法过热检测概率的直观比较（报警温度门限 δ 为 67 ℃）

(a)噪声方差 $\sigma^2=0.5$，预期误报率 $\alpha=0.01$；(b)噪声方差 $\sigma^2=1$，预期误报率 $\alpha=0.01$；(c)噪声方差 $\sigma^2=1$，预期误报率 $\alpha=0.05$

图 4.27(a)进一步给出了 HGA，HS D&C 以及 HS Random 算法在达到不同过热检测概率门限时，所需热传感器的最小数量。从图 4.27(a)可以看出，无论使用何种热传感器放置算法，过热检测概率需求越高，所需分配的热传感器数量越多。并且，与其他两种算法相比，HGA 算法可以在使用较少数量热传感器的情况下，达到同样的过热检测需求。此外，图 4.27(b)展示了使用 4 个热传感器时，上述三种算法在不同报警温度门限约束下，得到的过热检测概率。从图 4.27(b)可以看出，一方面，随着报警温度门限的升高，过热检测概率急剧下降；另一方面，HGA 算法在所有报警温度门限下的过热检测性能均明显优于其他两种算法，这是因为 HGA 算法获得了更好的热传感器放置结果。

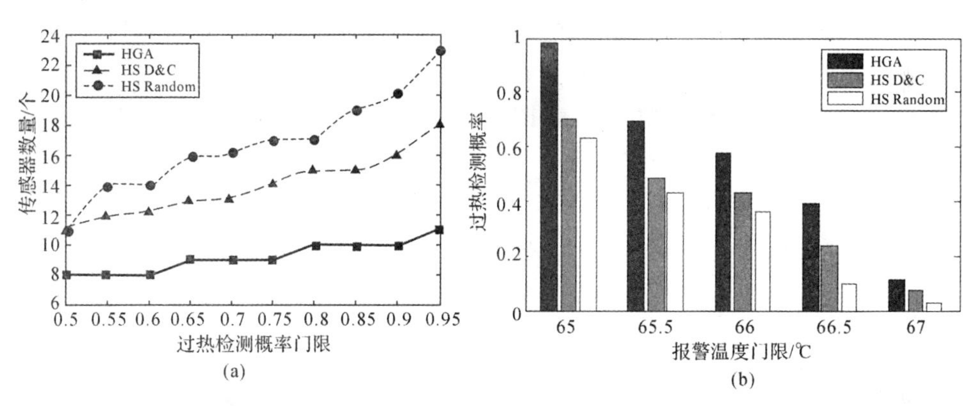

图 4.27　不同热传感器放置算法的过热检测性能比较

(a)不同过热检测概率门限所需热传感器的最小数量(δ=67 ℃，σ^2=0.5，α=0.01)；

(b)不同报警温度门限约束下的过热检测概率(N=4，σ^2=0.5，α=0.01)

本小节第二组实验是对用于解决芯片局部热传感器分配问题的混合算法的质量进行评估。整个芯片面积被划分为 B=40 个子监控区域。实验分别对混合算法(Hybrid Algorithm)和局部热点分而治之算法(Local Hot Spot Divide - and - Conquer Algorithm，LHS D&C)的性能进行了比较。给定有限数量的热传感器(N<B)：对于 LHS D&C 算法，每当分配新的热传感器时，首先由 HS D&C 算法根据每个子监控区域中的热点计算出相应的过热检测概率增量，然后将新的热传感器放置在过热检测概率增量最多的区域内对应的热点位置处。需要说明的是，和第一组实验不同，第二组实验中没有选择局部热点随机分配算法(Local Hot Spot Random Allocation Algorithm，LHS Random)作为比较对象，其原因是 LHS Random 算法不能达到过热检

测概率需求。这是因为 LHS Random 算法的特点是对所有热传感器进行随机分配，从而导致一些热传感器可能被放置在温度相对较低的热点位置处。图 4.28 所示为上述两种算法在使用不同热传感器数量时过热检测概率的直观比较。从图 4.28 可以观察到，与 LHS D&C 算法相比，混合算法检测性能的提高超过了 100%。这是因为混合算法使用 HGA 算法作为局部热传感器分配的基础。

本小节第三组实验是对 HGA 算法和混合算法的过热检测性能进行综合比较，其结果如图 4.29 所示。从图 4.29 可以看出，一方面，混合算法需要使用更多的热传感器才能达到给定的过热检测概率门限；另一方面，混合算法在所有报警温度门限下的过热检测概率都相对较低。这是因为与 HGA 算法执行全局过热检测相比，混合算法在局部过热检测中大幅降低了多传感器协同检测的范围。此外，图 4.30 所示为在分配不同数量的热传感器时，上述两种算法平均运行时间的直观比较。从图 4.30 可以观察到，HGA 算法和混合算法均可以获得一种近似线性的运行时间。然而，由于混合算法大幅缩减了搜索空间，并且随着热传感器数量的增加，其不需要重新计算每个子监控区域的过热检测概率，因此，混合算法的平均运行时间明显快于 HGA 算法。

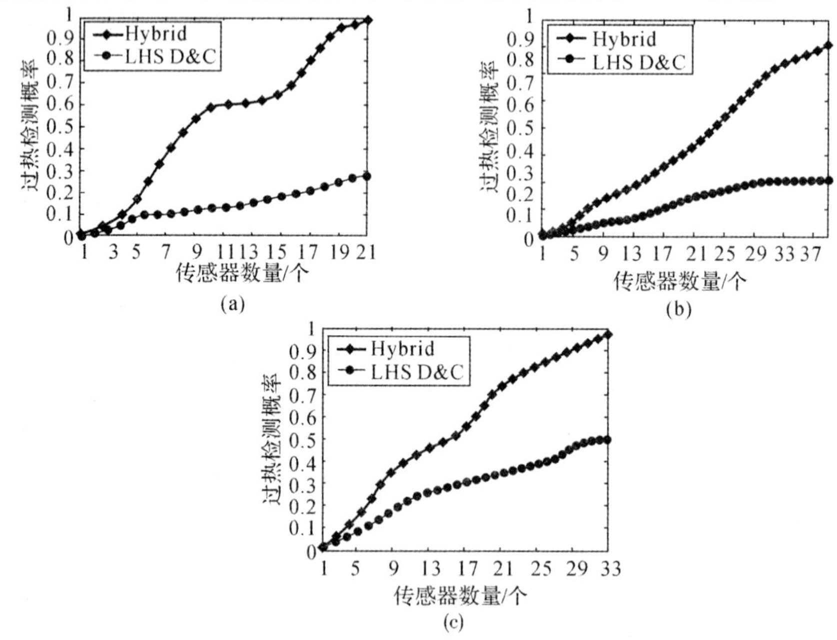

图 4.28 混合算法和 LHS D&C 算法过热检测概率的直观比较（报警温度门限 δ 为 67 ℃）

(a)噪声方差 $\sigma^2=0.5$，预期误报率 $\alpha=0.01$； (b)噪声方差 $\sigma^2=1$，预期误报率 $\alpha=0.01$；

(c)噪声方差 $\sigma^2=1$，预期误报率 $\alpha=0.05$

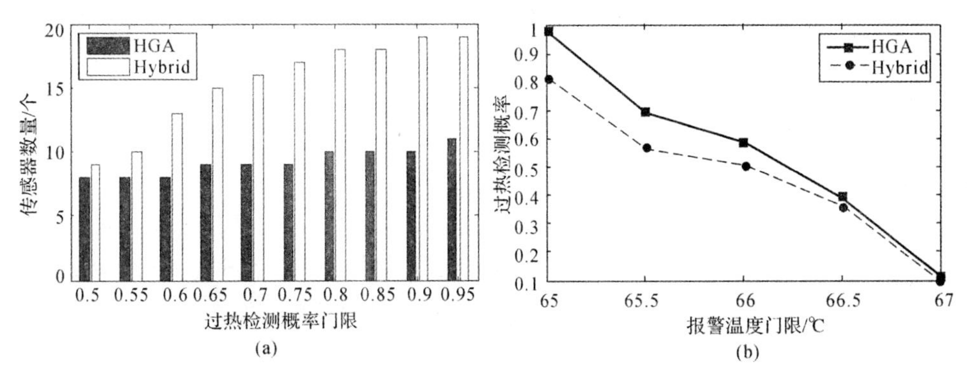

图 4.29　HGA 算法和混合算法的过热检测性能比较

(a)不同过热检测概率门限所需热传感器的最小数量($\delta=67$ ℃,$\sigma^2=0.5$,$\alpha=0.01$)；

(b)不同报警温度门限约束下的过热检测概率($N=4$,$\sigma^2=0.5$,$\alpha=0.01$)

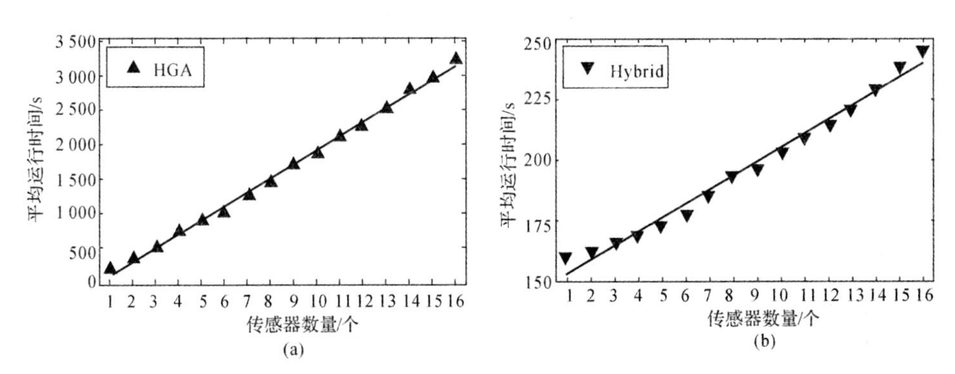

图 4.30　HGA 算法和混合算法的平均运行时间比较

(a)HGA 算法；　(b)混合算法

4.7　本章小结

本章首先介绍了热传感器均匀放置的网格插值算法和非均匀放置的 k-均值聚类算法。其次，针对热传感器位置分布优化问题，将热梯度计算方法和 k-均值聚类算法相结合，提出了三种热传感器位置分布策略，分别是梯度最大化策略、梯度中心策略和梯度分簇策略。实验结果表明，梯度最大化策略和梯度分簇策略可同时兼顾热重构平均温度误差和热点温度误差。再次，针对热传感器数量分配问题，提出了一种基于双重聚类的热传感器数量分配方法。实验结果表明，该方法能够保证在给定的最大热点温度误差范围内，使用最少数量的热传感器监控所有热点的温度。同时,还发展了一种虚拟热传感器计算方法,可以在热传感器数量不变的情况下进一步减少热点温度误差。接下来,针对热分布重构的噪声稳定性问题,提出了一种基于主成分分析的热传感器放置方法。首先对主成分分析的基本内容和热图降维的基本原理进行了介绍,然后给出了贪心算法和模拟退火算法的设计思路,并在此基础上,提出了一种基于特征图的热分布重构方法。实验结果表明,使用模拟退火算法确定的热传感器优化放置位置具有较高的全局温度感知噪声稳定性。最后,针对过热检测问题,提出了一种基于遗传算法的热传感器放置方法。首先构建了过热检测模型,完成了遗传算法设计,在此基础上,使用红外测量技术获得的真实双核处理器(Athlon X2 5000)的温度数据进行了实验测试,给出了实验结果和分析。

参 考 文 献

[1] Nowroz A N, Cochran R, Reda S. Thermal monitoring of real processors: techniques for sensor allocation and full characterization[C]// Proceedings of the 47th Design Automation Conference (DAC'10). New York: ACM, 2010: 56 - 61.

[2] Memik S O. Heat management in integrated circuits: on - chip and system - level monitoring and cooling[M]. [S. l.]: Institution of Engineering and Technology, 2015.

[3] McGowen R, Poirier C A, Bostak C, et al. Power and temperature control on a 90 - nm itanium family processor[J]. IEEE Journal of Solid - State Circuits, 2006, 41(1): 229 - 237.

[4] Reda S, Cochran R, Nowroz A N. Improved thermal tracking for processors using hard and soft sensor allocation techniques[J]. IEEE Transactions on Computers, 2011, 60(6): 841 - 851.

[5] Ranieri J, Vincenzi A, Chebira A, et al. EigenMaps: algorithms for optimal thermal maps extraction and sensor placement on multicore processors[C]// Proceedings of the 49th Design Automation Conference (DAC'12). New York: ACM, 2012: 636 - 641.

[6] Sharifi S, Rosing T S. Accurate direct and indirect on - chip temperature sensing for efficient dynamic thermal management[J]. IEEE

Transactions on Computer - Aided Design of Integrated Circuits and Systems, 2010, 29(10):1586 - 1599.

[7] Lee K J, Skadron K, Huang W. Analytical model for sensor placement on microprocessors[C]// Proceedings of the 2005 International Conference on Computer Design (ICCD'05). Washington: IEEE, 2005:24 - 27.

[8] Gunther S, Binns F, Carmean D M, et al. Managing the impact of increasing microprocessor power consumption[J]. Intel Technology Journal, 2001, 5(1):1 - 9.

[9] Bratek P, Kos A. Temperature sensors placement strategy for fault diagnosis in integrated circuits[C]// Seventeenth Annual IEEE Semiconductor Thermal Measurement and Management Symposium. Piscataway:IEEE, 2001:245 - 251.

[10] Lopez - Buedo S, Garrido J, Boemo E I. Dynamically inserting, operating, and eliminating thermal sensors of FPGA - based systems [J]. IEEE Transactions on Components and Packaging Technologies, 2002, 25(4):561 - 566.

[11] Mukherjee R, Mondal S, Memik S O. Thermal sensor allocation and placement for reconfigurable systems[C]// Proceedings of the 2006 IEEE/ACM International Conference on Computer - Aided Design (ICCAD'06). New York:ACM, 2006:437 - 442.

[12] Long J, Memik S O, Memik G, et al. Thermal monitoring mechanisms for chip multiprocessors[J]. ACM Transactions on Architecture and Code Optimization, 2008, 5(2):9:1 - 9:23.

[13] Wang H, Tan S X D, Swarup S, et al. A power - driven thermal sensor placement algorithm for dynamic thermal management[C]// Proceedings of the Conference on Design, Automation and Test in Europe (DATE'13). San Jose:EDA Consortium, 2013:1215 - 1220.

[14] Mukherjee R, Memik S O. Systematic temperature sensor allocation and placement for microprocessors[C]// Proceedings of the 43rd Design Automation Conference (DAC'06). New York: ACM, 2006: 542 - 547.

[15] Memik S O, Mukherjee R, Ni M, et al. Optimizing thermal sensor

allocation for microprocessors[J]. IEEE Transactions on Computer - Aided Design of Integrated Circuits, 2008, 27(3):516 - 527.

[16] Skadron K, Stan M R, Huang W, et al. Temperature - aware microarchitecture[C]// Proceedings of the 30th Annual International Symposium on Computer Architecture (ISCA'03). New York: ACM, 2003:2 - 13.

[17] MacQueen J. Some methods for classification and analysis of multivariate observations[C]// Proceedings of the fifth Berkeley Symposium on Mathematical Statistics and Probability. Berkeley: University of California Press, 1967:281 - 297.

[18] Kanungo T, Mount D M, Netanyahu N S, et al. An efficient k - means clustering algorithm: analysis and implementation[J]. IEEE Transactions on Pattern Analysis and Machine Intelligence, 2002, 24(7):881 - 892.

[19] Kanungo T, Mount D M, Netanyahu N S, et al. A local search approximation algorithm for k - means clustering[C]// Proceedings of the eighteenth annual symposium on computational geometry. New York: ACM, 2002:10 - 18.

[20] Jain A K. Data clustering: 50 years beyond k - means[J]. Pattern Recognition Letters, 2010, 31(8):651 - 666.

[21] Hartigan J A, Wong M A. Algorithm AS 136: A k - means clustering algorithm[J]. Applied Statistics, 1979, 28(1):100 - 108.

[22] Fahim A M, Salem A M, Torkey F A, et al. An efficient enhanced k - means clustering algorithm[J]. Journal of Zhejiang University SCIENCE A, 2006, 7(10):1626 - 1633.

[23] Dunlop A E, Kernighan B W. A procedure for placement of standard - cell VLSI circuits[J]. IEEE Transactions on Computer - Aided Design of Integrated Circuits and Systems, 1985, 4(1):92 - 98.

[24] Koschan A. A comparative study on color edge detection[C]// Proceedings 2nd Asian Conference on Computer. [S. l. : s. n.], 1995: 574 - 578.

[25] Wang W. Reach on sobel operator for vehicle recognition[C]// International Joint Conference on Artificial Intelligence (JCAI'09).

Washington:IEEE, 2009:448 - 451.

[26] Lin C R, Liu K H, Chen M S. Dual clustering:integrating data clustering over optimization and constraint domains[J]. IEEE Transactions on Knowledge and Data Engineering, 2005, 17(5):628 - 637.

[27] Jiao L M, Liu Y L, Zou B. Self - organizing dual clustering considering spatial analysis and hybrid distance measures[J]. SCIENCE CHINA Earth Sciences, 2011, 54(8):1268 - 1278.

[28] Zhou J, Guan J, Li P. DCAD:a dual clustering algorithm for distributed spatial databases[J]. Geo - spatial Information Science, 2007, 10(2):137 - 144.

[29] Aurenhammer F. Voronoi diagrams - a survey of a fundamental geometric data structure[J]. ACM Computing Surveys, 1991, 23(3):345 - 405.

[30] Bhattacharya P, Gavrilova M L. Voronoi diagram in optimal path planning[C]// 4th International Symposium on Voronoi Diagrams in Science and Engineering (ISVD'07). Washington: IEEE, 2007:38 - 47.

[31] 颜辉武，祝国瑞，徐智勇. 基于动态 Voronoi 图的距离倒数加权法的改进研究[J]. 武汉大学学报(信息科学版)，2004，29(11):1017 - 1020.

[32] Cochran R, Reda S. Spectral techniques for high - resolution thermal characterization with limited sensor data[C]// Proceedings of the 46th Design Automation Conference (DAC'09). New York:ACM, 2009:478 - 483.

[33] Kottaimalai R, Rajasekaran M P, Selvam V, et al. EEG signal classification using principal component analysis with neural network in brain computer interface applications[C]// International Conference on Emerging Trends in Computing, Communication and Nanotech - nology (ICECCN). Piscataway:IEEE, 2013:227 - 231.

[34] 周志华. 机器学习[M]. 北京:清华大学出版社，2016.

[35] Zhang Y, Srivastava A. Accurate temperature estimation using noisy thermal sensors for Gaussian and Non - Gaussian cases[J]. IEEE Transactions on Very Large Scale Integration (VLSI) Systems, 2011, 19(9):1617 - 1626.

[36] 常友渠，肖贵元，曾敏. 贪心算法的探讨与研究[J]. 重庆电力高等专科学校学报，2008，13(3):40-42.

[37] 肖衡. 浅析贪心算法[J]. 办公自动化，2009(9):25-26.

[38] Wah B W, Chen Y, Wang T. Simulated annealing with asymptotic convergence for nonlinear constrained optimization[J]. Journal of Global Optimization, 2007, 39(1):1-37.

[39] 李金忠，夏洁武，曾小荟，等. 多目标模拟退火算法及其应用研究进展[J]. 计算机工程与科学，2013，35(8):77-88.

[40] Li X, Li X, Jiang W, et al. Optimising thermal sensor placement and thermal maps reconstruction for microprocessors using simulated annealing algorithm based on PCA[J]. IET Circuits, Devices & Systems, 2016, 10(6):463-472.

[41] Wang X, Wang X, Xing G, et al. Intelligent sensor placement for hot server detection in data centers[J]. IEEE Transactions on Parallel and Distributed Systems, 2013, 24(8):1577-1588.

[42] Teguig D, Le Nir V, Scheers B. Spectrum sensing method based on goodness of fit test using chi-square distribution[J]. Electronics Letters, 2014, 50(9):713-715.

[43] Holland J H. Adaptation in natural and artificial systems[M]. Cambridge:MIT Press, 1992.

[44] 边霞，米良. 遗传算法理论及其应用研究进展[J]. 计算机应用研究，2010，27(7):2425-2429.

[45] 马永杰，云文霞. 遗传算法研究进展[J]. 计算机应用研究，2012，29(4):1201-1206.

[46] Li X, Wei X, Zhou W. Heuristic thermal sensor allocation methods for overheating detection of real microprocessors[J]. IET Circuits, Devices & Systems, 2017, 11(6):559-567.

[47] Potts J C, Giddens T D, Yadav S B. The development and evaluation of an improved genetic algorithm based on migration and artificial selection[J]. IEEE Transactions on Systems, Man and Cybernetics, 1994, 24(1):73-86.

[48] Ye M, Wang Y, Dai C, et al. A hybrid genetic algorithm for the minimum exposure path problem of wireless sensor networks based

on a numerical functional extreme model[J]. IEEE Transactions on Vehicular Technology, 2016, 65(10):8644 - 8657.

[49] Du X, Htet K, Tan K. Development of a genetic - algorithm - based nonlinear model predictive control scheme on velocity and steering of autonomous vehicles[J]. IEEE Transactions on Industrial Electro - nics, 2016, 63(11):6970 - 6977.

[50] Chang X, Tan R, Xing G, et al. Sensor placement algorithms for fu- sion - based surveillance networks[J]. IEEE Transactions on Parallel and Distributed Systems, 2011, 22(8):1407 - 1414.

第5章　热传感器温度校正技术

5.1 引　　言

芯片内置(片上)热传感器的工作原理都遵循如下原则:产生与被测区域温度相关的电压、电流或脉冲信号,通过生成的电压、电流或脉冲信号的变化来反映被测区域的温度。片上热传感器的发展大致经历了两个阶段,早期的片上热传感器主要为模拟型热传感器(例如基于热二极管的传感器、电阻型热传感器、热电偶和热电堆等),其全部由模拟电路组成,通过前端偏置二极管的阻抗与温度依赖关系来进行温度测量。新一代的片上热传感器为数字型热传感器(例如基于 MOSFET 输出电压/电流的热传感器、基于延迟时间的热传感器、基于漏电流的热传感器等),其主要由各种基于 CMOS 管的延迟/漏电/时间到温度的转化器构成[1]。

随着冷却成本在芯片能耗成本中的占比越来越高,以及芯片执行重载模式下最大功耗越来越大,系统越来越倾向于在非常接近发生热突发事件的温度阈值点附近运行很长时间,在此趋势下,系统级片上温度感知成为保证芯片性能、寿命以及可靠性的关键所在。当系统级片上温度感知侦测到相关热突发事件发生时,动态热管理干预机制会被激活,通过采取 DVFS 等技术来减少系统功耗,以最小的性能损失使过高的芯片温度降低到安全范围以内。由于芯片温度的不可预测性,系统级片上温度感知利用热传感器对芯片的热点温度信息进行估计,因此,热设计人员对片上热传感器的高精度要求越来越高。然而,实际芯片中的模拟或数字型热传感器大多伴随有多种噪声[2],例如制造随机性噪声、电源电压噪声、温度与电路参数交叉耦合和非线性关系引起的噪声等。这些噪声大部分是由于生产制造的不完美性和环境的不确定性引起的。具体来说,因为当前半导体工艺技术的客观限制,不可避免地存在生产制造的随机性,即在实际制造中各个器件不可能和设计的参数毫无出入。同时,在芯片上还存在电网噪声和交叉耦合效应。此外,热传感器的温度参数和芯片参数之间还存在一些非线性的限制关系问题[3-6]。由于这些噪声源理论上不能被完全消除，即使不断提高半导体的制造工艺，努力提供稳定的运行环境，也只能减少噪声的产生，这就给实现精确的片上温度感知带来了困难，给动态热管理的运行埋下了隐患。如果不对片上热传感器进行校正，一方面，可能会发生芯片温度高于预警门限而没有被侦测出来的错误预警，导致芯片损坏；另一方面，可能会发生芯片温度仍然在可接受范围之内，而片上温度感知判断其超过了预警门限，导致触发不必要的热控制措施，造成消耗大量系统资源的响应行为。因此，热传感器温度校正技术成为片上温度感知领域中另一个极其重要的研究方向。

对于片上热传感器而言，校正的目标是调整热传感器的原始响应特性，以实现被测区域的实际温度值与热传感器的观测读数值相匹配，保持较小的偏差。这方面代表性研究成果例如，美国马萨诸塞大学安姆斯特分校的 Lu 等[7-8]提出了一种多传感器协同校准算法，其主要原理是使用贝叶斯技术进行热传感器温度读数校正。该算法的主要特点是温度估计精度随着热传感器数量的增加而提高，但实际中考虑到制造成本、设计复杂度等原因，片上热传感器的数量受到了限制，因此该算法存在很大的局限性。美国马里兰大学的 Zhang 等[9-10]在分析片上热传感器噪声特性的基础上，运用统计学方法分别对单个和多个热传感器进行了较为精确的温度读数估计。其不足之处在于该方法首先需要模拟出芯片的先验功率密度信息，缺乏实时预测能力，实用性不强。

本章首先对片上热传感器结构原理和噪声特性进行阐述。其次，在噪声呈现高斯分布和非高斯分布的情形下，分别介绍单个和具有相关性的多个热传感器温度校正的统计学方法。在此基础上，结合热传感器分配和布局技术，分别在无噪声、有噪声以及使用多传感器温度校正三种情况下分析其对热点误警率的影响。最后，提出一种基于卡尔曼滤波的实时热传感器温度校正技术，介绍基本原理、模型建立、算法设计以及实验结果和分析。

5.2　热传感器结构原理和噪声特性

本节首先对一种经典的基于环形振荡器结构的片上热传感器结构和原理进行阐述，在此基础上，对热传感器的噪声特性进行分析，并使用蒙特卡洛模拟给出不同温度下含噪热传感器输出频率的概率密度分布。

5.2.1 热传感器的结构和原理

当前，高性能处理器普遍集成热传感器，采用动态热管理技术对芯片实施连续热监控[11-16]，例如 IBM's POWER5 处理器采用了 24 个数字型热传感器[17]，AMD Opteron 处理器则集成了 38 个热传感器[9-10]。片上热传感器为动态热管理的执行提供了实时的温度监测数据。下面以一种经典的基于环形振荡器结构的片上热传感器来进行分析。基于环形振荡器结构的片上热传感器属于数字型热传感器，其有很多种实现方式[18-26]，但它们共同的设计思路都是利用一个计数器或一个脉冲信号发生器，将环形振荡器随温度变化的频率转化成温度数值。图 5.1 所示为一个 N 阶环形振荡器的结构示意图，其由奇数个反相器和一个计数器构成。反相器完成高低电平的转换需要一定的时间，计数器所输出的振荡频率由每个反相器的传播延迟决定。反相器从高电平转换到低电平的转换时间可以表示为

$$t_{\mathrm{PHL}}=\frac{2C}{\mu_{\mathrm{n}}C_{\mathrm{ox}}(W/L)_{\mathrm{n}}(V_{\mathrm{DD}}-V_{\mathrm{t}})}\times\left[\frac{V_{\mathrm{t}}}{V_{\mathrm{DD}}-V_{\mathrm{t}}}+\frac{1}{2}\ln\left(\frac{3V_{\mathrm{DD}}-4V_{\mathrm{t}}}{V_{\mathrm{DD}}}\right)\right] \tag{5.1}$$

式中，μ_{n} 为 N 型金属-氧化物-半导体（N - type Metal - Oxide - Semiconductor, NMOS）中电子的迁移率；$(W/L)_{\mathrm{n}}$ 为 NMOS 管的宽长比；C_{ox} 为 NMOS 管的单位门面积电容（$C_{\mathrm{ox}}=\varepsilon_{\mathrm{ox}}/T_{\mathrm{ox}}$）；$C$ 为驱动反相器的有效负载电容；V_{DD} 为电源电压；V_{t} 为阈值电压。同理，可得到反相器从低电平转换到高电平的转换时间 t_{PLH}，只需将 μ_{n} 和$(W/L)_{\mathrm{n}}$ 分别换成对应 P 型金属-氧化物-半导体（P-type Metal-Oxide-Semiconductor, PMOS）的 μ_{p} 和$(W/L)_{\mathrm{p}}$ 即可。因此，环形振荡器的输出频率可以表示为

$$f=\frac{1}{P}=\frac{1}{N(t_{\mathrm{PHL}}+t_{\mathrm{PLH}})} \tag{5.2}$$

式中，P 为环形振荡器的时间周期；N 为环形振荡器中的反相器个数。从式(5.1) 和式(5.2) 中可以看出，环形振荡器的输出频率受到阈值电压 V_{t} 以及 MOS 管中电子（或空穴）迁移率 $\mu_{\mathrm{n}}(\mu_{\mathrm{p}})$ 的影响。然而，V_{t} 和 $\mu_{\mathrm{n}}(\mu_{\mathrm{p}})$ 对温度非常敏感，为了更加确切地描述温度效应，可以使用以下两个经验公式[27-28]：

$$V_{\mathrm{t}}=V_{\mathrm{t0}}-0.002(T-T_0) \tag{5.3}$$

$$\mu_{\mathrm{n/p}}=\mu_0(T/T_0)^{-1.5} \tag{5.4}$$

式(5.3) 和式(5.4) 中，V_{t0} 和 μ_0 分别为 V_{t} 和 $\mu_{\mathrm{n}}(\mu_{\mathrm{p}})$ 在室温 T_0 下的标准值。由式(5.3) 和式(5.4) 可知，温度每升高 1 ℃，V_{t} 就会减小 2mV，$\mu_{\mathrm{n}}(\mu_{\mathrm{p}})$ 则会

以一个更复杂的关系减小。由于在对反相器电平转换时间的影响中，$\mu_n(\mu_p)$占主导地位，故环形振荡器的输出频率随温度上升而下降[29]。所以，片上热传感器可以利用环形振荡器的输出频率来测量芯片的温度。需要说明的是，反相器的电平转换时间除了受到V_t和$\mu_n(\mu_p)$的主要影响外，还会受到一些随机参数的影响。因此，片上热传感器所提供的温度读数具有很大的不确定性。

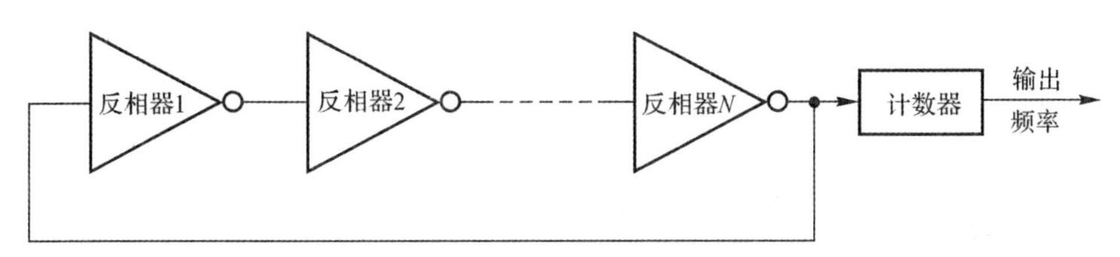

图5.1 环形振荡器结构示意图(反相器总数为奇数)

5.2.2 热传感器噪声特性分析

从式(5.1)和(5.2)中可以看出，环形振荡器的输出频率是一个由许多受制造随机性和环境不确定性影响的参数所构成的函数，可以表示为

$$f=F(W,L,V_{DD},V_t(T),\mu_{n/p}(T),C) \tag{5.5}$$

如果式(5.5)中的噪声参数都是具有确定概率分布的随机变量，那么环形振荡器的输出频率也将是一个概率密度函数由实际温度决定的随机变量。假设式(5.5)中所有噪声参数都是高斯分布的随机变量，其均值和标准差见表5.1，则可根据式(5.1)～(5.4)，对环形振荡器的输出频率做不同温度下的蒙特卡洛模拟，温度范围为30～70℃(增量为10℃)，每组采样100 000次。图5.2(a)所示为蒙特卡洛模拟结果，横轴表示环形振荡器的输出频率值，纵轴表示对应频率值出现的概率，每条曲线表示不同温度下输出频率的概率密度分布。图5.2(b)所示为温度为70℃时环形振荡器输出频率分布的统计直方图。由图5.2(a)可见，不同温度下输出频率的概率密度曲线发生了严重的重叠现象，这说明在噪声的影响下温度和输出频率并不是一一对应的关系。所以，噪声对片上热传感器的影响不能被忽略，不能盲目地相信热传感器所提供的温度读数。因此，使用温度校正技术从热传感器的噪声读数中预测出精确的温度数值具有很大的必要性。

表 5.1 随机噪声参数特性

噪声参数	$\frac{W_n(W_p)}{nm}$	$\frac{L_n(L_p)}{nm}$	$\frac{V_{DD}}{V}$	$\frac{V_t}{V}$	$\frac{\mu_n(\mu_p)}{m^2/(V\cdot s)}$
均值	270	180	3	0.45	0.034
标准差	5%	6%	5%	4%	2%

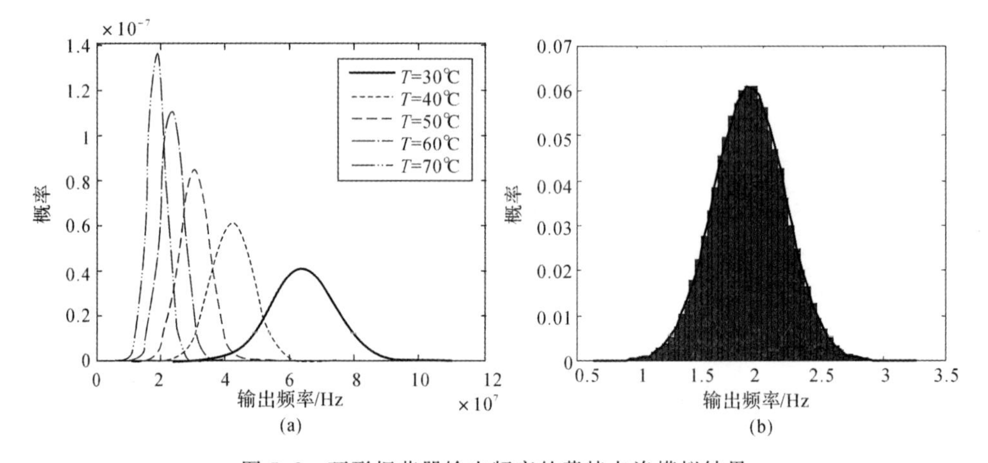

图 5.2 环形振荡器输出频率的蒙特卡洛模拟结果

(a)不同温度下输出频率的概率密度分布； (b)温度为 70 ℃时输出频率分布的统计直方图

5.3 基于统计学方法的热传感器温度校正技术

本节在上述片上热传感器结构原理和噪声特性的基础上，针对噪声呈现高斯分布和非高斯分布的情形，分别对单个和具有相关性的多个热传感器的统计学温度校正方法进行介绍，并结合热传感器分配和布局技术，分别在无噪声、有噪声以及使用多传感器温度校正三种情况下分析其对热点误警率的影响。基于统计学方法的热传感器温度校正技术的大致研究框架如图 5.3 所示。

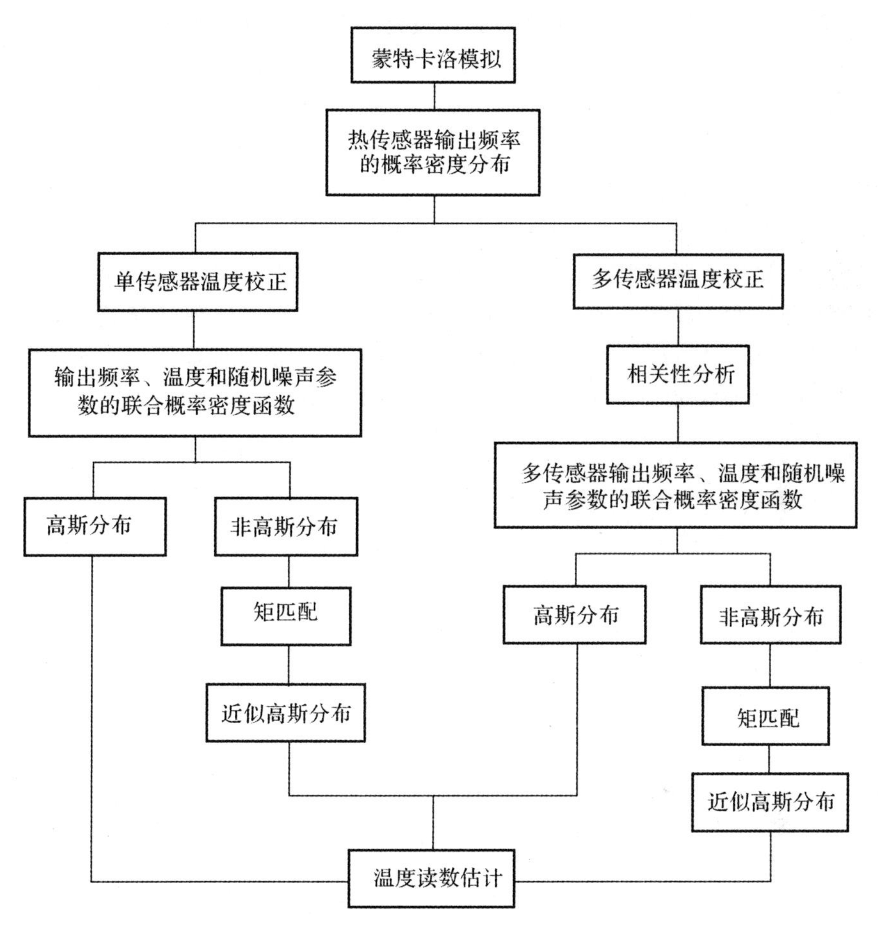

图 5.3　基于统计学方法的热传感器温度校正技术研究框架

5.3.1　单传感器温度校正

1. 随机性建模

由于工作负载的不可预测性以及晶体管和互连参数的可变性，从而导致芯片热分布的随机性。如果将整个芯片区域划分为若干个网格，并假设每个网格中的温度为一个常数，那么所有网格的温度值可以构成一组随机变量的相关热向量。该热向量的联合概率密度函数可利用温度对片上随机功耗值和电路参数的依赖性计算得出。例如，假定每个网格中都具有一个相互关联的功率密度，则芯片上的热分布可以通过使用格林函数[30]求解泊松方程计算得

到。其中，每个网格中的功率密度和温度之间的关系可以使用如下的线性变换近似表示为

$$\boldsymbol{T}=T_0+\boldsymbol{AP} \tag{5.6}$$

式中，T_0 为常温；$\boldsymbol{T}=(T(1),T(2),\cdots,T(i),\cdots)$ 和 $\boldsymbol{P}=(P_d(1),P_d(2),\cdots,P_d(j),\cdots)$ 分别表示每个网格内的平均温度向量和平均功率密度向量；系数矩阵 $\boldsymbol{A}$ 可以使用文献[30]中介绍的方法计算得到。如果已知平均功率密度向量 $\boldsymbol{P}$ 的概率密度函数，则可以通过式(5.6)计算得到平均温度向量 $\boldsymbol{T}$ 的概率密度函数。例如，图 5.4 所示为在 Alpha 21264 单核处理器架构上，使用 SimpleScalar 中的乱序执行模拟器(sim－outorder)仿真标准性能评估基准程序 SPEC CPU2000 所得到的平均功率密度的概率密度函数。

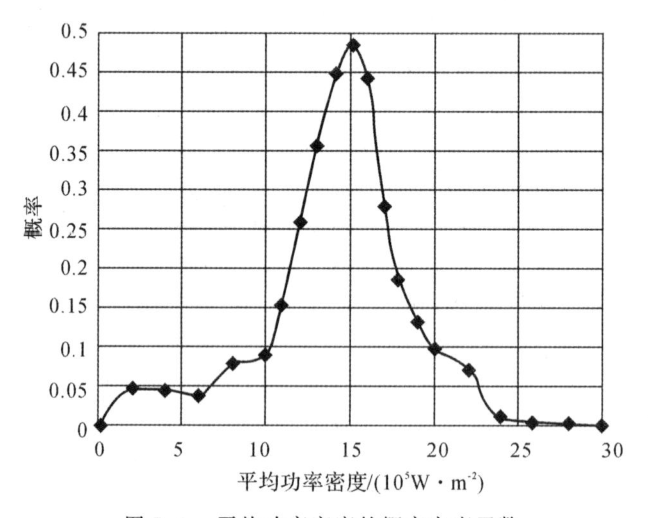

图 5.4　平均功率密度的概率密度函数

在只有一个热传感器的情况下，假设除了温度之外的所有噪声参数已知，则热传感器的频率(即环形振荡器的输出频率) f 和温度 T 之间的关系可以近似表示为[28-29]

$$T=a_0f+b_0 \tag{5.7}$$

式中，a_0 和 b_0 为常量系数。通过式(5.7)，可以使用热传感器频率的观测值来精确地估计实际温度值。然而，由于热传感器的频率是一个随机变量[见式(5.5)]，因此，温度 T 也是一个随机变量。

给定热传感器中所有随机噪声参数特性(见表 5.1)，则可估算其联合概率密度函数 JPDF($T,V_{DD},V_t,W,L,\cdots$)，并通过式(5.1)和式(5.2)评估其对

环形振荡器输出频率的累积效应。假设 $\mathrm{JPDF}(f,T,V_{\mathrm{DD}},V_{\mathrm{t}},W,L,\cdots)$ 代表环形振荡器输出频率、温度以及所有随机噪声参数的联合概率密度函数，则输出频率 f 和温度 T 的联合概率密度函数可以表示为

$$p(f,T)=\iint\cdots\int \mathrm{JPDF}(f,T,V_{\mathrm{DD}},V_{\mathrm{t}},W,L,\cdots)\mathrm{d}V_{\mathrm{DD}}\mathrm{d}V_{\mathrm{t}}\mathrm{d}W\mathrm{d}L\cdots \tag{5.8}$$

如果已知环形振荡器的输出频率 f，通过式(5.8)可得到温度 T 的期望值为

$$E(T\mid f) \tag{5.9}$$

2. 高斯分布

假设环形振荡器输出频率 f 和温度 T 的联合概率密度函数 $p(f,T)$ 为高斯分布，则对于给定的频率观测值 f，温度 T 的估计值可以表示为[31]

$$E(T\mid f)=\mu_T+\frac{\mathrm{cov}(T,f)}{\sigma_f^2}(f-\mu_f) \tag{5.10}$$

式中，μ_T 和 μ_f 分别为温度 T 和输出频率 f 的平均值；$\mathrm{cov}(T,f)$ 为温度 T 和输出频率 f 之间的协方差；σ_f^2 为输出频率 f 的方差。在输出频率 f 和温度 T 的联合概率密度函数 $p(f,T)$ 为高斯分布的假设下，给定含有噪声的输出频率 f，式(5.10)给出了温度 T 的最佳估计。

3. 非高斯分布

实际中环形振荡器输出频率 f 和温度 T 的联合概率密度函数 $p(f,T)$ 并不是严格意义上的高斯分布，如图 5.2(a) 所示。对于 $p(f,T)$ 为非高斯分布的情况，可以通过矩匹配的方法找到一个符合高斯分布的联合密度概率函数 $p_{\mathrm{G}}(f,T)$ 来近似表示 $p(f,T)$。这种近似可以通过匹配 $p(f,T)$ 和 $p_{\mathrm{G}}(f,T)$ 的特征函数来实现。特征函数一般定义为联合概率密度函数的傅里叶变换，任意两个随机变量(X_1,X_2)的特征函数可以表示为

$$\Phi(y_1,y_2)=\int_{-\infty}^{\infty}\int_{-\infty}^{\infty} f_{X_1,X_2}(x_1,x_2)\mathrm{e}^{\mathrm{i}(y_1x_1+y_2x_2)}\mathrm{d}x_1\mathrm{d}x_2 \tag{5.11}$$

式中，$f_{X_1,X_2}(x_1,x_2)$ 为(X_1,X_2)的联合概率密度函数。将式(5.11)中的指数表达式进行级数展开，即

$$\begin{aligned}\Phi(y_1,y_2)=&1+\mathrm{i}y_1\iint x_1 f_{X_1,X_2}(x_1,x_2)\mathrm{d}x_1\mathrm{d}x_2+\mathrm{i}y_2\iint x_2 f_{X_1,X_2}(x_1,x_2)\times\\&\mathrm{d}x_1\mathrm{d}x_2-\frac{y_1^2}{2}\iint x_1^2 f_{X_1,X_2}(x_1,x_2)\mathrm{d}x_1\mathrm{d}x_2-\frac{y_2^2}{2}\iint x_2^2 f_{X_1,X_2}\times\\&(x_1,x_2)\mathrm{d}x_1\mathrm{d}x_2-y_1y_2\iint x_1x_2 f_{X_1,X_2}(x_1,x_2)\mathrm{d}x_1\mathrm{d}x_2+\cdots\end{aligned} \tag{5.12}$$

式中，y_1 和 y_2 的系数定义为 f_{X_1,X_2} 的矩，即

$$m_{ij}=\int_{-\infty}^{\infty}\int_{-\infty}^{\infty}x_1^i x_2^j f_{X_1,X_2}(x_1,x_2)\mathrm{d}x_1\mathrm{d}x_2=E[X_1^i X_2^j] \tag{5.13}$$

则式(5.12) 可以改写为

$$\Phi(y_1,y_2)=1+\mathrm{i}y_1m_{10}+\mathrm{i}y_2m_{01}-\frac{y_1^2}{2}m_{20}-\frac{y_2^2}{2}m_{02}-y_1y_2m_{11}+\cdots \tag{5.14}$$

式中

$$m_{10}=\mu_{x_1},\quad m_{01}=\mu_{x_2} \tag{5.15}$$

$$m_{20}=E[X_1^2]=\mathrm{Variance}(X_1)+\mu_{x_1}^2 \tag{5.16}$$

$$m_{02}=E[X_2^2]=\mathrm{Variance}(X_2)+\mu_{x_2}^2 \tag{5.17}$$

$$m_{11}=E[X_1,X_2]=\mathrm{Covariance}(X_1,X_2)+\mu_{x_1}\mu_{x_2} \tag{5.18}$$

为了使用 f_{X_1,X_2}^{G} 来近似 f_{X_1,X_2}，可以通过匹配 f_{X_1,X_2} 和 f_{X_1,X_2}^{G} 的矩来实现。由于 f_{X_1,X_2}^{G} 满足高斯分布，其分布只含有 5 个未知参数：(μ_{x_1}，μ_{x_2}，σ_{x_1}，σ_{x_2}，$\rho_{x_1x_2}$)，因此，可以通过匹配 f_{X_1,X_2} 的前 5 个矩得到，即

$$m_{10}=m_{10}^{G},\quad m_{01}=m_{01}^{G},\quad m_{20}=m_{20}^{G},\quad m_{02}=m_{02}^{G},\quad m_{11}=m_{11}^{G} \tag{5.19}$$

通过上述矩匹配，可以得到符合高斯分布的联合密度概率函数 $p_G(f,T)$ 的均值、方差以及协方差，在此基础上，对 $p_G(f,T)$ 使用式(5.10) 即可获得温度 T 的估计值。

5.3.2 多传感器温度校正

1. 相关性建模

实际芯片中，不同热传感器位置上的温度和噪声源之间可能相互关联，这种相关性可以用来提高多传感器校正情况下的温度估计精度。仿照 5.3.1 小节中的实验，在 Alpha 21264 单核处理器架构上，使用 SimpleScalar 中的乱序执行模拟器仿真标准性能评估基准程序 SPEC CPU2000，可获得处理器不同模块功率消耗的相关性[9-10]。在此基础上，类似于式(5.6)，通过统计特性分析计算不同模块的功率密度向量 $\boldsymbol{P}$ 的均值、方差以及协方差等参数，进而得到具有随机相关性的不同传感器温度向量 $\boldsymbol{T}$ 的均值向量 $\boldsymbol{\mu}_T$ 和协方差矩阵 $\boldsymbol{\Sigma}_{TT}$，即

$$\boldsymbol{\mu}_T=\boldsymbol{T}_0+\boldsymbol{A}\boldsymbol{\mu}_P,\quad \Sigma_{TT}=\boldsymbol{A}\boldsymbol{\Sigma}_{PP}\boldsymbol{A}^{\mathrm{T}} \tag{5.20}$$

式中，$\boldsymbol{T}_0$ 为常温；$\boldsymbol{\mu}_P$ 和 $\boldsymbol{\Sigma}_{PP}$ 分别为功率密度向量 $\boldsymbol{P}$ 的均值向量和协方差矩阵；

系数矩阵 $\boldsymbol{A}$ 可以使用文献[30]中介绍的方法计算得到。

如果芯片中存在 n 个热传感器，假设其输出频率、温度和随机噪声参数的联合概率密度函数为 $\mathrm{JPDF}(T_1, T_2, \cdots, T_n, f_1, f_2, \cdots, f_n, V_{\mathrm{DD1}}, V_{\mathrm{DD2}}, \cdots, V_{\mathrm{DD}n}, W_1, W_2, \cdots, W_n, L_1, L_2, \cdots, L_n, \cdots)$，则输出频率和温度的联合概率密度函数可以表示为

$$p(\boldsymbol{f}, \boldsymbol{T}) = \iint \cdots \int \mathrm{JPDF}(\boldsymbol{f}, \boldsymbol{T}, \boldsymbol{V}_{\mathrm{DD}}, \boldsymbol{V}_{\mathrm{t}}, \boldsymbol{W}, \boldsymbol{L}, \cdots) \mathrm{d}\boldsymbol{V}_{\mathrm{DD}} \mathrm{d}\boldsymbol{V}_{\mathrm{t}} \mathrm{d}\boldsymbol{W} \mathrm{d}\boldsymbol{L} \cdots \tag{5.21}$$

式中，$\boldsymbol{f}$ 和 $\boldsymbol{T}$ 分别为 n 个热传感器的输出频率和温度向量；$(\boldsymbol{V}_{\mathrm{DD}}, \boldsymbol{V}_{\mathrm{t}}, \boldsymbol{W}, \boldsymbol{L}, \cdots)$ 为 n 个热传感器的随机噪声参数向量。已知 n 个热传感器的输出频率向量 $\boldsymbol{f}$，则通过式(5.21)可以得到温度向量 $\boldsymbol{T}$ 的期望值为

$$E(\boldsymbol{T} \mid \boldsymbol{f}) \tag{5.22}$$

2. 高斯分布

假设 n 个热传感器输出频率向量 $\boldsymbol{f}$ 和温度向量 $\boldsymbol{T}$ 的联合概率密度函数 $p(\boldsymbol{f}, \boldsymbol{T})$ 为高斯分布，则对于给定的频率观测值向量 $\boldsymbol{f}$，温度向量 $\boldsymbol{T}$ 的估计值可以表示为[31]

$$E(\boldsymbol{T} \mid \boldsymbol{f}) = \boldsymbol{\mu}_T + \boldsymbol{\Sigma}_{Tf} \boldsymbol{\Sigma}_{ff}^{-1} (\boldsymbol{f} - \boldsymbol{\mu}_f) \tag{5.23}$$

式中，$\boldsymbol{\mu}_T$ 和 $\boldsymbol{\mu}_f$ 分别为温度向量 $\boldsymbol{T}$ 和输出频率向量 $\boldsymbol{f}$ 的平均值向量；$\boldsymbol{\Sigma}_{Tf}$ 为温度向量 $\boldsymbol{T}$ 和输出频率向量 $\boldsymbol{f}$ 之间的协方差矩阵；$\boldsymbol{\Sigma}_{ff}$ 为输出频率向量 $\boldsymbol{f}$ 的协方差矩阵。在输出频率向量 $\boldsymbol{f}$ 和温度向量 $\boldsymbol{T}$ 的联合概率密度函数 $p(\boldsymbol{f}, \boldsymbol{T})$ 为高斯分布的假设下，给定含有噪声的输出频率向量 $\boldsymbol{f}$，式(5.23)给出了温度向量 $\boldsymbol{T}$ 的最佳估计。

3. 非高斯分布

对于 $p(\boldsymbol{f}, \boldsymbol{T})$ 为非高斯分布的情况，可通过类似于单传感器矩匹配的方法找到一个符合高斯分布的联合密度概率函数 $p_{\mathrm{G}}(\boldsymbol{f}, \boldsymbol{T})$ 来近似表示 $p(\boldsymbol{f}, \boldsymbol{T})$。通过矩匹配，可以得到符合高斯分布的联合密度概率函数 $p_{\mathrm{G}}(\boldsymbol{f}, \boldsymbol{T})$ 的均值、方差矩阵以及协方差矩阵，在此基础上，对 $p_{\mathrm{G}}(\boldsymbol{f}, \boldsymbol{T})$ 使用式(5.23)即可获得温度向量 $\boldsymbol{T}$ 的估计值。

5.3.3　实验结果和分析

本小节将在上述基于统计学方法的热传感器温度校正技术的基础上，结合 4.4 节中提出的两种热传感器数量分配和位置分布方法(Rigid - GC 和 Rigid - TGT)，分别在无噪声、有噪声以及使用多传感器温度校正三种情况下

分析其对热点误警率的影响。以图 2.9 所示的热点位置分布(共有 132 个热点,包含所有 26 个 SPEC CPU2000 基准程序在处理器中存在的热点)为基础,分别对使用 Rigid - GC 和 Rigid - TGT 方法获得的多传感器进行有噪声情况下的温度校正。假设多传感器的输出频率向量和温度向量的联合概率密度函数服从高斯分布,不同热传感器间的相关系数均为 0.8,随机噪声参数特性见表 5.1。在式(5.23)的基础上,通过 10 000 次迭代计算的蒙特卡洛模拟对不同热传感器的温度均值进行估计,并给出其对热点误警率的影响。实验中所有程序均在物理内存为 2GB,主频为 2.53GHz 的 Intel E7200 双核处理器上由 Matlab 编写完成。

图 5.5～图 5.7 所示分别为给定不同的热点温度误差上限(ε_{max}),在无噪声、有噪声以及多传感器温度校正的情况下,使用 Rigid - GC 方法获得的 132 个热点的温度误差。类似地,图 5.8～图 5.10 所示分别为给定不同的热点温度误差上限,在无噪声、有噪声以及多传感器温度校正的情况下,使用 Rigid - TGT 方法获得的 132 个热点的温度误差。在上述图中,热点的实际温度(Actual Temperature)是指使用 2.2.4 小节中仿真工具链所得到的热点真实温度;热点的监控温度(Monitored Temperature)、噪声温度(Noise Temperture)以及估计温度(Estimated Temperature)分别是指在无噪声、有噪声以及多传感器温度校正的情况下,使用热传感器数量分配和位置分布方法(Rigid - GC 和 Rigid - TGT)所获得的热传感器对热点温度的估计值;门限温度(Threshold Temperature)是指在动态热管理中的预警温度,在本实验中参照文献[10]选取为 100 ℃。

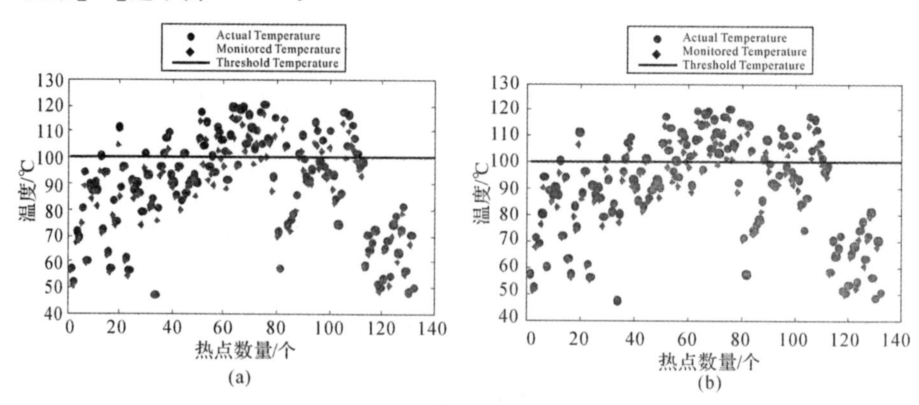

图 5.5 无噪声情况下使用 Rigid - GC 方法的热点温度误差

(a)热点温度误差上限为 4%; (b)热点温度误差上限为 3%

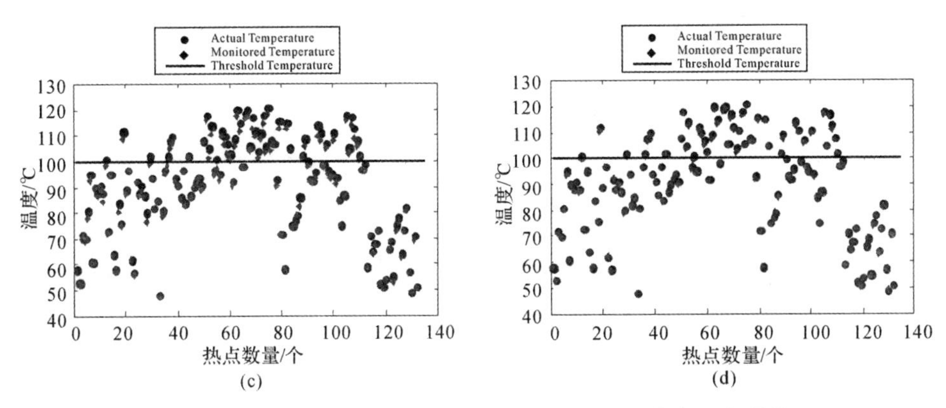

续图 5.5　无噪声情况下使用 Rigid - GC 方法的热点温度误差

(c)热点温度误差上限为 2%；（d)热点温度误差上限为 1%

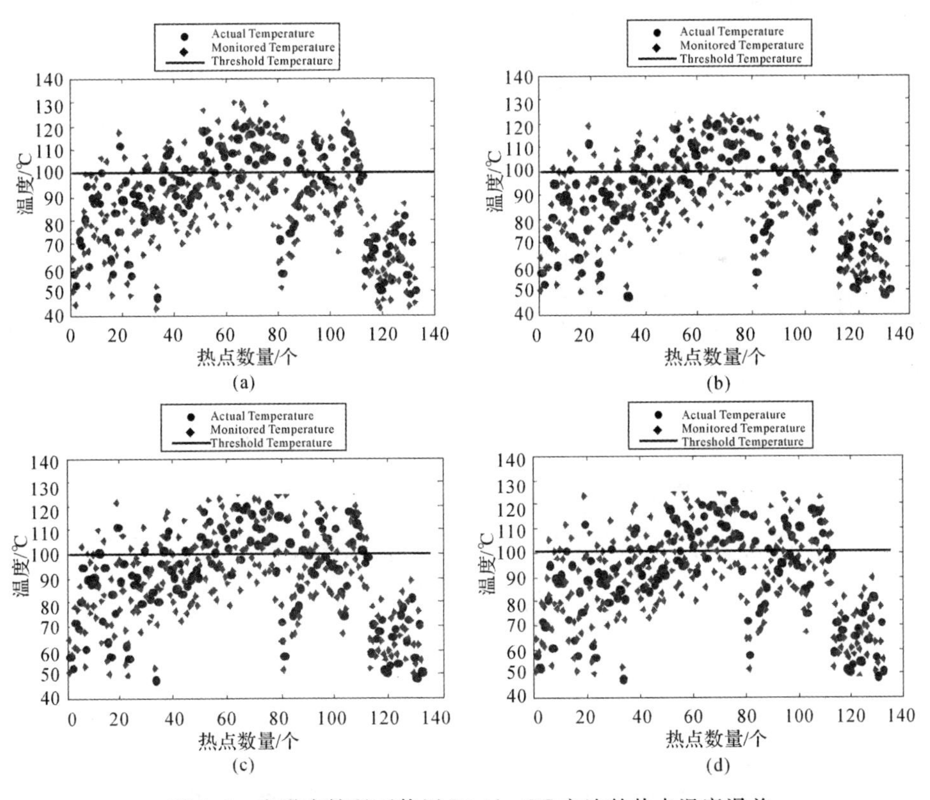

图 5.6　有噪声情况下使用 Rigid - GC 方法的热点温度误差

(a)热点温度误差上限为 4%；（b）热点温度误差上限为 3%；

(c)热点温度误差上限为 2%；（d）热点温度误差上限为 1%

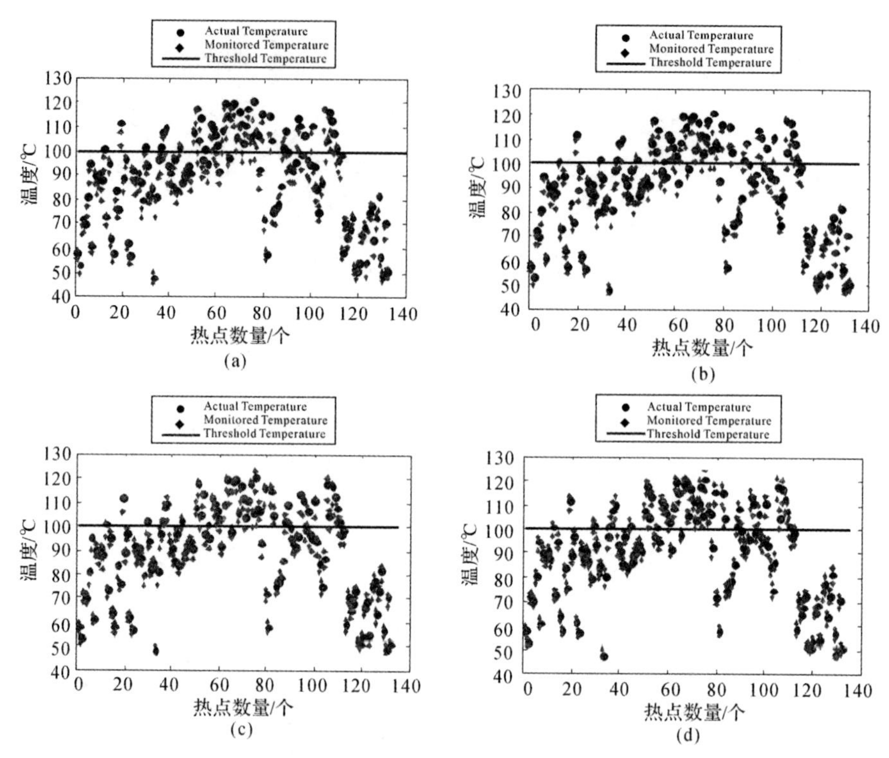

图 5.7　多传感器温度校正情况下使用 Rigid - GC 方法的热点温度误差

(a)热点温度误差上限为 4%；（b）热点温度误差上限为 3%；

(c)热点温度误差上限为 2%；（d）热点温度误差上限为 1%

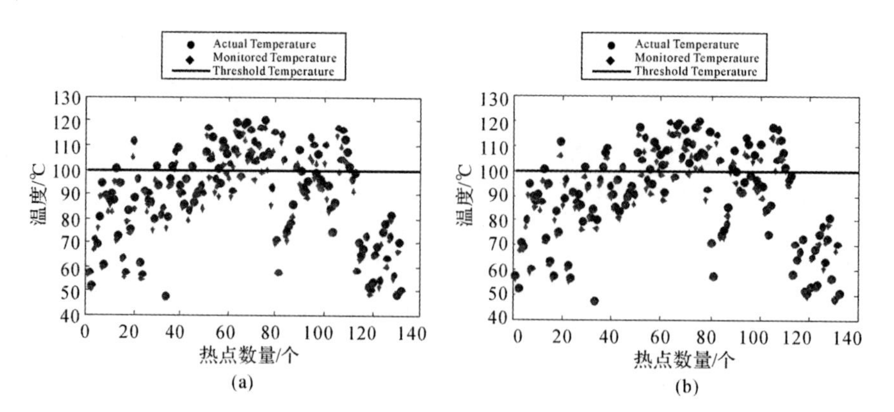

图 5.8　无噪声情况下使用 Rigid - TGT 方法的热点温度误差

(a)热点温度误差上限为 4%；（b）热点温度误差上限为 3%

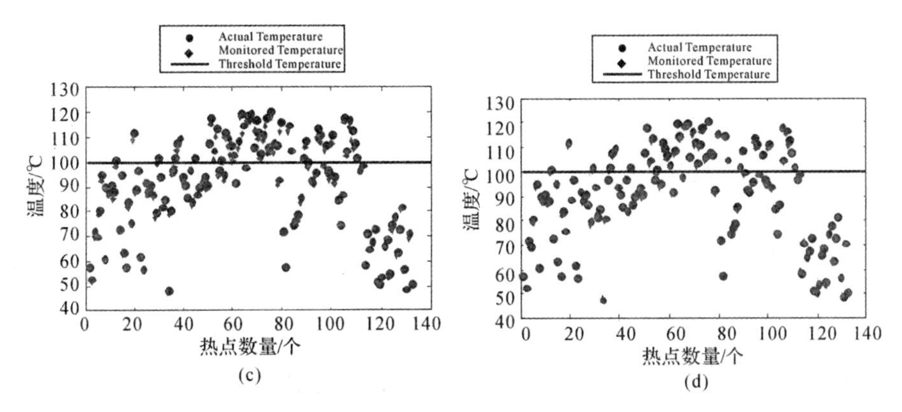

续图 5.8　无噪声情况下使用 Rigid - TGT 方法的热点温度误差

(c)热点温度误差上限为 2%；(d) 热点温度误差上限为 1%

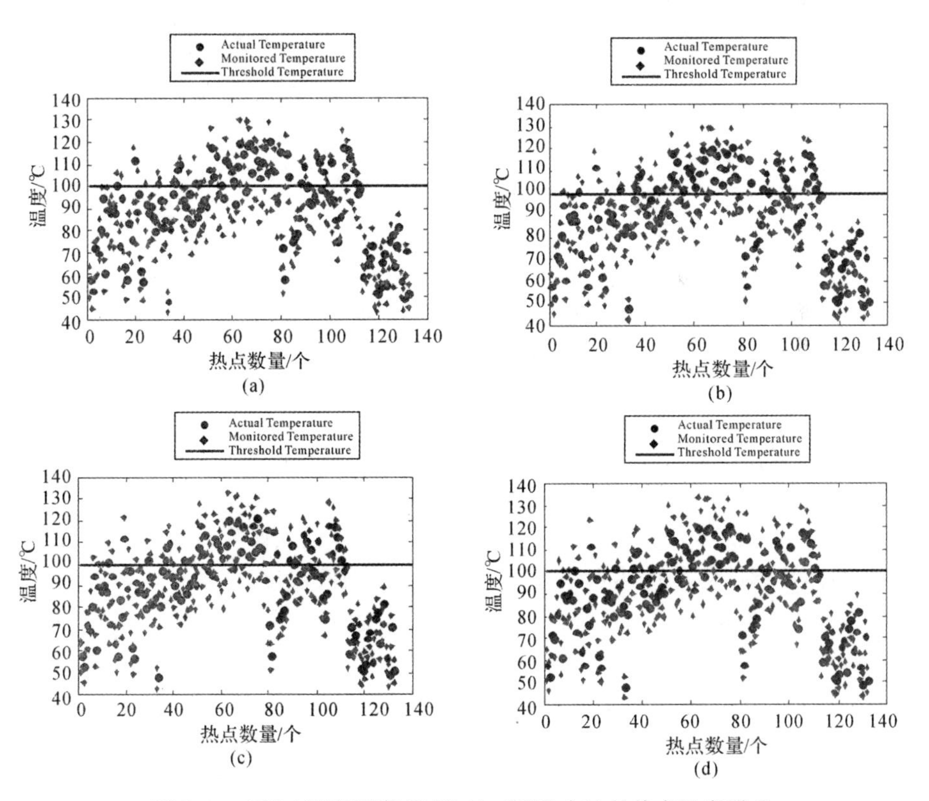

图 5.9　有噪声情况下使用 Rigid - TGT 方法的热点温度误差

(a)热点温度误差上限为 4%；(b) 热点温度误差上限为 3%；

(c)热点温度误差上限为 2%；(d) 热点温度误差上限为 1%

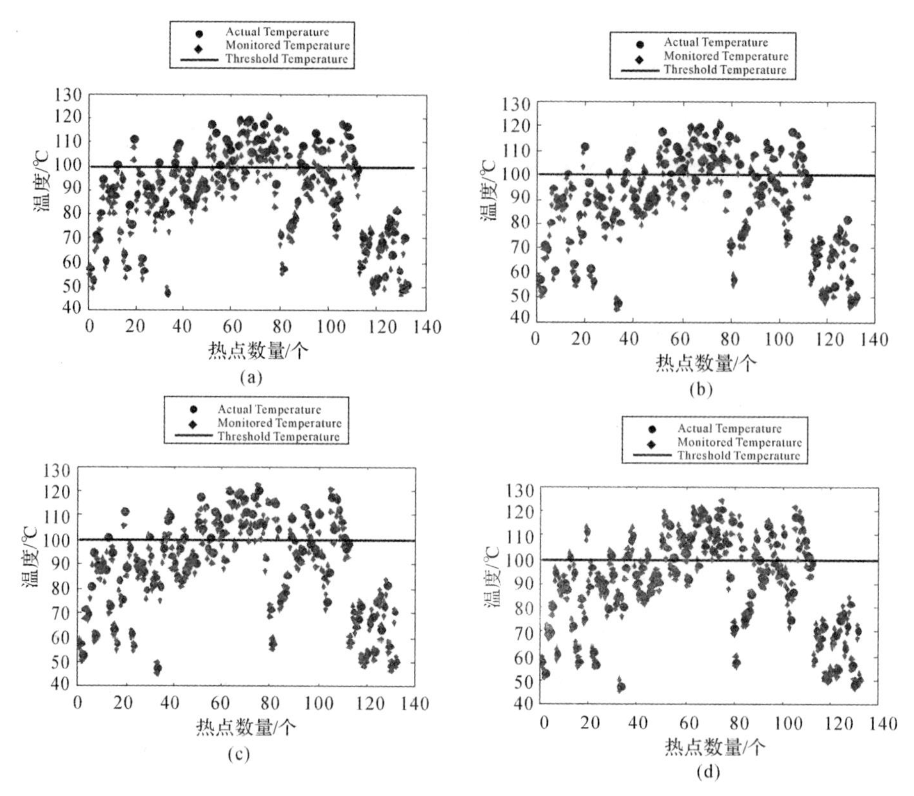

图 5.10　多传感器温度校正情况下使用 Rigid－TGT 方法的热点温度误差

(a)热点温度误差上限为 4%；（b）热点温度误差上限为 3%；

(c)热点温度误差上限为 2%；（d）热点温度误差上限为 1%

图 5.11 所示为在给定不同的热点温度误差上限时，分别使用 Rigid－GC 和 Rigid－TGT 方法的情况下多传感器温度校正对误警热点个数的影响。其中，误警热点的定义包含两种情况：①热点的实际温度达到或超过门限温度，而传感器对相应热点的温度估计值低于门限温度；②热点的实际温度没有达到门限温度，而传感器对相应热点的温度估计值达到或超过门限温度。误警热点个数为上述两种情况中误警热点数量的总和。从图 5.11 可以看出，无论 Rigid－GC 方法还是 Rigid－TGT 方法，在没有噪声的情况下，误警热点个数最少；在有噪声的情况下，误警热点个数最多；在使用多传感器温度校正的情况下，可以很大程度地降低误警热点个数。

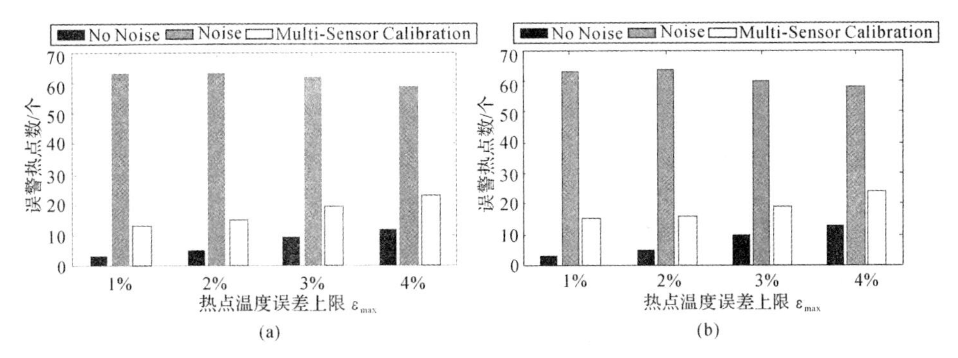

图 5.11　分别使用 Rigid - GC 和 Rigid - TGT 方法的情况下多传感器温度校正对误警热点个数的影响

(a)Rigid - GC 方法；（b)Rigid - TGT 方法

在给定不同的热点温度误差上限时，分别使用 Rigid - GC 和 Rigid - TGT 方法在所分配传感器数量和热点误警率方面的对比见表 5.2。其中，热点误警率定义为误警热点的个数除以热点的总数。从表 5.2 可以看出，在无噪声以及使用多传感器温度校正的情况下，Rigid - GC 方法在热点误警率方面要稍微优于 Rigid - TGT 方法，然而 Rigid - GC 方法所分配的传感器数量相对更多。总之，在实际微处理器中的热传感器不可避免地伴随有多种噪声，这会在一定程度上加剧热点的误警率并引起不必要的响应，使动态热管理的可靠性受到影响。因此，使用有效的热传感器温度校正方法可以在很大程度上减小噪声的影响，降低热点的误警率，对动态热管理的温度监控具有很大的实用意义。

表 5.2　使用 Rigid - GC 和 Rigid - TGT 方法在所分配传感器数量和热点误警率方面的对比

传感器数量分配和位置分布方法	热点温度误差上限/(%)	所分配的传感器数量/个	热点误警率/(%)		
			无噪声	有噪声	多传感器温度校正
Rigid - GC	4	12	9.09	44.70	17.42
	3	20	6.81	46.97	14.39
	2	27	3.79	47.73	11.36
	1	39	2.27	47.73	9.85

续 表

传感器数量分配和位置分布方法	热点温度误差上限/(%)	所分配的传感器数量/个	热点误警率/(%)		
			无噪声	有噪声	多传感器温度校正
Rigid - TGT	4	8	9.85	43.94	18.18
	3	15	7.58	45.45	14.39
	2	24	3.79	48.48	12.12
	1	35	2.27	47.73	11.36

5.4 基于卡尔曼滤波的热传感器温度校正技术

正如5.2节所述，实际片上热传感器不可避免地伴随有多种噪声，这严重影响了温度感知的性能，使动态热管理的可靠性受到制约。研究调查显示，在最坏的情况下，IBM25PPC750L处理器中未校正的热传感器温度读数误差高达34 ℃(实际温度为95 ℃)[32]。此外，由于动态热管理的实时性要求，需要一种热传感器在线温度校正技术能够对热点温度变化起到实时预测作用。鉴于现有的基于统计学方法的热传感器温度校正技术需要对芯片的先验功率密度信息进行模拟，缺乏实时预测的能力，实用性不强，为此，本节提出了一种基于卡尔曼滤波的热传感器温度校正技术，其大致研究框架如图5.12所示。首先，在基于环形振荡器结构的片上热传感器噪声特性的基础上，使用多项式拟合技术确定温度和输出频率之间的非线性关系，以获得热传感器的噪声温度观测值；其次，由于芯片温度随时间变化是连续过程，基于短采样间隔片上温度不会发生突变的特性，利用平滑滤波技术建立简单而有效的温度预测模型，进而将温度观测值和预测值通过卡尔曼滤波进行融合；再次，建立多传感器空间相关性模型和协同校正算法，利用相关性对噪声温度观测值进行修正；最后，再次利用卡尔曼滤波将修正后的观测值和平滑滤波得到的预测值进行融合，给出最佳温度读数估计值。

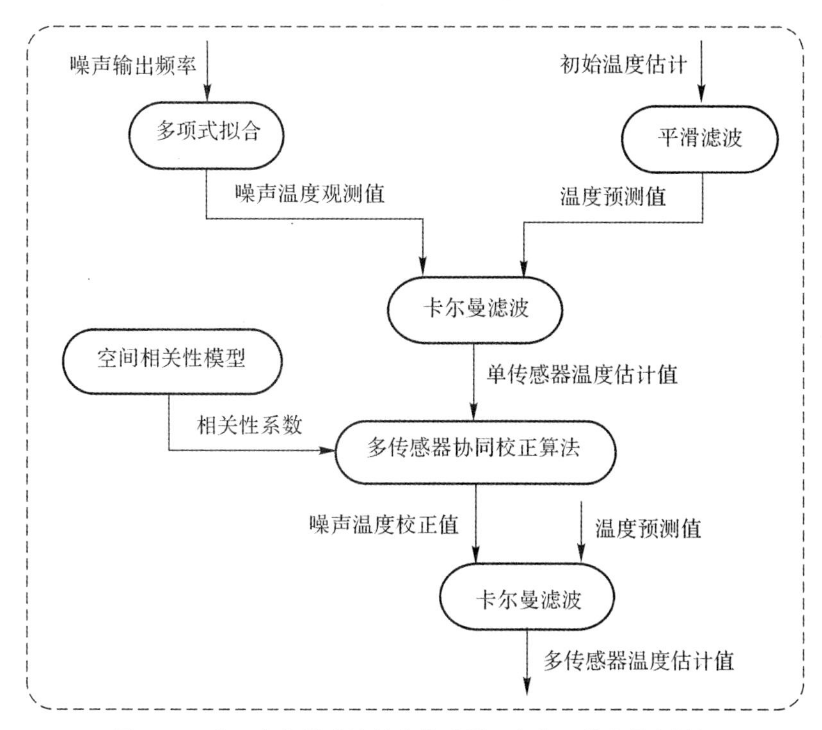

图 5.12　基于卡尔曼滤波的热传感器温度校正技术研究框架

5.4.1　基于平滑滤波的卡尔曼温度校正模型

5.4.1.1　卡尔曼滤波和平滑滤波简介

1. 卡尔曼滤波

卡尔曼滤波(Kalman Filter)[33]作为一种系统状态最优化估计算法,其利用线性系统状态方程对实际情况下系统观测数据进行最优化估计。通常来讲,实际情况下系统观测到的数据会受到系统本身及外界环境中噪声等因素的影响,卡尔曼滤波相当于一种高效的递归滤波器,其通过线性系统状态方程不断迭代,对含有噪声的数据源进行持续性的滤波估计。由于卡尔曼滤波便于计算机编程实现,并且能够对现场采集的数据进行实时更新和处理,其已在通信、导航、制导与控制等多领域得到了较好的应用。此外,随着近年来计算机视觉技术的兴起,卡尔曼滤波也逐渐被应用到图像边缘检测、目标识别等新的领域。

卡尔曼滤波是以最小均方误差作为最优估计准则,其通过建立系统观测信号与噪声信号之间的状态方程，利用前一时刻得到的系统观测信号的最优估计值及其相应的卡尔曼增益，对当前时刻的系统观测信号进行修正，同时得到此刻系统观测信号的最优估计值和相应的卡尔曼增益，以此类推，通过算法的不断迭代，进而获得系统每时每刻的系统观测信号的最优估计值。卡尔曼滤波算法的主要流程如图 5.13 所示。

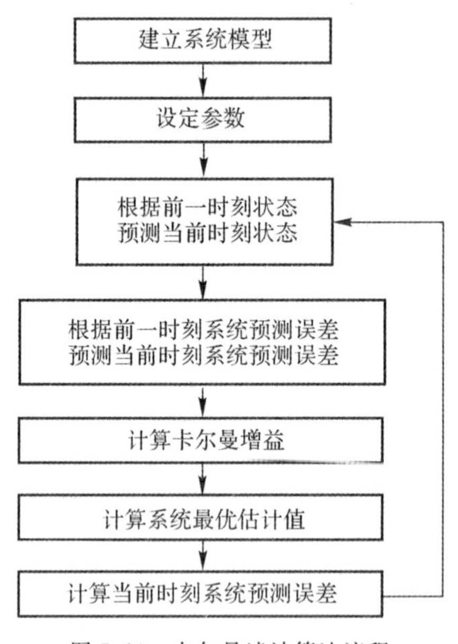

图 5.13　卡尔曼滤波算法流程

2. 平滑滤波

平滑滤波(Smoothing Filter)[34]是一种主要用于减少噪声或失真的简单且常用的图像及信号处理方法，已在不同领域得到应用。本案例中采用的平滑滤波算法为移动平均(Moving Average)法，其经常被用来捕捉观测数据中的重要趋势。移动平均法的基本原理是：设置一个固定步长，系统观测信号随着时间序列不断推移，依次计算出固定步长内信号的平均值，并将其作为滤波后的系统输出，以反映系统观测信号变化的长期趋势。因此，当系统观测信号受到随机波动或周期变动的影响，起伏较大，不易显示出其变化趋势时，通过选择适当步长的移动平均法可消除这些因素的影响，进而观测到信号变化的长期趋势。

5.4.1.2　温度校正模型

基于环形振荡器结构的片上热传感器的工作原理是将随温度变化的频率

值转化成温度值。为了获取热传感器的噪声温度观测值，进而构建温度校正模型，需要建立输出频率和温度之间的对应关系。为此，本案例首先使用式(5.1)～式(5.4)生成不同温度下的输出频率值。其中，随机变量的均值见表 5.1，室温 T_0 设置为 25 ℃，实际温度 T 为使用红外热测量技术获取的芯片温度。在此基础上，使用多项式拟合技术建立输出频率和温度之间的非线性关系。多项式拟合结果如图 5.14 所示。

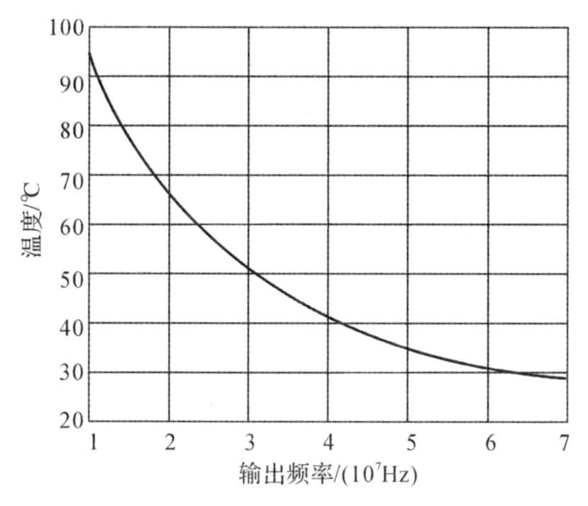

图 5.14　热传感器输出频率和温度的拟合结果

为了利用卡尔曼滤波算法进行温度估计，首先需要建立热传感器的预测和观测模型，分别用公式表示为

$$\boldsymbol{T}(k)=\boldsymbol{B}\boldsymbol{T}(k-1)+\boldsymbol{\omega}(k) \tag{5.24}$$

$$\boldsymbol{S}(k)=\boldsymbol{H}\boldsymbol{T}(k)+\boldsymbol{\upsilon}(k) \tag{5.25}$$

式(5.24)中，$\boldsymbol{T}(k)$ 和 $\boldsymbol{T}(k-1)$ 分别为当前时刻和上一时刻的热传感器温度预测值向量；$\boldsymbol{B}$ 为系统输入矩阵；$\boldsymbol{\omega}(k)$ 为过程噪声向量。式(5.25)中，$\boldsymbol{S}(k)$ 为热传感器温度观测值向量；$\boldsymbol{H}$ 为系统输出矩阵；$\boldsymbol{\upsilon}(k)$ 为观测噪声向量。根据式(5.24)和式(5.25)，卡尔曼滤波算法可完成一个由预测和更新两个不同阶段组成的递归估计过程。在上述模型的基础上，根据短采样间隔片上温度不会发生突变的特性，可利用当前时刻之前的温度估计值，通过平滑滤波中的移动平均法获得更加精确的温度预测值，以最大化减少温度波动的影响，则有

$$\hat{\boldsymbol{T}}(k\mid k-1)=\boldsymbol{B}\left[\left(\sum_{t=k-L_s}^{t=k-1}\hat{\boldsymbol{T}}(t\mid t)\right)/L_s\right] \tag{5.26}$$

式中，$\hat{\boldsymbol{T}}(k\mid k-1)$ 为先验温度估计值向量；L_s 为平滑滤波窗口的长度(固定步

长），在本案例中 L_s 设置为 5。在此基础上，将平滑滤波获得的先验温度估计值向量 $\hat{\boldsymbol{T}}(k \mid k-1)$ 和温度观测值向量 $\boldsymbol{S}(k)$ 进行卡尔曼滤波，其迭代过程用公式表示为

$$\boldsymbol{P}(k \mid k-1) = \boldsymbol{BP}(k-1 \mid k-1)\boldsymbol{B}^{\mathrm{T}} + \boldsymbol{Q} \tag{5.27}$$

$$\boldsymbol{K}(k) = \boldsymbol{P}(k \mid k-1)\boldsymbol{H}^{\mathrm{T}}\left[\boldsymbol{HP}(k \mid k-1)\boldsymbol{H}^{\mathrm{T}} + \boldsymbol{R}\right]^{-1} \tag{5.28}$$

$$\hat{\boldsymbol{T}}(k \mid k) = \hat{\boldsymbol{T}}(k \mid k-1) + \boldsymbol{K}(k)\left[\boldsymbol{S}(k) - \boldsymbol{H}\hat{\boldsymbol{T}}(k \mid k-1)\right] \tag{5.29}$$

$$\boldsymbol{P}(k \mid k) = \left[\boldsymbol{I} - \boldsymbol{K}(k)\boldsymbol{H}\right]\boldsymbol{P}(k \mid k-1) \tag{5.30}$$

式(5.27) ~ 式(5.30) 中，$\boldsymbol{P}(k \mid k-1)$ 为先验误差协方差矩阵；$\boldsymbol{P}(k \mid k)$ 和 $\boldsymbol{P}(k-1 \mid k-1)$ 表示后验误差协方差矩阵；$\hat{\boldsymbol{T}}(k \mid k)$ 为后验温度估计值向量；$\boldsymbol{K}(k)$ 为卡尔曼增益矩阵；$\boldsymbol{Q}$ 为 $\boldsymbol{\omega}(k)$ 的协方差矩阵；$\boldsymbol{R}$ 为 $\boldsymbol{\upsilon}(k)$ 的协方差矩阵；$\boldsymbol{I}$ 为单位矩阵。使用卡尔曼滤波算法进行温度估计的整体流程如图 5.15 所示。

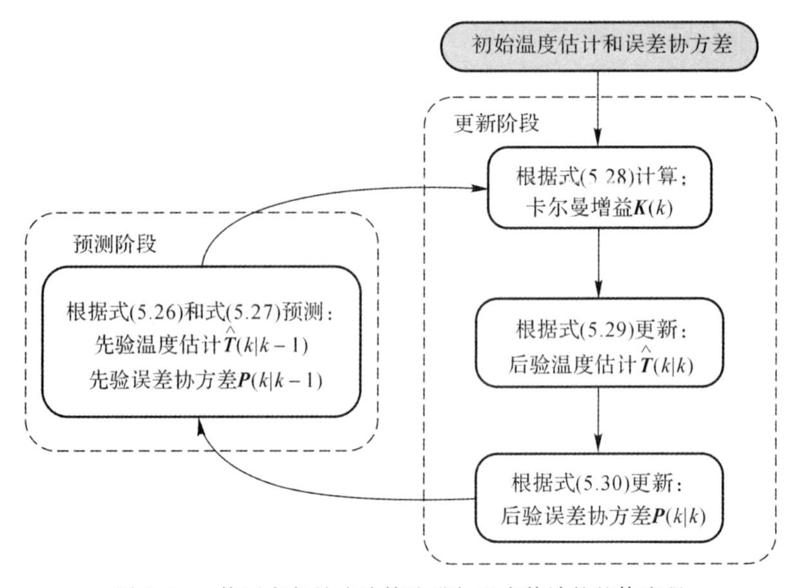

图 5.15　使用卡尔曼滤波算法进行温度估计的整体流程

5.4.2　基于空间相关性的多传感器协同校正算法

5.4.2.1　多传感器空间相关性模型

芯片上不同位置的温度变化具有一定的相关性，距离越近相关性越高[35-36]。这一现象可以通过 2.3 节中的红外热测量技术实验观察得到，如图 5.16 所示。图 5.16(a)展示了 Athlon Ⅱ X4 610e 处理器中三个热传感器（分

别标记为 P1,P2 和 P3)的位置分布,其相应的温度变化如图 5.16(b)所示。从图 5.16 可以看出,距离越近的传感器,热特性相关性越高。此外,工艺参数(例如沟道长度、宽度、氧化物厚度等)的变化也具有类似的相关性,从而导致热传感器的噪声同样具有一定的相关性。因此,利用空间相关性可以对热传感器噪声温度观测值进行修正,以进一步提高温度估计的准确性。在空间相关性模型的研究成果中[37-39],Xiong 等[39]运用应用数学和凸分析理论构建了一组具有鲁棒性的空间相关性函数。对于任意两个不同位置的热传感器,它们之间的空间相关性系数可以表示为

$$\rho_{i,j}=2\left(\frac{bv_{i,j}}{2}\right)^{s-1}\kappa_{s-1}(bv_{i,j})\Gamma(s-1)^{-1} \tag{5.31}$$

式中,$\kappa_{s-1}(\cdot)$ 为$(s-1)$ 阶第二类修正贝塞尔函数(Bessel Function);$\Gamma(\cdot)$ 为伽马函数(Gamma Function);b 和 s 为两个实数参数;$v_{i,j}$ 为两个热传感器之间的欧氏距离,即

$$v_{i,j}=\sqrt{(x_i-x_j)^2+(y_i-y_j)^2} \tag{5.32}$$

式中,(x_i,y_i) 和(x_j,y_j) 分别为两个热传感器的位置坐标。通过改变式(5.31)中参数 b 和 s 的值,可以获得一组不同的空间相关性函数,如图 5.17 所示。在本案例中,参数 b 和 s 分别设置为 1 和 8。

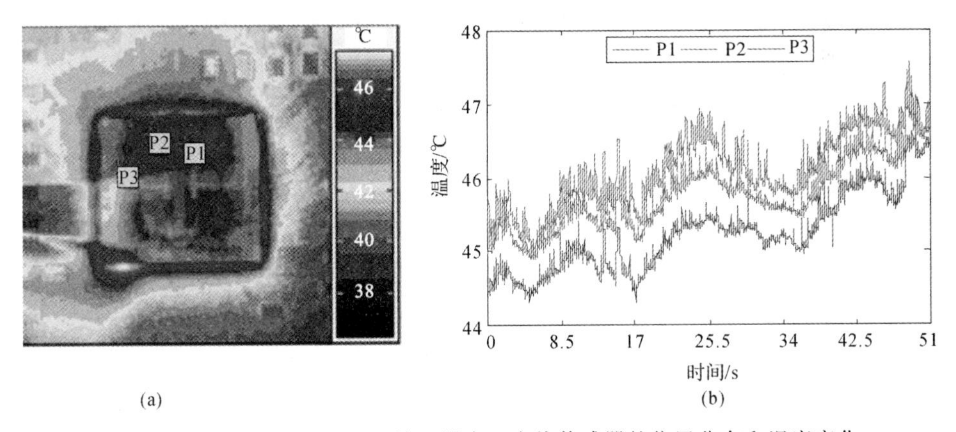

图 5.16　Athlon Ⅱ X4 610e 处理器中三个热传感器的位置分布和温度变化

(a)位置分布; (b)温度变化

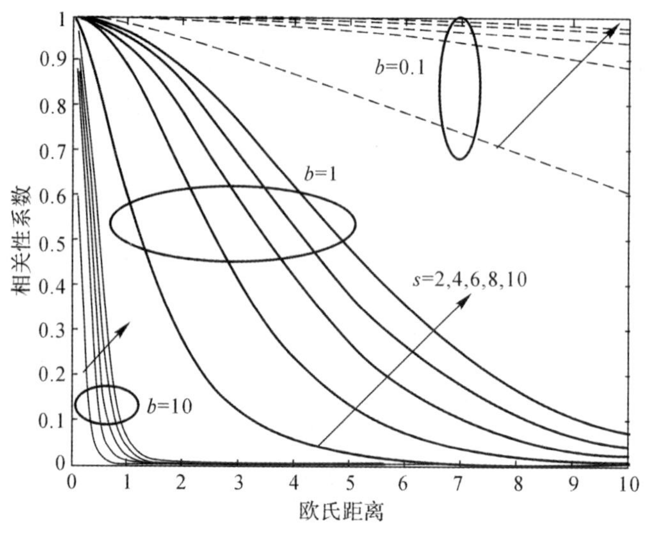

图 5.17　空间相关性函数

5.4.2.2　多传感器协同校正算法

本小节在上述空间相关性模型的基础上，提出一种多传感器协同校正算法(Multi-Sensor Synergistic Calibration Algorithm，MSSCA)[40-41]，利用相关性对噪声温度观测值进行修正，以进一步提高多传感器的温度估计精度。假设整个监控区域中共分配了 M 个热传感器，对于其中任意一个热传感器(标记为 m)，多传感器协同校正算法可以描述为以下四个步骤：

(1) 计算热传感器 m 和其他所有热传感器之间的相关性系数 $\rho_{m,i}$($0 \leqslant \rho_{m,i} < 1$)，其中 $1 \leqslant i \leqslant M$ 且 $i \neq m$；并从中挑选出最大的一个相关性系数 $\rho_{m,n}$，即热传感器 m 和热传感器 n 之间具有最强的相关性。

(2) 设置一个相关性阈值 λ(本案例中取值为 0.8)。如果 $\rho_{m,n} < \lambda$，则热传感器 m 的温度观测值不予以更新，即 $\hat{S}_m(k) = S_m(k)$；否则，热传感器 m 的温度观测值修正为

$$\hat{S}_m(k) = \begin{cases} S_m(k) + \dfrac{\rho_{m,n} \left| S_n(k) - \hat{T}_n(k \mid k) \right|}{2}, & S_m(k) < \hat{T}_m(k \mid k) \text{ 且 } S_n(k) < \hat{T}_n(k \mid k) \\ S_m(k) - \dfrac{\rho_{m,n} \left| S_n(k) - \hat{T}_n(k \mid k) \right|}{2}, & S_m(k) > \hat{T}_m(k \mid k) \text{ 且 } S_n(k) > \hat{T}_n(k \mid k) \end{cases} \tag{5.33}$$

(3) 在剩余的热传感器重复执行步骤(1) ～ (2)，直到所有热传感器的温度观测值完成修正为止。在此基础上，温度观测值向量可以更新为

$$\hat{\boldsymbol{S}}(k)=\{\hat{S}_1(k),\hat{S}_2(k),\cdots,\hat{S}_M(k)\} \tag{5.34}$$

(4) 将式(5.29)进一步修正为下式，进而计算出优化的温度估计值向量：

$$\hat{\boldsymbol{T}}(k \mid k)=\hat{\boldsymbol{T}}(k \mid k-1)+\boldsymbol{K}(k)[\hat{\boldsymbol{S}}(k)-\boldsymbol{H}\hat{\boldsymbol{T}}(k \mid k-1)] \tag{5.35}$$

多传感器协同校正算法的伪代码见表5.3。需要说明的是，所有热传感器之间的相关性系数可以构成一个$M\times M$维的相关性矩阵$\boldsymbol{\rho}$，$\boldsymbol{\rho}$是一个对角线上元素均为1的对称矩阵，如下式所示。

$$\boldsymbol{\rho}=\begin{bmatrix} 1 & \rho_{1,2} & \cdots & \rho_{1,M} \\ \rho_{2,1} & 1 & \cdots & \rho_{2,M} \\ \vdots & \vdots & & \vdots \\ \rho_{M,1} & \rho_{M,2} & \cdots & 1 \end{bmatrix} \tag{5.36}$$

为了去除自相关性，可将矩阵$\boldsymbol{\rho}$进一步修正为$\boldsymbol{\rho}=\boldsymbol{\rho}-\boldsymbol{I}$，其中，$\boldsymbol{I}$为$M\times M$维的单位矩阵。此外，根据式(5.31)可知，当参数b和s的值确定时，相关性系数的大小只取决于热传感器之间的欧氏距离。由于热传感器的放置位置在芯片设计阶段已经固定，即热传感器之间的欧氏距离不会发生变化，因此，为了减少运行时间，多传感器协同校正算法只需在执行过程中计算一次相关性矩阵，并将其上三角矩阵(或下三角矩阵)存储到内存中即可。

表5.3 多传感器协同校正算法

算法步骤
输入：热传感器数量M，采样点个数K，平滑滤波窗口长度L_s，相关性阈值λ
输出：热传感器k时刻优化温度估计值向量$\hat{\boldsymbol{T}}(k\|k)$
1 初始化：$\hat{\boldsymbol{T}}(k\|k)=\boldsymbol{S}(k)$，其中$k=1,2,\cdots,L_s$
2 计算相关性矩阵$\boldsymbol{\rho}$，并去除自相关性$\boldsymbol{\rho}=\boldsymbol{\rho}-\boldsymbol{I}$，将其存储在内存中
3 令max$c(1:M)=0$，且max$l(1:M)=0$
4 for $i=1$ to M do
5   for $j=1$ to M do
6   if max$c(i)<\rho(i,j)$ then
7   max$c(i)=\rho(i,j)$，且max$l(i)=j$
8 for $k=(L_s+1)$ to K do
9   smoothsum$=0$

续表

	算法步骤
10	for $t=(k-L_s)$ to $(k-1)$ do
11	smoothsum = smoothsum + $\hat{\boldsymbol{T}}(t\|t)$
12	$\hat{\boldsymbol{T}}(k\|k-1)=\boldsymbol{B}(\text{smoothsum}/L_s)$
13	$\boldsymbol{P}(k\|k-1)=\boldsymbol{BP}(k-1\|k-1)\boldsymbol{B}^{\mathrm{T}}+\boldsymbol{Q}$
14	$\boldsymbol{K}(k)=\boldsymbol{P}(k\|k-1)\boldsymbol{H}^{\mathrm{T}}\left[\boldsymbol{HP}(k\|k-1)\boldsymbol{H}^{\mathrm{T}}+\boldsymbol{R}\right]^{-1}$
15	$\hat{\boldsymbol{T}}(k\|k)=\hat{\boldsymbol{T}}(k\|k-1)+\boldsymbol{K}(k)\left[\boldsymbol{S}(k)-\boldsymbol{H}\hat{\boldsymbol{T}}(k\|k-1)\right]$
16	$\boldsymbol{P}(k\|k)=\left[\boldsymbol{I}-\boldsymbol{K}(k)\boldsymbol{H}\right]\boldsymbol{P}(k\|k-1)$
17	for $i=1$ to M do
18	if $\max c(i)<\lambda$ then $\hat{S}_i(k)=S_i(k)$
19	else if $S_i(k)<\hat{T}_i(k\|k)$ 且 $S_{\max l(i)}(k)<\hat{T}_{\max l(i)}(k\|k)$ then
20	$\hat{S}_i(k)=S_i(k)+\dfrac{\rho(i,\max l(i))\left\|S_{\max l(i)}(k)-\hat{T}_{\max l(i)}(k\|k)\right\|}{2}$
21	else if $S_i(k)>\hat{T}_i(k\|k)$ 且 $S_{\max l(i)}(k)>\hat{T}_{\max l(i)}(k\|k)$ then
22	$\hat{S}_i(k)=S_i(k)-\dfrac{\rho(i,\max l(i))\left\|S_{\max l(i)}(k)-\hat{T}_{\max l(i)}(k\|k)\right\|}{2}$
23	else $\hat{S}_i(k)=S_i(k)$
24	$\hat{\boldsymbol{T}}(k\|k)=\hat{\boldsymbol{T}}(k\|k-1)+\boldsymbol{K}(k)\left[\hat{\boldsymbol{S}}(k)-\boldsymbol{H}\hat{\boldsymbol{T}}(k\|k-1)\right]$

5.4.3 实验结果和分析

本小节以 2.3.3 小节中红外热测量技术实验所获得的 AMD Athlon Ⅱ X4 610e 四核处理器的温度数据为基础，对所提出方法的性能进行验证。实验分别对图 5.16(a)中三个热传感器(P1,P2,P3)的温度进行校正。需要说明的是，对于三个以上热传感器的情况，该温度校正方法是相似的。P1,P2 和 P3 之间的相关性系数由式(5.31)计算得到，见表 5.4。假设热传感器的噪声源为电源电压(V_{DD})，其均值和标准差见表 5.1。在此基础上，根据式(5.1)～式(5.4)进行蒙特卡洛模拟，从而生成热传感器的原始噪声读数。实验中所有程序均在物理内存为 16GB，主频为 3.3GHz 的 Intel i5 - 6500 四核处理器上由 Matlab 编写完成。

表 5.4　热传感器之间的相关性系数

热传感器	相关性系数		
	P1	P2	P3
P1	1	0.899 1	0.713 4
P2	0.899 1	1	0.880 8
P3	0.713 4	0.880 8	1

图 5.18 所示为当处理器运行 SPEC CPU2006 中基准测试程序 gamess 时，三个热传感器的温度校正结果。对于 SPEC CPU2006 中的其他基准测试程序，实验结果相类似。图 5.18 中，每个热传感器的实验结果均绘制了四种不同颜色的曲线，分别表示实际温度（Actual Temperatures）、热传感器读数（Sensor Readings）、使用卡尔曼滤波的校正温度（Corrected Temperatures Using Kalman Filter），以及使用多传感器协同校正算法的校正温度（Corrected Temperatures Using MSSCA）。仿真实验时长为 51 s，共包含 3 000 个采样点，即采样时间间隔约为 17 ms。从图 5.18 可以看出，相较于单纯的卡尔曼滤波算法，使用 MSSCA 方法获得的热传感器校正温度更加贴近于实际温度。

图 5.19 分别给出了进行 100 次仿真实验，卡尔曼滤波算法和 MSSCA 方法在均方根误差（Root - Mean - Square Error，RMSE）和信噪比（Signal - to - Noise Ratio，SNR）方面的比较结果。从图 5.19 可以明显观察到，MSSCA 方法比卡尔曼滤波算法具有更低的均方根误差和更高的信噪比。此外，图5.20 进一步给出了当运行不同基准测试程序时，热传感器温度校正精度的直观比较。从图 5.20(a)中可以看出，当运行基准测试程序 gobmk 时，使用 MSSCA 方法对 P1 热传感器进行温度校正后，信噪比相较于原始热传感器读数提高了 14.1dB（从－3.8dB 到 10.3dB）。从图 5.20(b)可以看出，当运行基准测试程序 dealⅡ时，使用 MSSCA 方法对 P2 热传感器进行温度校正后，均方根误差相较于原始热传感器读数降低了 0.6 ℃（从 0.8 ℃到 0.2 ℃）。

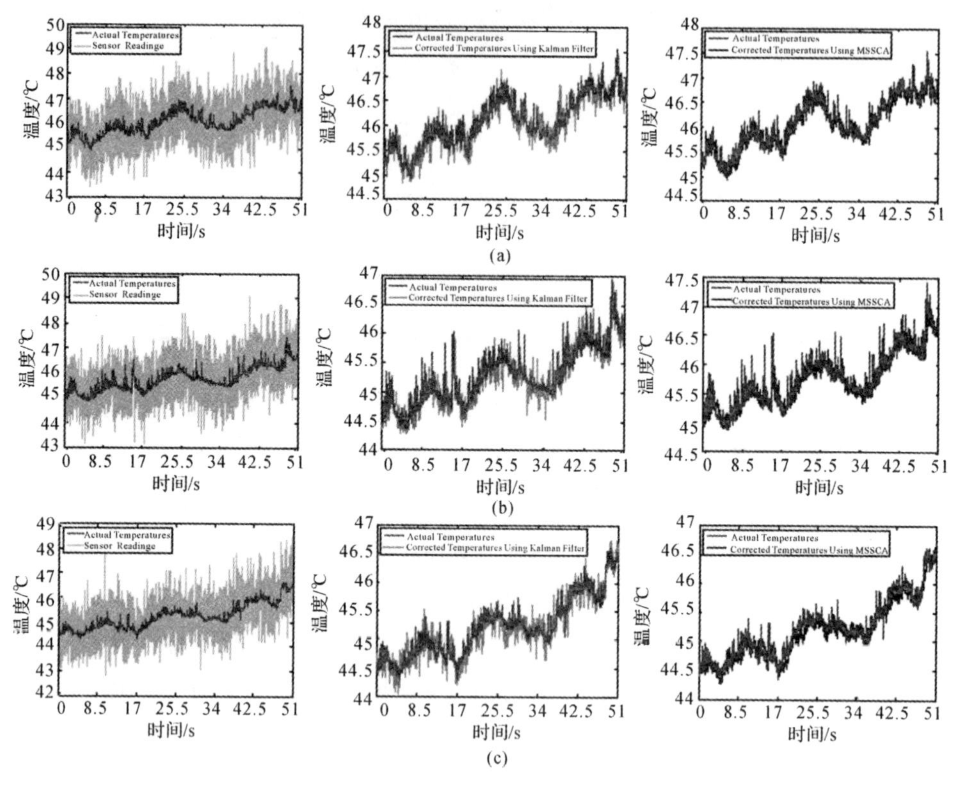

图 5.18　运行基准测试程序 gamess 时热传感器的温度校正结果(V_{DD}标准差 5%)

(a)热传感器 P1；(b)热传感器 P2；(c)热传感器 P3

在噪声标准差为 5%和 10%两种情况下,热传感器平均温度校正精度的综合对比见表 5.5。从表 5.5 中可以看出,在这两种情况下,MSSCA 方法均展现出优越的温度校正性能。当噪声标准差为 10%时,相较于原始热传感器读数,使用 MSSCA 方法对 P2 热传感器进行温度校正后,均方根误差平均降低了约 1.2 ℃,信噪比平均提高了约 15.8dB。此外,表 5.6 进一步给出了在噪声标准差为 5%和 10%两种情况下,相较于卡尔曼滤波算法,MSSCA 方法对于平均温度校正精度的改善幅度。从表 5.6 可以看出,当噪声标准差为 10%时,使用 MSSCA 方法对 P2 热传感器进行温度校正可获得 17.9%的均方根误差降低,以及 45.8%的信噪比提高。

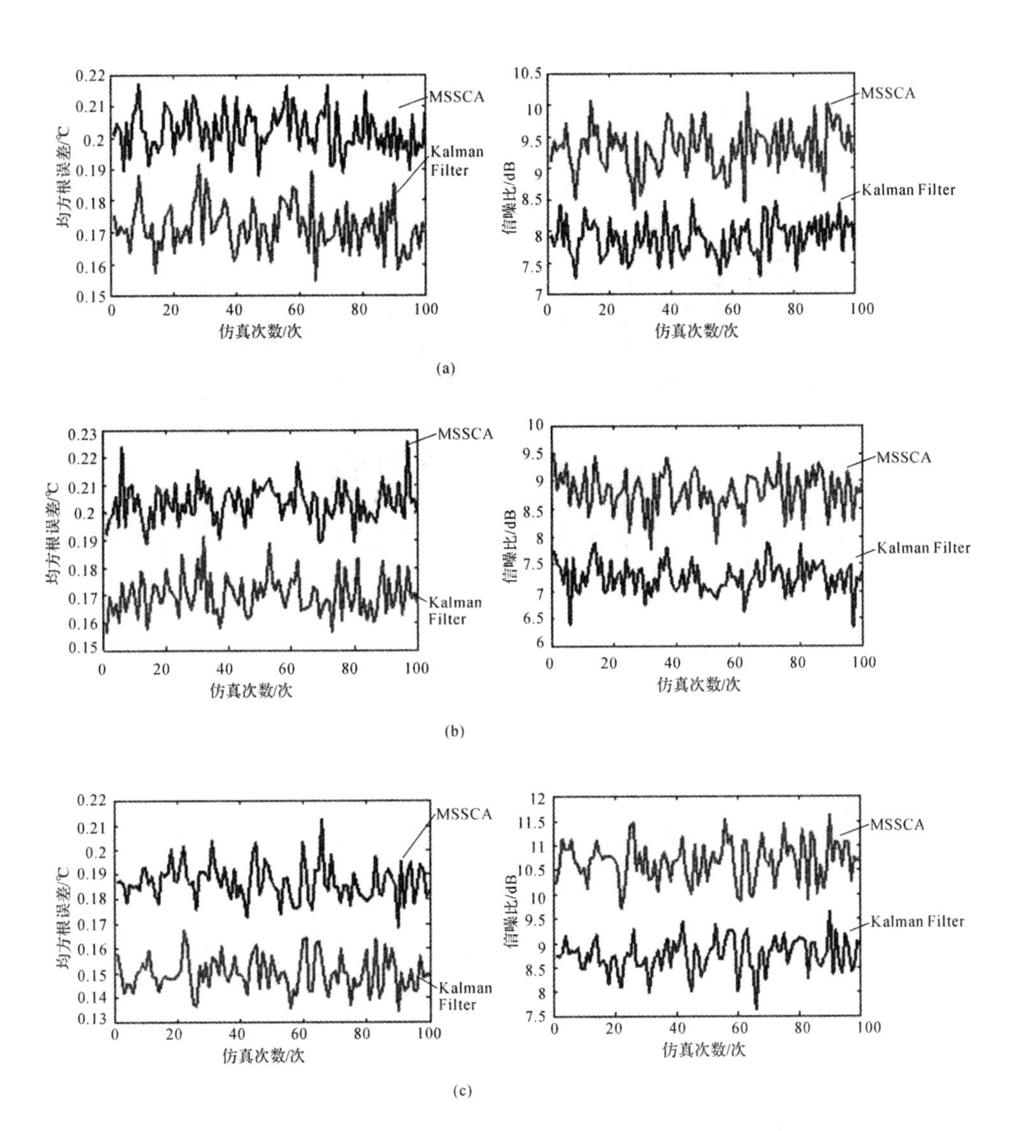

图 5.19　运行基准测试程序 gamess 时卡尔曼滤波算法和 MSSCA 方法在均方根误差和信噪比方面的比较结果(100 次仿真实验,V_{DD}标准差 5%)

(a)热传感器 P1；（b)热传感器 P2；（c)热传感器 P3

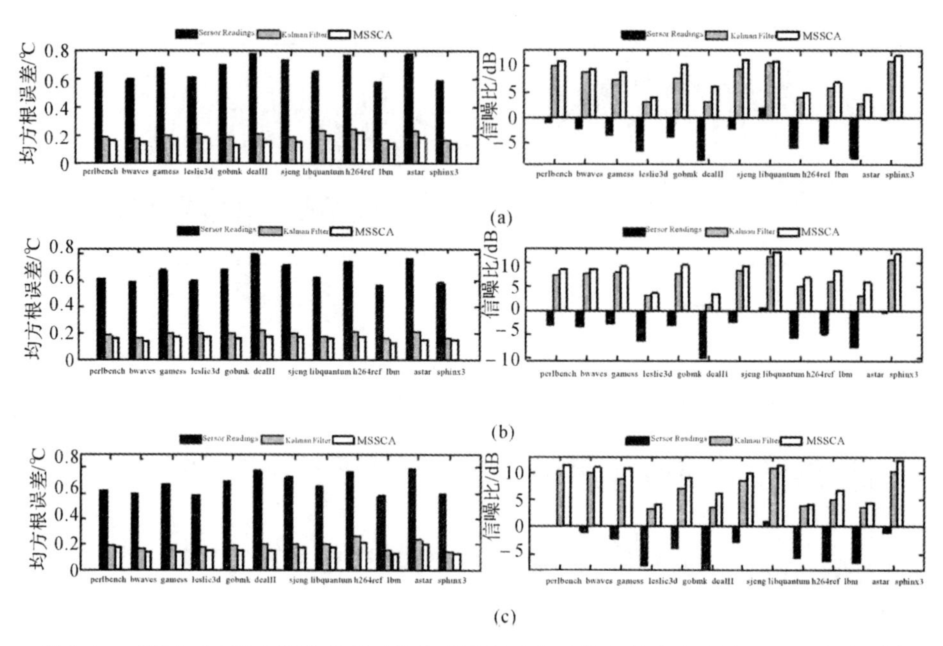

图 5.20　运行不同基准测试程序时热传感器温度校正精度的直观比较(V_{DD}标准差 5%)

(a)热传感器 P1；(b)热传感器 P2；(c)热传感器 P3

表 5.5　不同噪声标准差情况下热传感器平均温度校正精度的综合对比

标准差	热传感器	均方根误差/℃			信噪比/dB		
		热传感器读数	卡尔曼滤波算法	MSSCA	热传感器读数	卡尔曼滤波算法	MSSCA
5%	P1	0.6757	0.2006	0.1690	−3.6697	6.8931	8.3156
	P2	0.6687	0.1913	0.1612	−4.1133	6.7305	8.2271
	P3	0.6734	0.1952	0.1651	−3.6588	7.0747	8.4353
10%	P1	1.3571	0.2776	0.2309	−9.7271	4.0771	5.6569
	P2	1.3767	0.2672	0.2193	−10.2051	3.8401	5.5996
	P3	1.3527	0.2751	0.2301	−9.7174	4.1676	5.6734

表 5.6 不同噪声标准差情况下 MSSCA 方法相较于卡尔曼滤波算法的平均温度校正精度改善幅度

标准差	热传感器	均方根误差/℃	信噪比/dB
		MSSCA 相较于卡尔曼滤波	MSSCA 相较于卡尔曼滤波
5%	P1	−15.75%	+20.64%
	P2	−15.73%	+22.24%
	P3	−15.42%	+19.23%
10%	P1	−16.82%	+38.75%
	P2	−17.93%	+45.82%
	P3	−16.36%	+36.13%

片上温度感知中另个一关键技术指标是误警率(False Alarm Rate, FAR)[42],其包括漏报和假报两种情况。其中,漏报情况为热传感器的实际温度已达到 DTM 中设置的阈值温度(本实验中设定为每个基准测试程序最高温度的 95%),但其估计温度却低于阈值温度;假报情况为热传感器的实际温度尚未达到阈值温度,但其估计温度却高于阈值温度。图 5.21 所示为当运行不同基准测试程序时,热传感器误警率的直观比较。此外,在不同噪声标准差情况下,热传感器平均误警率的综合对比见表 5.7。从表 5.7 可以看出,相较于原始热传感器读数,使用 MSSCA 方法对 P1 热传感器进行温度校正后,误警率平均降低了约 28.6%。上述结果表明,使用 MSSCA 方法对热传感器进行温度校正,可以显著提高 DTM 的性能。这是因为 DTM 的调节机制(例如 DVFS)可以在更恰当的时机触发,来调整电压、频率和风扇速度。

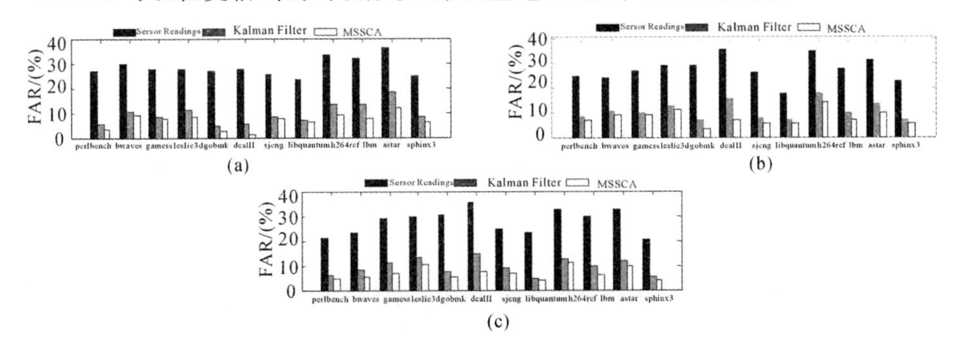

图 5.21 运行不同基准测试程序时热传感器误警率的直观比较(V_{DD}标准差 5%)

(a)热传感器 P1; (b)热传感器 P2; (c)热传感器 P3

表 5.7　不同噪声标准差情况下热传感器平均误警率的综合对比

标准差	热传感器	误警率/(%)		
		热传感器读数	卡尔曼滤波算法	MSSCA
5%	P1	28.754 2	9.986 7	7.148 3
	P2	27.360 8	10.463 3	7.685 8
	P3	28.015 0	9.858 3	7.085 8
10%	P1	37.895 8	13.610 8	9.277 5
	P2	36.952 5	14.280 8	10.197 5
	P3	37.276 7	12.607 5	8.850 8

本小节最后对 100 次仿真实验的卡尔曼滤波算法和 MSSCA 方法的运行时间进行比较，如图 5.22 所示。从图 5.22 可以看出，卡尔曼滤波算法明显快于 MSSCA 方法。需要说明的是，虽然 MSSCA 方法的运行时间相对较慢，但其仍然可以实现在线的温度校正。这是因为 MSSCA 方法的平均运行时间(约 0.006 6 ms)远远短于采样时间间隔(约 17 ms)。

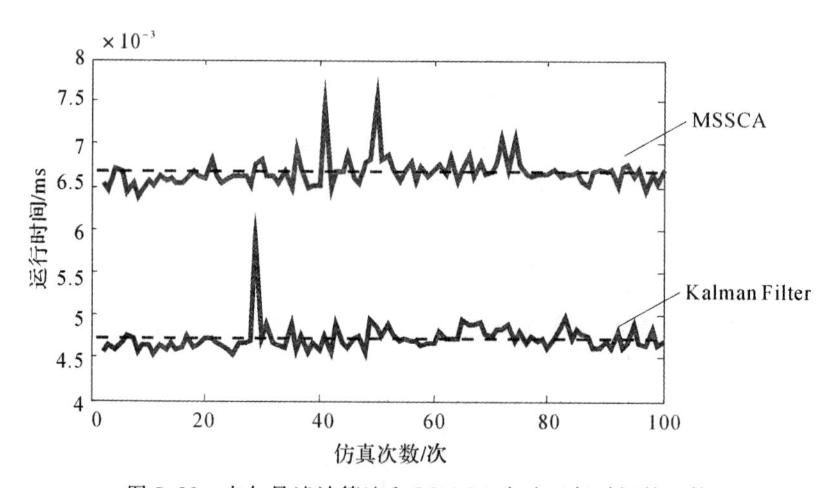

图 5.22　卡尔曼滤波算法和 MSSCA 方法运行时间的比较

5.5 本章小结

本章首先对基于环形振荡器结构的片上热传感器的原理和噪声特性进行了阐述,并使用蒙特卡洛模拟给出了不同温度下热传感器输出频率的概率密度分布。其次,在噪声呈现高斯分布和非高斯分布的情形下,分别介绍了单个和具有相关性的多个热传感器温度校正的统计学方法。在此基础上,结合热传感器分配和布局技术,分别在无噪声、有噪声以及使用多传感器温度校正三种情况下分析其对热点误警率的影响。最后,提出了一种基于卡尔曼滤波的实时热传感器温度校正技术。介绍了基本原理,分别构建了温度校正模型和多传感器空间相关性模型,设计了多传感器协同校正算法,在此基础上,对使用红外测量技术获得的真实四核处理器(AMD Athlon Ⅱ X4 610e)的温度数据进行了实验测试,给出了实验结果和分析。

参考文献

[1] Memik S O. Heat management in integrated circuits: on - chip and system - level monitoring and cooling[M]. [S. l.]: Institution of Engineering and Technology, 2015.

[2] Chen C C, Liu T, Milor L. System - level modeling of microprocessor reliability degradation due to bias temperature instability and hot carrier injection[J]. IEEE Transactions on Very Large Scale Integration (VLSI) Systems, 2016, 24(8): 2712 - 2725.

[3] Nassif S. Delay variability: sources, impact and trends[C]// IEEE International Solid - State Circuits Conference (ISSCC). Piscataway: IEEE, 2000: 368 - 369.

[4] Cline B, Chopra K, Blaauw D, et al. Analysis and modeling of CD variation for statistical static timing[C]// IEEE/ACM International Conference on Computer - Aided Design (ICCAD'06). New York: ACM, 2006: 60 - 66.

[5] Chen Y Y, Liou J J. Extraction of statistical timing profiles using test data[C]// Proceedings of the 44th Design Automation Conference (DAC'07). New York: ACM, 2007: 509 - 514.

[6] Cheng L, Xiong J, He L. Non - linear statistical static timing analysis for non - Gaussian variation sources[C]// Proceedings of the 44th Design Automation Conference (DAC'07). New York:ACM, 2007:250 - 255.

[7] Lu S, Tessier R, Burleson W. Collaborative calibration of on - chip thermal sensors using performance counters[C]// IEEE/ACM International Conference on Computer - Aided Design (ICCAD'12). New York:ACM, 2012:15 - 22.

[8] Lu S, Tessier R, Burleson W. Dynamic on - chip thermal sensor calibration using performance counters[J]. IEEE Transactions on Computer - Aided Design of Integrated Circuits and Systems, 2014, 33(6):853 - 866.

[9] Zhang Y, Srivastava A. Accurate temperature estimation using noisy thermal sensors[C]// Proceedings of the 46th Design Automation Conference (DAC'09). New York:ACM, 2009:472 - 477.

[10] Zhang Y, Srivastava A. Accurate temperature estimation using noisy thermal sensors for Gaussian and Non - Gaussian cases[J]. IEEE Transactions on Very Large Scale Integration (VLSI) Systems, 2011, 19(9):1617 - 1626.

[11] Jayaseelan R, Mitra T. Dynamic thermal management via architectural adaptation[C]// Proceedings of the 46th Design Automation Conference (DAC'09). New York:ACM, 2009:484 - 489.

[12] Skadron K. Hybrid architectural dynamic thermal management[C]// Proceedings of the Design, Automation and Test in Europe Conference and Exhibition (DATE'04). Washington:IEEE, 2004:10 - 15.

[13] Zhang S, Chatha K S. Approximation algorithm for the temperature - aware scheduling problem[C]// IEEE/ACM International Conference on Computer - Aided Design (ICCAD'07). New York: ACM, 2007: 281 - 288.

[14] Sharifi S, Liu C, Rosing T S. Accurate temperature estimation for efficient thermal management[C]// 9th International Symposium on Quality Electronic Design (ISQED'08). Washington: IEEE, 2008: 137 - 142.

[15] Sharifi S, Rosing T S. Accurate direct and indirect on - chip temperature sensing for efficient dynamic thermal management[J]. IEEE Transactions on Computer - Aided Design of Integrated Circuits and Systems, 2010, 29(10):1586 - 1599.

[16] Chen K C, Chang E J, Li H T, et al. RC - based temperature prediction scheme for proactive dynamic thermal management in throttle - based 3D NoCs[J]. IEEE Transactions on Parallel and Distributed Systems, 2015, 26(1):206 - 218.

[17] Clabes J, Friedrich J, Sweet M, et al. Design and implementation of the POWER5™ microprocessor[C]// IEEE International Solid - State Circuits Conference (ISSCC). New York:ACM, 2004:56 - 57.

[18] Chen S W, Chang M H, Hsieh W C, et al. Fully on - chip temperature, process, and voltage sensors[C]// IEEE International Symposium on Circuits and Systems (ISCAS). Piscataway: IEEE, 2010: 897 - 900.

[19] Xie S, Ng W T. Delay - line based temperature sensors for on - chip thermal management[C]// IEEE 11th International Conference on Solid - State and Integrated Circuit Technology (ICSICT). Piscata - way:IEEE, 2012:1 - 4.

[20] Xie S, Ng W T. A 0. 02 nJ self - calibrated 65nm CMOS delay line temperature sensor[C]// IEEE International Symposium on Circuits and Systems (ISCAS). Piscataway:IEEE, 2012:3126 - 3129.

[21] Chiang T T, Huang P T, Chuang C T, et al. On - chip self - calibrated process - temperature sensor for TSV 3D integration[C]// IEEE International SOC Conference. Piscataway:IEEE, 2012:370 - 375.

[22] Kashfi F, Draper J. Thermal sensor design for 3D ICs[C]// IEEE 55th International Midwest Symposium on Circuits and Systems (MWSCAS). Piscataway:IEEE, 2012:482 - 485.

[23] Kim C K, Lee J G, Jun Y H, et al. CMOS temperature sensor with ring oscillator for mobile DRAM self - refresh control[J]. Microelectronics Journal, 2007, 38(10):1042 - 1049.

[24] Franco J J L, Boemo E, Castillo E, et al. Ring oscillators as thermal sensors in FPGAs:Experiments in low voltage[C]// 2010 VI South-

ern Programmable Logic Conference (SPL). Piscataway:IEEE, 2010:133 - 137.

[25] Chen P, Chen S C, Shen Y S, et al. All - digital time - domain smart temperature sensor with an inter - batch inaccuracy of －0.7 ℃－＋0.6 ℃ after one - point calibration[J]. IEEE Transactions on Circuits and Systems I:Regular Papers, 2011, 58(5):913 - 920.

[26] Lefebvre C A, Rubio L, Montero J L. Digital thermal sensor based on ring - oscillators in Zynq SoC technology[C]// 22nd International Workshop on Thermal Investigations of ICs and Systems (THERMINIC). Piscataway:IEEE, 2016:276 - 278.

[27] Sedra A S, Smith K C. Microelectronic circuits[M][S. l.]:Oxford University Press, 2004.

[28] Datta B, Burleson W. Low - power and robust on - chip thermal sensing using differential ring oscillators[C]// 50th Midwest Symposium on Circuits and Systems (MWSCAS). Piscataway:IEEE, 2007:29 - 32.

[29] Arabi K, Kaminska B. Built - in temperature sensors for on - line thermal monitoring of microelectronic structures[C]// IEEE International Conference on Computer Design:VLSI in Computers and Processors (ICCD'97). Piscataway:IEEE, 1997:462 - 467.

[30] Zhan Y, Sapatnekar S S. High - efficiency Green function - based thermal simulation algorithms[J]. IEEE Transactions on Computer - Aided Design of Integrated Circuits and Systems, 2007, 26(9):1661 - 1675.

[31] Kay S M. Fundamentals of statistical signal processing:estimation theory[M]. Upper Saddle River:Prentice Hall, 1993.

[32] Remarsu S, Kundu S. On process variation tolerant low cost thermal sensor design in 32 nm CMOS technology[C]// Proceedings of the ACM Great Lakes Symposium on VLSI (GLSVLSI'09). New York:ACM, 2009:487 - 492.

[33] Rosinha J B, de Almeida S J M, Bermudez J C M. A new kernel Kalman filter algorithm for estimating time - varying nonlinear systems [C]// IEEE International Symposium on Circuits and Systems

(ISCAS). Piscata -way: IEEE, 2017: 1 - 4.

[34] Einicke G A. Smoothing, filtering and prediction: estimating the past, present and future[M]. London: InTech, 2012.

[35] Fu Y, Li L, Pan H, et al. Accurate runtime thermal prediction scheme for 3D NoC systems with noisy thermal sensors[C]// IEEE International Symposium on Circuits and Systems (ISCAS). Piscataway: IEEE, 2016: 1198 - 1201.

[36] Fu Y, Li L, Wang K, et al. Kalman predictor - based proactive dynamic thermal management for 3D NoC systems with noisy thermal sensors[J]. IEEE Transactions on Computer - Aided Design of Integrated Circuits and Systems, 2017, 36(11): 1869 - 1882.

[37] Friedberg P, Cao Y, Cain J, et al. Modeling within - die spatial correlation effects for process - design co - optimization[C]// Proceedings of the 6th International Symposium on Quality of Electronic Design (ISQED'05). Washington: IEEE, 2005: 516 - 521.

[38] Hargreaves B, Hult H, Reda S, Within - die process variations: how accurately can they be statistically modeled? [C]// Proceedings of the Asia and South Pacific Design Automation Conference (ASP - DAC'08). Los Alamitos: IEEE Computer Society Press, 2008: 524 - 530.

[39] Xiong J, Zolotov V, He L. Robust extraction of spatial correlation [J]. IEEE Transactions on Computer - Aided Design of Integrated Circuits and Systems, 2007, 26(4): 619 - 631.

[40] Li X, Ou X, Wei H, et al. Synergistic calibration of noisy thermal sensors using smoothing filter - based Kalman predictor[C]// IEEE International Symposium on Circuits and Systems (ISCAS). Piscataway: IEEE, 2018: 1 - 5.

[41] Li X, Ou X, Li Z, et al. On - line temperature estimation for noisy thermal sensors using a smoothing filter - based Kalman predictor [J]. Sensors, 2018, 18(2): 1 - 20.

[42] Li X, Li X, Jiang W, et al. Optimising thermal sensor placement and thermal maps reconstruction for microprocessors using simulated annealing algorithm based on PCA[J]. IET Circuits, Devices & Systems, 2016, 10(6): 463 - 472.

第6章 结论和展望

6.1 主要结论

本书全面介绍了片上温度感知技术的研究背景、研究意义以及研究现状，系统给出了包括热特性仿真技术和红外热测量技术在内的微处理器热特性建模方法，并以此为基础，从芯片热分布重构、热传感器分配和布局、热传感器温度校正等方面，对微处理器系统级片上温度感知问题进行了深入研究。具体如下：

(1)提出了一种基于动态 Voronoi 图的距离倒数加权算法。首先，按照芯片面积大小构造虚拟均匀网格，并根据动态 Voronoi 图由热传感器的真实温度估算每个虚拟均匀网格中的温度数值；其次，依据虚拟均匀网格中的温度数值，运用经典的均匀插值算法重构出芯片的温度分布。实验结果显示，与经典的频谱技术相比，该方法在热点温度误差精度方面有了很大提高；与传统的距离倒数加权算法相比，在运行时间上也有了很大改善。针对距离倒数加权算法在每一个数据点上都没有附加导数约束的问题，提出了一种使用偏导数改进的基于动态 Voronoi 图的距离倒数加权算法。实验结果表明，经过对基于动态 Voronoi 图的距离倒数加权算法的改进，其热重构平均温度误差和热点温度误差精度都得到了明显提高，可以更加有效地运用在动态热管理技术中实现精确、实时的温度感知。

(2)针对温度和距离之间关系的不确定性，提出了一种基于曲面样条插值的非均匀采样热分布重构方法。其基本思想是将芯片上每个数据点的温度数值看作该点的高度数值，利用曲面样条插值法构造出一个连续的温度曲面，进而重构出整个芯片的温度分布。实验结果显示，该方法可以在热传感器数量较少的情况下得到较高的热重构平均温度误差精度，能够有效地运用在动态热管理技术中实现精确的全局温度感知。

(3)根据处理器运行不同应用程序所呈现的芯片热分布差异性较大的特点，提出了一种基于卷积神经网络的非均匀采样热分布重构方法。其基本思想是利用卷积神经网络技术分别构建分类网络模型和重构网络模型，依据热传感器采样温度数据先运用分类网络判断工作负载应用程序的所属类别，然后使用所对应的重构网络重构出芯片的温度分布。实验结果显示，该方法以“牺牲”内存为代价，可以将重构性能显著提升。使用该方法，所有基准测试程序的均方根误差和最大误差会分别被限制在0.2 ℃和2 ℃以内。

(4)针对热传感器位置分布优化问题，将热梯度计算方法和k-均值聚类算法相结合，提出了三种热传感器位置分布策略，即梯度最大化策略、梯度中心策略和梯度分簇策略。根据芯片温度分布计算热梯度分布叠加图，按照热梯度比例分配传感器数量，并对其位置进行优化。实验结果表明，梯度分簇策略兼顾了热重构平均温度误差和热点温度误差，一方面，在芯片热梯度较高的区域或者没有热点的区域放置传感器，可以有效地降低热重构后的整体平均温度误差，避免由于缺少该区域的温度信息而导致的功能单元损坏；另一方面，在存在热点的区域采用热梯度感知k-均值聚类算法确定传感器在该区域的最优位置，保证了较高的热点温度误差精度，使之在动态热管理中的全局和局部温度感知之间达到一种平衡。

(5)针对热传感器数量分配问题，提出了一种基于双重聚类的静态热传感器数量分配方法。根据给定的热点温度误差上限对芯片中所有热点进行优化的双重聚类，并按照所得的聚类结果给每一个聚类分配一个热传感器。对于每个聚类中所分配的传感器位置，提出了两种位置分布策略进行确定，分别为几何中心策略和热梯度吸引策略。实验结果表明，该方法能够保证在给定的最大热点温度误差范围内，使用最少数量的热传感器监控所有热点的温度值。另一方面，在静态热传感器数量分配方法的基础上，发展了一种虚拟热传感器计算方法，可以在热传感器数量不变的情况下进一步减小热点温度误差。

(6)针对热传感器噪声稳定性问题，在运用主成分分析技术实现热图可靠降维的基础上，提出了一种基于模拟退火算法的热传感器优化位置分布方法，能够在很大程度上减小噪声的影响、降低热点的误警率以及提高热分布重构的性能。首先，运用矩阵扰动理论，建立在均方误差最小原则下含噪热传感器最优位置的理论基础；其次，在使用不同数量的热传感器情况下，运用模拟退火算法寻找条件数最小且满秩的传感矩阵，其相应行所在的位置即为热传感器的最优位置。实验结果表明，该方法与现有的贪心算法、热梯度感知k-均值聚类算法等方法相比，可以在使用较少数量热传感器的情况下，实现较为精确的全局温度感知。

(7)针对过热检测问题，提出了一种基于遗传算法的热传感器放置方法。首先，利用数据融合技术构建两种不同情形的过热检测模型，即检测概率最大化模型和热传感器数量最小化模型。其中，检测概率最大化模型是指给定热传感器数量，在误报率约束下最大化检测概率；热传感器数量最小化模型是指给定检测概率，在误报率约束下最小化热传感器数量。在此基础上，提出一种近似线性时间复杂度的启发式遗传算法，以确定热传感器的优化放置位置。此外，在启发式遗传算法的基础上，提出了一种混合算法来确定每个芯片模块或组件中的最优热传感器位置，从而使温度感知性能得到进一步提升。

(8)针对热传感器噪声问题，研究了基于环形振荡器结构的片上热传感器的原理和噪声特性，并在噪声呈现高斯分布和非高斯分布的情形下，运用统计学方法分别对单个和具有相关性的多个热传感器进行了温度校正。在此基础上，结合热传感器分配和布局技术，分别在无噪声、有噪声以及使用多传感器温度校正三种情况下分析其对热点误警率的影响。此外，针对热传感器实时温度校正问题，提出了一种基于卡尔曼滤波的热传感器温度校正方法。实验结果表明，该方法可在提高校正精度的同时，实现热传感器的在线温度估计，对动态热管理具有很大的实用意义。

6.2 研究展望

随着高性能电子设备(例如台式机、服务器)以及小尺寸高端移动设备(例如智能手机、平板电脑)的发展，日益严重的功耗和散热问题已成为制约集成电路进一步小型化的重要羁绊。为此，笔者后续将开展下述几方面的研究工作：

(1)从实际应用的角度出发，研究如何将片上温度感知技术应用于其他硬件架构中(例如 FPGA，NoC)，并实现可靠的动态热管理原型系统，以进一步提高该技术的实用价值，是笔者后续的重点研究方向。

(2)针对当前技术模式下集成电路工艺发展所面临的暗硅问题，研究如何有效获取芯片的功耗分布信息，通过准确的功耗预算估计，进而合理选择工作模块的开启和关闭，以提升多核处理器的性能，是笔者后续的一个研究方向。

(3)移动设备的表壳温度对用户体验有着非常直接的影响。调查显示，当人体接触到的物体温度超过 45 ℃时，大都会产生热痛觉。为此，研究用于移动设备壳温控制的系统级热管理方法，以实现更好的用户体验，是笔者后续的另一个研究方向。

微处理器片上温度感知的研究是近几年才兴起的，涉及多个学科的交叉融合，尚有许多理论和应用方面的问题。本书虽有一些创新之处，但在某些方面的研究还不够深入和全面，且存在一定的不足和错误，欢迎批评指正。